小麦 玉米

高产栽培技术研究与实践

张娟 王燕 蒋明洋 等 著

中国农业科学技术出版社

图书在版编目（CIP）数据

小麦玉米高产栽培技术研究与实践 / 张娟等著. --北京：中国农业科学技术出版社，2022. 7

ISBN 978-7-5116-5727-5

Ⅰ. ①小… Ⅱ. ①张… Ⅲ. ①小麦－高产栽培 ②玉米－高产栽培 Ⅳ. ①S512.1②S513

中国版本图书馆CIP数据核字（2022）第059069号

责任编辑 李　华
责任校对 李向荣
责任印制 姜义伟　王思文

出 版 者 中国农业科学技术出版社
北京市中关村南大街12号　　邮编：100081
电　　话 （010）82109708（编辑室）　（010）82109702（发行部）
（010）82109709（读者服务部）
网　　址 http: // www.castp.cn
经 销 者 各地新华书店
印 刷 者 北京建宏印刷有限公司
开　　本 185 mm × 260 mm　1/16
印　　张 19　　彩插7面
字　　数 415千字
版　　次 2022年7月第1版　　2022年7月第1次印刷
定　　价 85.00元

《小麦玉米高产栽培技术研究与实践》

著者名单

主　著：张　娟　王　燕　蒋明洋

副主著：李洪梅　王立功　王红静　曹　娟　徐　鹏　王红梅
杜　冰　倪　倩　王连根　徐文君　张秀华　傅延富

参　著：（按姓氏笔画排序）
马　楠　马丰刚　王立第　王立静　王西芝　王春明
王祥红　石碧海　白开会　白洪立　刘传会　刘爱云
苏　满　苏丙华　李学玲　杨宜辉　宋文清　张文星
张玉允　陈　金　武军华　周　茹　孟庆民　孟庆健
徐　炜　徐洪梅　高爱芹　郭敬德　滕　岩

前　言

兖州位于鲁西南平原，地处黄淮海强筋小麦和优质玉米优势产业带内，是全国重要的优质商品粮生产基地。2004—2020年连续承担实施了“国家粮食丰产科技工程”项目，2007—2016年承担实施了“山东省粮食高产创建”项目，2016年至今，承担实施了“山东省粮食绿色高质高效平台建设”项目。在上述项目实施过程中，兖州农业农村局专门设立技术攻关小组，围绕项目建设目标和当地粮食生产中出现的技术问题，开展小麦、玉米关键核心种植技术攻关，通过大量的试验研究和示范，不断集成先进实用技术，形成可复制的推广技术成果，为兖州粮食增产丰收作出了积极贡献。

兖州2004年承担实施“国家粮食丰产科技工程”项目初始，小麦平均亩产仅460kg、玉米平均亩产589kg，生产上品种混杂、退化，种植方式则始终延续20世纪90年代初“吨粮田”建设形成的小麦套种玉米的模式（2m一畦播种8行小麦），该模式畦埂占地面积大、小麦生长后期漏光严重，缺苗断垄、疙瘩苗现象较重，限制了产量水平的进一步提高。针对上述问题，技术攻关小组在兖州率先引进“小麦宽幅精播高产栽培技术”，同时查阅资料、咨询上级专家，与山东省郓城县工力有限公司、山东大华机械有限公司等农机制造企业协作，先后研究试制了2BMJ-6型等4种型号的小麦宽幅宽苗带播种机，并进行田间播种试验示范。2005—2012年连续8年在兖州区小孟镇史王村、大安镇二十里铺村和新兖镇杨庄村开展多项播种技术研究攻关，采用主推品种济麦22，分别在3种土壤类型上开展播种方式、播期、密度和肥料运筹对产量提升效应的研究，结合兖州40年气象数据统计分析，获得了兖州不同土壤类型和气象条件下的最佳播期、播量、行距、播幅等技术参数，进一步组装集成小麦“双宽”精播高产栽培技术，其核心即改革传统种植方式实行“双宽”播种，主要技术指标一是畦宽由传统的2m增加到2.7m，等行距播种9行小麦，土地利用率提高4.6%；二是单行苗带宽度由传统的3～4cm增加到8～10cm，提高籽粒田间分散均匀度。实施该栽培技术不但扩大单株营养面积，减轻了田间缺苗断垄和疙瘩苗现象，而且有效改善田间通风透光条件，协调群体发展与个体生长的矛盾，更利于建立合理群体结构和塑造良好株型，最终实现高产目标。

鉴于2008年玉米粗缩病在兖州大发生，平均粗缩病病株率达到17%，平均减产

12%，个别严重地块造成绝产的突发问题，在省（市）专家的指导下，技术攻关小组连续4年进行技术攻关和突破，在夏玉米“一增四改”栽培技术基础上优化集成了“兖州夏玉米单粒精播高产栽培技术”。为进一步实现良法良机配套，促进群众改玉米套种为夏直播，技术人员与山东大华机械有限公司等农机生产厂家协作，研究试制出第三代2BMYFC-4系列玉米清茬免耕施肥精量播种机。该机型与小麦双宽播种方式相适应，2.7m一畦等行距播种4行玉米，播种同时施入基肥，一次性完成灭茬、施肥、单粒播种等多道工序。此种植方式已通过多年试验示范，能保证苗齐苗壮，促进玉米苗期的早生快发，玉米粗缩病病株率可控制在3%以内，提高肥料利用率5%，每亩节省2个劳力成本，达到节本增效、增产增收的目标。

2012年开始，兖州农业农村局以小麦“双宽”播种技术和玉米单粒精播技术为核心，优化集成了小麦玉米一体化增产技术模式，并把这项新型种植模式设立为粮食生产主推技术在兖州地区推广应用。目前兖州新型种植模式覆盖率已达100%，实现了农机农艺融合、良种良法配套，达到了省水、省肥、省人工，抗病、抗倒、效益增的效果，小麦、玉米一年两熟平均亩产由1 088kg增加到1 220kg。

在国家政策的引导下，自2013年起，土地流转加快，种粮大户、农业合作社、家庭农场等新型经营主体应运而生，对玉米籽粒直收技术需求迫切，而当地当家玉米品种后期脱水慢、不易脱粒、破籽率高等因素限制了玉米籽粒直收技术的推广。针对此问题，技术人员连年引进示范10余个玉米新品种，分期调查不同品种生育期、灌浆速率、脱水速率、籽粒含水量、抗病性、产量等指标，对比不同品种灌浆、脱水进程和籽粒含水量变化规律的差异性，筛选出适用于玉米籽粒直收的中早熟高产品种（京农科728、DK517、登海618、宇玉30等），适用于饲料青贮的中晚熟品种（登海605和德单5号等），适合摘穗剥皮式收获的高产品种（郑单958、先玉688、陕科6号和立原296等），既解决了生产中的问题，又满足了不同生产主体的要求。

自2016年起，以扩大有效和中高端供给为重点，试验筛选了济麦229、济麦44、红地95等优质专用小麦新品种，计划逐步替代济南17老品种，采用“一村一品，多村一品”的生产布局，发展集中连片种植，兖州建设了10万亩优质小麦种子田，30万亩优质小麦商品粮生产基地，为益海嘉里（兖州）粮油工业有限公司、今麦郎面粉（兖州）有限公司等龙头企业提供优质原料，实现产业化经营，为推进农业供给侧结构性改革提供了技术支持。

“十五”以来，在承担实施“国家粮食丰产科技工程”“山东省粮食高产创建项目”过程中，技术攻关小组以小麦亩产700kg、玉米亩产900kg为目标，针对当地光热资源特点和近年来气候变化特点，从培肥地力与产量、品种特征与潜力、播期播量与组合、肥料用量与运筹、群体指标与调控等方面开展系统研究，优化集成了以“培肥土壤、适期精量播种、平衡精量施肥和病虫草害综合防治”为主要内容的小麦玉米一年两熟超高产栽培技术。2005—2011年连续6年建设的超高产攻关田经省、市专家实打验收，小麦亩产达到700kg以上、玉米达到900kg以上。其中，小麦超高产栽培技术研究成果填补了全国冬小麦亩产700kg各项生理指标和技术参数方面的空白，促进了我国小麦栽培学学科的发展，经专家鉴定，总体达到国内同类项目领先水平，荣获2011年山东省科技进步三等奖。该技术作为高产创建关键技术，对全省农业技术骨干进行了重点培训，取得了显著的经济效益和社会效益。“十二五”和“十三五”期间，农技人员不畏艰难，持续开展攻关研究，探明小麦亩产700kg向800kg跨越的限制性因子。2016年，小孟镇史王村建设的10亩高产创建攻关田，经山东省农业厅组织专家实打验收，亩产达到805.9kg。2019年，超高产攻关田亩产达到803kg，实现了产量又一次突破。2021年，由兖州集成的小麦抗逆丰产增效技术获山东省农牧渔业丰收奖三等奖。该成果从品种筛选、农机农艺结合、群体调控、肥水运筹、干热风防控等方面开展技术研究，创建了小麦抗逆丰产增效关键栽培技术体系，使小麦单产增产11.65%，土地利用率提高4.6%，氮肥减施20%左右，亩增纯收益143.43元，为济宁市及周边地区小麦抗逆高效生产提供了重要科技支撑。

本书系统总结了著者近15年试验研究的技术成果、超高产栽培技术实践和优化集成的技术规程，期望能给当地农技人员、科技示范户及新型经营主体提供技术参考，更期望各级农业技术专家和同行提出指导、指正。在兖州农业农村局的正确领导下，在各级业务部门和专家们的指导下，继往开来、砥砺前行，持续做好农业新技术新品种的引进、试验、示范和推广，为兖州粮食产业持续稳定发展提供科技支撑，为国家粮食安全作出应有的贡献。

因著者水平有限，书中仍存在错误和遗漏之处，热切希望读者把问题和意见随时告知，以便今后补充修正！

著　者

2022年1月

目　录

上篇　实践成果

下篇　技术研究

上篇　实践成果

第一章　济宁市兖州区小麦、玉米生产现状

第一节　小麦、玉米生产发展历程

兖州作为全国重要的优质商品粮生产基地，农业综合发展水平位居全省和全国前列，多次获得国家、省、市级的荣誉表彰。1991年兖州建成全国第一批“吨粮县”，1994年建成了“双千市”，2005年荣获农业部“全国粮食生产先进县标兵”，2006—2010年连续4年被评为全国粮食生产先进县，2008年被评为“山东省农业产业化工作先进市”，2018年获批全省唯一的“农机化与信息化技术融合示范区”，2019年被确定为“山东省‘两全两高’农业机械化示范区”，2020年5月被命名为“山东省农产品质量安全县”，2021年被确定为“山东省数字乡村试点县”“国家制种（小麦）大县”。

小麦、玉米是兖州的主要农作物，单产水平一直位居全省和全国前列。2021年，全区小麦播种面积32.1万亩*，平均亩产580.5kg，总产18.63万t；玉米播种面积30.0万亩，平均亩产634.3kg，总产19.03万t。2004—2020年，连续承担实施了国家粮食丰产科技工程项目和粮食高产创建项目，开展小麦、玉米超高产栽培技术研究，建设的超高产攻关田经省、市专家实打验收，小麦亩产达到700kg以上、玉米达到900kg以上，其中小麦最高亩产达到805.9kg、玉米最高亩产达到1 034.55kg，充分展示了科技创新在粮食增产中的作用。

一、小麦、玉米播种面积

兖州处于黄淮海优质小麦区，小麦一直是主要的种植作物，面积和产量始终居于粮食作物首位，单产水平一直位居全国、全省前列，为农民持续增产增收作出突出贡献。2001年以来（表1-1），由于受政策、价格、结构调整等因素影响，种植面积呈波浪式增减状态。2001—2004年，小麦种植面积下滑，由2001年的40.66万亩降低到2004年的33.75万亩，降低了16.99%。2004—2013年，因原黄屯镇的5个村和曲阜市时庄镇田村等4个村划入兖州，以及惠农政策的实施，种植面积处于增加阶段，由2004年的33.75万亩增加到2013年的49.50万亩，增加了46.67%，增加了近1倍。2013—2016年，受种植苗木的影响，小麦种植面积又处于下滑阶段，由2013年的49.50万亩降低到2016年的43.53万亩，降低了12.06%。2016—2018年，小麦种植面积稳定在43万亩以上。

兖州又处于黄淮海专用玉米优势区，玉米面积和产量仅次于小麦（表1-2）。

* 1亩≈667m^2，1hm^2=15亩，全书同。

2001—2003年，玉米种植面积下滑，由33.79万亩降低到2003年的29.17万亩，降低了13.67%，2006年以后种植面积持续增加，2010年首次突破40万亩，2013年面积达到47.95万亩。2013—2016年，玉米受国际市场价格的影响，打击了部分农户种植玉米的积极性，面积下降至2017年的38.16万亩。2018年，面积略有回升。

表1-1　2001—2018年济宁市兖州区小麦种植面积、单产以及总产统计

年份	小麦面积（万亩）	小麦单产（kg/亩）	小麦总产量（t）
2001	40.66	286.0	116 298
2002	40.45	442.7	179 074
2003	39.47	443.0	174 894
2004	33.75	460.0	155 143
2005	40.05	459.9	184 160
2006	41.17	460.5	189 561
2007	41.64	447.3	186 277
2008	42.18	483.9	204 147
2009	45.31	485.7	220 110
2010	48.33	489.0	236 221
2011	48.13	505.0	243 058
2012	48.97	509.3	249 413
2013	49.50	482.3	238 730
2014	44.42	538.0	238 987
2015	42.60	541.2	230 523
2016	43.53	543.8	236 707
2017	45.03	545.9	245 808
2018	43.53	530.2	230 796

注：数据来源于2001—2018年兖州统计年鉴。

表1-2　2001—2018年济宁市兖州区玉米种植面积、单产以及总产统计

年份	玉米面积（万亩）	玉米单产（kg/亩）	玉米总产量（t）
2001	33.79	549.6	219 493

（续表）

年份	玉米面积（万亩）	玉米单产（kg/亩）	玉米总产量（t）
2002	33.07	546.0	180 549
2003	29.17	536.0	156 374
2004	36.26	589.0	213 441
2005	30.27	596.0	180 398
2006	29.92	596.6	178 476
2007	30.26	592.6	179 326
2008	34.83	549.0	191 241
2009	37.11	547.0	202 992
2010	40.67	551.0	224 080
2011	41.61	551.0	229 447
2012	47.84	579.1	277 054
2013	47.95	583.3	279 716
2014	43.09	600.9	258 921
2015	41.66	601.4	250 514
2016	42.01	602.3	253 019
2017	38.16	604.8	230 803
2018	42.01	613.8	257 857

注：数据来源于2001—2018年兖州统计年鉴。

二、小麦、玉米品种布局

2003年兖州区开始实施小麦良种补贴项目，以补贴良种的形式，实行统一供种，生产中重点推广了济麦20、济南17、淄麦12等优质强筋专用品种，并在2005年以后成为全区小麦种植的主要品种，小麦优质率达到100%。2008年后淄麦12由于黑胚、抗寒性差逐步淘汰；济麦20由于产量低于济麦22和济南17，面积逐渐减少。2008年，示范推广济麦22，2010年引进试种鲁原502、山农20、泰农18。2012—2014年，全区小麦主要种植品种为济麦22、济南17、济麦20、鲁原502和山农20。2015—2016年，主推品种分别是中筋小麦济麦22，面积14.46万亩；强筋小麦济南17，面积14.08万亩；中筋小麦鲁原502，面积3.43万亩；其他品种面积1.19万亩。2017年，主推品种布局为济麦22，面积16.38万亩；济南17，面积13.85万亩；鲁原502，面积2.81万亩；2018年，开始示范推广济麦229和济麦44，面积共计0.35万亩，济麦22、济南17和鲁原502推广面积分别为13.7万亩、14万亩和3.27万亩；2020年，济麦22、济南17和鲁原502推广面积分别为9.26万亩、11.37万亩和3.26万亩，优质小麦济麦44面积扩大到4.65万亩。目前已形成了以小孟、新驿、漕河西部和颜店北部集中连片，常年17万亩左右的优质强筋小麦种植基地；以大安、新兖为核心，常年18万亩左右的高产中筋小麦种植基地，其中小麦良种繁育基地面积9万亩左右。

2006—2014年，兖州实施国家优质玉米良种补贴项目，每亩补贴10元，优质高产玉米品种郑单958成为主栽品种，占播种面积的90%以上。2014年，随着农业机械化和规模化程度的提高，玉米种品牌向多元化发展，开始种植京农科728、登海618、迪卡517等籽粒灌浆进程快、后期籽粒脱水快的籽粒直收品种，登海605和德单5号等用作饲料青贮的中晚熟品种，郑单958、先玉688、陕科6号和立原296等适合摘穗剥皮式收获的高产品种。

三、小麦、玉米单产水平

从表1-1看，自2004年以来，兖州小麦玉米面积尽管变动很大，但单产水平逐年提高，小麦由2004年的460kg提高到2018年的530.2kg，单产提高70.2kg，增幅达到15.26%。从表1-2看，玉米由2004年的589kg提高到2018年的613.8kg，单产提高24.8kg，增幅为4.21%。在承担实施的粮食高产创建活动中，小麦十亩高产攻关田最高亩产达到805.9kg，玉米十亩高产攻关田最高亩产达到1 034.55kg，创鲁西南历史最高纪录。从生产角度看，小麦、玉米提高单产的潜力很大。

四、小麦、玉米生产方式

从20世纪90年代到2008年，兖州小麦采用半精量播种机，2m一畦播种8行，畦背0.4m。随着现代农业及农业机械的发展，2012年兖州开始试验推广小麦“双宽”新型增产种植模式，小麦采用宽幅宽苗带精量播种机播种，畦宽由原来的2m改为2.7m，苗带宽度由原来的3～5cm改为8～10cm，播种行数由原来的8行改为9行。小麦“双宽”种植模式使全区小麦平均每亩增产40kg。在超高产攻关实践中，兖州创新地改大宽畦种植，5.1m一畦种植18行小麦，土地利用率大幅度提高。近几年，随着滴灌带、电脑控制伸缩式喷灌、电脑控制指针式喷灌和平移式喷灌等设施的应用，很多种粮大户开始使用大宽畦种植或无垄种植，达到增地增产的目标。

2008年以前，种植玉米多为与小麦套作，小麦收获前10～20d，在小麦畦、背、

行间人工点播或半机械化条播，玉米苗长至20～40cm高时，再施肥浇水壮苗。2008年开始，由于气温升高等气候条件的改变、中早熟品种的推广、套种玉米苗期遇灰飞虱导致粗缩病发生严重等原因，开始推广玉米夏直播技术。2012年开始推广与小麦宽幅播种相配套的夏玉米单粒精播机，2.7m一带播种4行玉米，使玉米实现了机械化播种，粗缩病发生率逐渐下降。2014年，开始推广夏玉米籽粒直收技术，推广京农科728、登海618、迪卡517等籽粒灌浆进程快、后期籽粒脱水快的中早熟品种。2020年，开始推广玉米茎穗兼收技术，实现了秸秆综合利用，发展循环农业的目标。

目前，在生产方式上，以合作社、种粮大户规模化、集约化生产为主，全区注册成立农民合作社940家、家庭农场282家，50亩以上种粮大户发展到954户，规模种植小麦、玉米30.9万亩，占小麦、玉米播种面积的70%。重点推广了小麦"双宽"播种和玉米单粒精播技术、种肥同播、配方施肥、氮肥后移、秸秆还田、土壤深耕深松、一喷三防和一防双减、病虫害统防统治等技术，耕、耙、播、种、施肥、植保、收获基本实现了全程机械化。

第二节　小麦、玉米生产发展的优势条件

一、自然条件得天独厚

兖州面积535km^2，人口55.32万，辖6镇4个街道办事处，即：新兖镇、颜店镇、新驿镇、小孟镇、漕河镇、大安镇、龙桥街道、鼓楼街道、酒仙桥街道、兴隆庄街道。全区共有居委会37个，村委会401个，自然村437个。兖州地处农业农村部划定的黄淮海强筋小麦优势生产区和优质玉米优势产业带核心区内，全区自然资源丰富，生态条件优越，特别适于小麦、玉米生产。

地势平坦，土壤肥沃。兖州属泰沂山前冲积平原，地势平坦，地面高程48m左右，地面坡降3‰左右，地面为第四系冲积层覆盖，厚度180m左右。土壤以潮褐土为主，占59.37%，其次为砂姜黑土，占33.01%，潮土占7.62%。土壤母质好，土壤耕性、保水保肥性比较好，适于小麦、玉米等作物栽培。

水资源丰富，农业用水有保证。兖州多年平均水资源总量为17 718万m^3，其中地下水资源量为13 291万m^3，地表水资源量为5 873万m^3，重复计算量1 446万m^3。兖州属洸府河流域，地下水资源丰富，总储蓄量达20亿m^3，是山东省三大富水区地下水唯一尚未大量开采地区。第四系孔隙潜水和浅层承压水一般发育深度30～45m，含水层厚度6～15m，平均涌水量18.87～65m^3/h，补给条件良好，是农田灌溉的主要来源。第四系中深层孔隙承压水发育深度40～65m，总厚度5～10m，平均涌水量

12.085～60.61m³/h，下层涌水量为10.4～54.6m³/h。地下水水质较好，大部分区域以重碳酸钙镁钠和重碳酸钙钠镁型水为主，矿化度小于0.5g/L，pH值在7～8，水温16℃左右，可作为生活用水和工农业生产用水的水源。

气候条件良好，光热资源丰富。兖州属半湿润暖温带气候区，具有春季干旱多风，夏季湿热多雨，秋季温和凉爽，冬季干冷，冷热明显，四季分明等特点。年光照时数2 406～2 903h，年太阳辐射总量124.7kcal/cm²，4—10月是玉米等夏秋作物生长旺盛期，此期大于10℃的辐射量为87kcal/cm²。历年平均气温13.6℃，春季19℃，夏季22℃，秋季20.5℃，冬季-0.3℃。全区以1月气温为最低，平均-2℃；7月最高，平均26.4℃，全年≥0℃积温5 025℃，≥5℃积温4 981℃，≥10℃积温4 505℃，≥15℃积温3 747℃，≥20℃积温3 674℃。全年无霜期210～240d。历年平均降水733mm，主要集中在夏、秋季，雨、热同季。

二、农田基础设施不断完善

目前，兖州耕地保有量46.87万亩，高标准农田44.4万亩，覆盖率达93.6%粮食生产功能区面积33万亩，农田配套设施齐全。围绕粮食生产，2010年以来兖州区通过整合实施小农水项目、现代农业发展资金粮食产业项目、农业综合开发项目、土地整理项目、全国新增千亿斤粮食田间工程建设等项目，累计投入资金2.6亿元，新建和完善农田基础设施，在30万亩小麦、玉米生产区，基本实现了路、沟、桥、井、泵、电、管道、防护林相配套，旱能浇、涝能排。其中，兖州拥有配套齐全的机电井1.6万眼，灌排机械2.5万台，50%粮田灌溉用电实现了IC卡智能控制，轮灌周期由以往的7～10d，缩短为3～5d，灌溉保证率达到100%。为适应大型机械作业，提高土地利用率和机械作业效率，在10万亩绿色粮食高产高效示范区，率先进行了小方田改大方田示范，即在原方田基本框架下，以村、组为基础，结合旧村搬迁，将20世纪70年代建设的适于畜力耕作的百亩方田，逐步改造为适合现代大型农业机械作业的四方合一的大方田，每个大方田面积为400亩，原小方田内的机耕路退路还田，示范区内农田网格由1 200个小方田改造成300块大方田，增加耕地面积2 900亩，土地利用率提高10%，机耕路、排水沟、涵管桥等田间工程数量减少50%。通过示范带动和政策支持、项目推进，兖州区内50万亩耕地将分期分批全部完成改造，改造完成后，可新增耕地1.45万亩，农机作业效率提高20%以上。

三、农机研发生产推广体系配套完善

兖州是山东省农机企业集聚区，大中型配套动力及耕、种、收、管等各类机械企

业齐全，是“山东省‘两全两高’农业机械化示范区”，全区现有农机制造企业70余家，规模以上农机企业16家，其中规模以上农机整机企业7家，农机产品涵盖动力机械、收获机械、收获后处理机械、耕整地机械、种植机械和农机零部件等十大类500余个品种，山东国丰机械有限公司、山东金大丰机械有限公司被认定为“山东省高端装备制造业领军企业”。区、镇建有农机推广站，每年积极落实农机补贴项目，发展大型农机及配套机械。目前全区农机总动力达到52万kW，平均百亩农机动力86kW，拥有100hp（1hp=735W）以上大马力拖拉机233台，深松机422台，小麦宽幅精播机620台，自走式联合收获机463台，玉米清茬免耕播种施肥一体机200台，玉米秸秆还田机242台，土壤深松机200台，深耕翻转犁2 000台，粮食生产耕、耙、播、收、秸秆还田实现了全程机械化。农机生产企业融入小麦、玉米产业开展服务。山东大华机械有限公司生产深松联合耕整机、深耕翻转犁、小麦宽幅播种机等耕作、播种机械，其中2BFJ-9/5型小麦宽幅宽苗带施肥精量播种机和第三代2BMYFC-4系列玉米清茬免耕施肥精量播种机，即是该公司根据兖州及周边小麦生产需要，与兖州区农业农村局合作，按照农艺要求完成了研制、试验、定型，现在已经大面积推广应用，节本增收率达到10%以上。爱科大丰（兖州）农业机械有限公司主要生产小麦背负式、自走式小麦联合收获机，山东玉丰农业装备有限公司主要生产玉米联合收获机等机械。兖州农机研发生产实现了小麦耕、耙、播、施肥、收获等环节全配套，并根据实际需要进行改进和完善。这些企业还建有农机服务队，随时为购机农户提供技术支持，并且每年为兖州及周边地区开展新型农机具操作使用现场培训。区内有农机服务合作社53个，农机大户138个，拥有的农机数量分别占全区总数量的20%和50%以上，农机合作社和农机大户为种粮大户、社员、普通农户按市场价提供农机作业服务，以提供农机作业服务为载体，小麦宽幅播种和玉米单粒精播等需要农机农艺配套的技术得到了推广普及。2016年兖州区的农机合作社、农机手和大部分种粮大户纷纷加入e田科技靠谱作业（http://about.etian365.com/，微信号etian4009898365）。通过靠谱作业这个平台，农机手的农机作业市场化服务和种粮大户的农机作业需求实现了双向选择对接，提高了农机利用率，保障了种粮大户农机作业需求。目前兖州小麦、玉米从耕作、播种到收获，农机化作业率达到100%，小麦、玉米秸秆还田率达到100%，机械施肥面积达到60%以上。

四、植保社会化服务水平较高

近年来，兖州农业农村局积极引导，努力探索和实践，不断推动植保社会化服务的发展。一是建立健全了公益性的植保服务体系。区有植保站，镇有测报员。在全区布点，建立了12处测报站，安装了病虫害自动监测系统，将收集的信息自动发送到专家、农户的电脑和手机客户端，为病虫害防治提供决策。二是积极落实小麦“一喷三防”、玉米“一防双减”统防统治等公益性项目，利用项目补贴资金建立了10支植保服务队。三是积极支持和发展社会化植保服务。包括合作社内部开展统一服务；农资经营单位开展“诊断+开方+卖药+施药作业”一体化服务，如红地种业、齐鲁种业通过参与政府采购，打包承担区域性的统防统治服务，既销售农药，又采取飞防、大型植保机械施药等形式，开展植保作业服务。2021年，兖州各类植保机械拥有量达5 000余台（套），日作业能力达5万余亩，小麦统防统治面积达到20万亩次，玉米统防统治面积达到20万亩次，全年减少用药1～3次，减少化学农药用量20%以上。

五、农资服务保障能力强

农资供应关系到农业生产稳定发展，兖州把农资有效供给当成大事来抓。一是抓好政策落实，做好公益性的农资服务。每年保障种粮直补（耕地地力保护补贴）、良种补贴、地力提升等项目全面落实到位，其中在良种补贴落实上，全部采取统一供种、物化补贴的形式，保证了良种选用安全可靠。加强农资执法检查，严厉打击制假售假行为，保护农民权益。二是开展社会化服务。供销社系统建有“三农服务”网点，齐鲁种业建有“农资超市”，全区规范化农资服务店达到206处。区农业农村局对这些农资经营户开展经常性的培训，不断提高他们的依法经营、科学经营水平。三是合作社内部开展的农资服务，大部分合作社统一购买农资，购买渠道主要包括网上购买、从企业批发购买两种方式，既保证质量，又节约了成本。

六、新型经营主体发展迅猛

兖州把培育壮大新型经营主体作为推动乡村产业振兴的主力军，建立和完善区、镇街两级土地流转服务平台，规范有序推进土地流转，通过做大做强农业龙头企业、发挥农民合作社纽带作用、支持家庭农场领办合作社、大力发展农业生产性服务业、创新完善农业社会化服务等，促进小农户和现代农业发展有机衔接。通过开展国家和省市区级家庭农场示范场、农民合作社示范社、农业示范服务组织、农业产业化示范基地创建等活动，示范引领各类主体规范发展，提升发展规模和质量。鼓励产业相同、利益相关的家庭农场联合成立合作社，鼓励各类新型经营主体采取产业化联合体、产业联盟、行业协会等多种形式，实现联合融合发展，打造农业产业发展聚集区。支持农业合作社发展成为农业企业，支持农业企业申报国家和省、市级农业产业化龙头企业，支持现有龙头企业提档升级。鼓励农业产业化龙头企业积极对接资本市

场拓宽融资渠道，通过兼并重组、强强联合组建大型企业集团。目前全区成立农民合作社940家、家庭农场300家，社会化服务组织500余家。全区土地流转面积30.9万亩，土地多环节、全程托管服务面积30万亩，占耕地总面积的62.5%。

七、科技服务支撑力度不断加强

兖州积极开展基层农技推广体系改革，建立了区、镇、村三级农业科技推广网络；开展现代农业产业技术体系创新团队建设，积极探索“创新团队+基层农技推广体系+新型农业经营主体”新型农业科技与推广服务机制；实施了基层农技推广补贴项目、新型职业农民培训工程、劳动力转移“阳光工程”培训项目，重点培养了860户科技示范户、1 000名新型职业农民，带动10 000个辐射户，使主导品种和主推技术的科技入户率达到100%。

“十三”五以来，兖州大力开展农业科技创新。积极对接省、市农业科技“展翅”行动，融入省、市农业科技创新体系，通过协作建设科技试验基地，支持农业科技人员加入省、市创新团队等形式，参与国家和省、市农业重大科技创新工程。积极参与省、市农科教创新平台，省级以上农业重点实验室和技术中心建设，抓好小麦栽培院士工作站和绿源、百盛科技创新中心建设。积极培育农业高新技术企业，推进济宁市农业高新技术示范园新区、绿源生态循环农业产业示范园区为重点的农业科技园区建设，参与建设云农业科技服务体系。深入实施济宁市农业科技服务“双千工程”，充分发挥基层农技推广体系、科协、农业专业协会等作用，加快农业科技成果推广和转化应用。加强培训体系建设，坚持把满足农民需求作为开展农民教育培训工作的出发点和落脚点，探索农民教育培训特色，切实解决培训中出现的“最后一公里”问题；完善基层农技推广补助项目体系建设，不断提升基层农技人员技能水平，提升示范户辐射带动能力；积极承担实施新型职业农民培育工程，培养适应现代农业发展的高素质职业农民；大力推广以小麦“双宽”播种和玉米单粒精播为核心的小麦、玉米一体化增产模式，加大主导品种和主推技术的推广力度，引进示范新品种、新技术、新设施、新材料，重点突出节水、节肥、节药、节种、节能绿色高质高效栽培技术，给农业插上科技的“翅膀”。2021年，兖州农业科技进步贡献率达到73.4%。

八、产加销一体化规模档次高

兖州是全省农业产业化示范区，长期坚持用工业的理念来经营农业，大力发展粮食加工业及其外延产业，拉长产业链条，形成产加销一体化的格局，促进农产品加工转化增值，带动农村经济发展和农民增收。全区拥有规模以上涉农企业48家（上半年新增4家），市级农业产业化重点龙头企业35家，其中国家级2家（济宁6家）、省级6家，形成了以益海嘉里、今麦郎、樱源等为主的农产品精深加工产业集群，被认定为国家农业产业化示范基地、山东省农产品加工业示范县。在农产品产加销一体化的基础上，构建农产品从田头到餐桌、从初级产品到终端消费无缝对接的产业体系，进一步拉长优质小麦、优质玉米、绿色肉鸭为主的农业产业链条，以今麦郎、益海嘉里、百盛生物、绿源、香达人等农产品加工企业为骨干，向前延伸发展规模化、标准化原料生产基地，向后延伸发展流通业和餐饮业。到2020年，依托今麦郎、益海嘉里带动，建成30万亩绿色小麦种植基地；依托百盛生物等企业带动，建成30万亩优质玉米生产基地；支持区内兖丰、齐鲁、红地等种业公司与上级科研院校合作，实施现代种业提升工程和农业良种工程，构建产学研相结合、“育繁推一体化”的现代种业体系，建设9万亩小麦良种繁育基地，创建兖州优质良种特色品牌。

第二章　济宁市兖州区小麦、玉米主推品种和主推技术

第一节　小麦、玉米主推品种

一、小麦主推品种

1. 济麦22

品种来源：山东省农业科学院作物研究所育成的超高产、多抗、优质中筋小麦品种，2006年9月和2007年1月分别通过山东省和国家黄淮北片审定，审定编号分别为鲁农审2006050和国审麦2006018，已获得植物新品种权保护，新品种权号为CNA 20060015.X。

特征特性：半冬性，中晚熟，成熟期比对照石4185晚1d。幼苗半匍匐，分蘖力中等，起身拔节偏晚，成穗率高。株高72cm左右，株型紧凑，旗叶深绿、上举，长相清秀，穗层整齐。穗纺锤形，长芒，白壳，白粒，籽粒饱满，半角质。平均亩穗数40.4万穗，穗粒数36.6粒，千粒重40.4g。茎秆弹性好，较抗倒伏。有早衰现象，熟相一般。抗寒性差。中抗白粉病，中抗至中感条锈病，中感至高感秆锈病，高感叶锈病、赤霉病、纹枯病。2005年、2006年分别测定混合样结果分别为，容重809g/L、773g/L，蛋白质（干基）含量13.68%、14.86%，湿面筋含量31.7%、34.5%，沉降值30.8mL、31.8mL，吸水率63.2%、61.1%，稳定时间2.7min、2.8min，最大抗延阻力196E.U.、238E.U.，拉伸面积45cm^2、58cm^2。

产量表现：2004—2005年参加黄淮冬麦区北片水地组品种区域试验，平均亩产517.06kg，比对照石4185增产5.03%（显著）；2005—2006年续试，平均亩产519.1kg，比对照石4185增产4.30%（显著）。2005—2006年生产试验，平均亩产496.9kg，比对照石4185增产2.05%。

栽培要点：适宜播种期10月上旬，播种量不宜过大，每亩适宜基本苗10万～15万株。

适宜地区：适宜在黄淮冬麦区北片的山东、河北南部、山西南部、河南安阳和濮阳的水地种植。

2. 济南17

品种来源：山东省农业科学院作物研究所选育，临汾5064为母本，鲁麦13号为父本杂交，系统选育而成。审定编号为鲁种审字第0262-2号。

特征特性：半冬性，幼苗半匍匐，分蘖力强，成穗率高，叶片上冲，株型紧凑，株高77cm，穗纺锤形、顶芒、白壳、白粒、硬质，千粒重36g，容重748.9g/L，较抗倒伏，中感条锈病、叶锈病和白粉病。品质优良，达到国家面包小麦标准。落黄性一般。

产量表现：该品种参加了1996—1998年山东省小麦高肥乙组区域试验，两年平均亩产502.9kg，比对照品种鲁麦14号增产4.52%，居第一位；1997—1998年高肥组生产试验平均亩产471.25kg，比对照品种鲁麦14号增产5.8%。

栽培要点：鲁西南和鲁南地区以10月5—15日播种为宜；鲁西北及鲁北地区以10月上旬播种为宜；每亩基本苗8万～12万株。注意防治蚜虫和白粉病。

适宜地区：在山东省中高肥水地块作为强筋专用小麦品种种植。

3. 鲁原502

品种来源：由山东省农业科学院原子能农业应用研究所、中国农业科学院作物科学研究所，采用航天突变系优选材料9940168为亲本选育的小麦品种。2011年11月18日经第二届国家农作物品种审定委员会第六次会议审定通过，审定编号为国审麦2011016。

特征特性：半冬性中晚熟品种，成熟期平均比对照石4185晚熟1d左右。幼苗半匍匐，长势壮，分蘖力强。区试田间试验记载冬季抗寒性好。亩成穗数中等，对肥力敏感，高肥水地亩成穗数多，肥力降低，亩成穗数下降明显。株高76cm，株型偏散，旗叶宽大，上冲。茎秆粗壮，蜡质较多，抗倒性较好。穗较长，小穗排列稀，穗层不齐。成熟落黄中等。穗纺锤形，长芒，白壳，白粒，籽粒角质，欠饱满。亩穗数39.6万穗，穗粒数36.8粒，千粒重43.7g。抗寒性较差。高感条锈病、叶锈病、白粉病、赤霉病、纹枯病。2009年、2010年品质测定结果分别为，籽粒容重794g/L、774g/L，硬度指数67.2（2009年），蛋白质含量13.14%、13.01%，面粉湿面筋含量29.9%、28.1%，沉降值28.5mL、27mL，吸水率62.9%、59.6%，稳定时间5min、4.2min，最大抗延阻力236E.U.、296E.U.，延伸性106mm、119mm，拉伸面积35cm^2、50cm^2。

产量表现：2008—2009年参加黄淮冬麦区北片水地组品种区域试验，平均亩产558.7kg，比对照石4185增产9.7%；2009—2010年续试，平均亩产537.1kg，比对照石4185增产10.6%。2009—2010年生产试验，平均亩产524.0kg，比对照石4185增产9.2%。

栽培要点：适宜播种期10月上旬，每亩适宜基本苗13万～18万株。加强田间管理，浇好灌浆水，及时防治病虫害。

适宜地区：该品种适宜在黄淮冬麦区北片的山东省、河北省中南部、山西省中南部高水肥地块种植。

4. 济麦44

品种来源：山东省农业科学院作物研究所选育，母本为954072，父本为济南17，审定编号为20210089号。

特征特性：冬性，幼苗半匍匐，株型半紧凑，叶色浅绿，旗叶上冲，抗倒伏性较好，熟相好。两年区域试验结果平均，生育期233d，比对照济麦22早熟2d；株高80.1cm，亩最大分蘖102.0万个，亩有效穗43.8万穗，分蘖成穗率44.3%；穗长方形，穗粒数35.9粒，千粒重43.4g，容重788.9g/L；长芒、白壳、白粒，籽粒硬质。2017年中国农业科学院植物保护研究所接种鉴定，中抗条锈病，中感白粉病，高感叶锈病、赤霉病和纹枯病。越冬抗寒性较好。2016年、2017年区域试验统一取样经农业部谷物品质监督检验测试中心（泰安）测试结果平均，籽粒蛋白质含量15.4%，湿面筋35.1%，沉淀值51.5mL，吸水率63.8mL/100g，稳定时间25.4min，面粉白度77.1，属强筋品种。

产量表现：2015—2017年山东省小麦品种高肥组区域试验中，两年平均亩产603.7kg，比对照品种济麦22增产2.3%；2017—2018年高产组生产试验，平均亩产540.0kg，比对照品种济麦22增产1.2%。

栽培要点：适宜播种期10月5—15日，每亩基本苗15万～18万株。注意防治叶锈病、赤霉病和纹枯病。其他管理措施同一般大田。

适宜地区：山东省高产地块种植。

5. 济麦229

品种来源：山东省农业科学院作物研究所育成的优质强筋小麦新品种，其杂交组合为藁城9411×济200040919。2015年12月通过山东省审定，审定编号为鲁农审2016007号。

特征特性：该品种属半冬性，幼苗半匍匐，植株繁茂性较好，株型半紧凑，平均株高82cm左右，穗纺锤形，小穗排列紧密，长芒，白粒，角质。成熟期较济麦22早2～3d。两年山东省高肥组区试中，平均亩穗数44.5万穗，穗粒数38.6粒，千粒重36.7g。在自然条件下，该品种感白粉病和锈病，应注意防治。2013年区试混样测试，容重804g，籽粒蛋白质含量14.9%，湿面筋32.3%，沉降值41.8mL，吸水率56.6%，形成时间2.3min，稳定时间14.2min；2014年区试混样测试，容重819g，籽粒蛋白质含量15.2%，湿面筋31.5%，沉降值43mL，吸水率57.8%，形成时间3.5min，稳定时间24.8min。属优质强筋小麦。

产量表现：2012—2013年山东省水地组区域试验中，平均亩产532.05kg，较对照济麦22减产0.95%；在2013—2014年山东省水地组区域试验中，平均亩产592.14kg，较对照减产0.84%。两年平均亩产563.21kg，较对照减产0.89%。2014—2015年山东省水地组生产试验中，平均亩产560.43kg，较对照增产0.94%。

栽培要点：6万～10万株/亩基本苗（该品种分蘖力较强播量不宜过大），播深3～4cm。适宜播种期为10月5—15日（平均气温16～14℃）。在生育后期（即扬花后），结合“一喷三防”，做好病虫害防治，要特别注意及时防治白粉病和锈病。

适宜地区：在山东全省中等和高肥力地块种植。

6. 红地95

品种来源：由山东省济宁种业有限责任公司以周麦16为母本，淮麦18为父本杂交选育的优质强筋小麦品种，2016年通过山东省审定，审定编号为鲁农审2016008号。

特征特性：冬性，越冬抗寒性好，幼苗半直立。株型紧凑，叶色淡绿，叶片上冲，抗倒伏，熟相好。生育期与济麦22相当，株高77cm，亩有效穗42万，穗纺锤形，穗粒数38粒，千粒重42g，容重780.3g/L，长芒，白壳，白粒，籽粒饱满、粉质。

产量表现：2012—2014年山东省小麦品种高肥组区域试验中，两年平均亩产569.39kg，比对照品种济麦22增产0.94%；2014—2015年高肥组生产试验，平均亩产570.50kg，比对照品种济麦22增产2.56%。

栽培要点：适宜播种期10月5—10日，每亩基本苗15万～18万株。其他管理措施同一般大田。

适宜地区：在高肥水地块种植。

7. 烟农1212

品种来源：烟台市农业科学研究院以烟5072为母本，石94-5300为父本进行杂交，采用系谱法多年选育而成的具有高产、抗寒、节水抗旱、抗病、抗干热风、抗倒伏等优点的小麦新品种。该品种于2019年通过国家农作物品种审定委员会审定，审定编号为国审麦20200049。

特征特性：半冬性，全生育期232.1d，与对照济麦22相当。幼苗半匍匐，叶片宽短，叶色深绿，分蘖力较强。株高75.7cm，株型较紧凑，抗倒性较好，抗寒性较好。整齐度好，穗层整齐，熟相一般。穗形棍棒形，长芒，白粒，籽粒偏粉质，饱满度好。亩穗数44.9万穗，穗粒数33.95粒，千粒重42.35g。感白粉病，中感纹枯病，高感赤霉病、条锈病、叶锈病。两年品质检测结果分别为，籽粒容重815.5g/L、792.5g/L，蛋白质含量13.5%、14.4%，湿面筋含量27.1%、29.8%，稳定时间5.1min、2.6min，吸水率54.2%、50.9%，最大抗延阻力365E.U.、423E.U.，拉伸面积74.0cm^2、82.0cm^2。

产量表现：2016—2017年、2017—2018年度参加国家小麦良种重大科研联合攻关黄淮冬麦区北片水地组区域试验，平均亩产594.2kg，比对照济麦22增产5.71%；2017—2018年续试，平均亩产480.2kg，比对照济麦22增产4.35%。2017—2018年生产试验，平均亩产502.7kg，比对照济麦22增产4.76%。

栽培要点：适宜播种期10月上中旬，每亩适宜基本苗15万～18万株。注意防治蚜虫、赤霉病、白粉病、条锈病、叶锈病和纹枯病。

适宜地区：在山东省高肥水地块种植。

8. 济麦20

品种来源：山东省农业科学院作物研究所选育，鲁麦14号为母本，鲁884187为父本杂交，系统选育而成。审定编号为鲁农审字［2003］029号。

特征特性：弱冬性，幼苗半匍匐，苗色深绿，分蘖力强，成穗率高，两年区域试验平均：亩最大分蘖102.7万个，有效穗44.0万穗，分蘖成穗率42.8%；生育期237d，比对照鲁麦14号晚熟1d，熟相中等；株高76.8cm，穗粒数33粒，千粒重38.6g，容重781.1g/L。株型紧凑，叶片较窄，上冲，叶耳紫色，旗叶中长，挺直。穗纺锤形，长芒，白壳，白粒，籽粒饱满度较好，硬质。抗倒性中等。2002年中国农业科学院植物保护研究所抗性鉴定，中感条锈病，高抗叶锈，感白粉病。2002—2003年生产试验统一取样经农业部谷物品质监督检验测试中心（哈尔滨）测试，粗蛋白质含量13.23%，湿面筋29.3%，沉降值37.1mL，面粉白度94.88，吸水率58.4%，形成时间8.0min，稳定时间14.9min，软化度30FU。

产量表现：该品种参加了2000—2002年山东省小麦高肥乙组区域试验，两年平均亩产507.05kg，比对照品种鲁麦14号减产0.78%；2002—2003年高肥组生产试验，平均亩产513.37kg，比对照品种鲁麦14号增产8.69%。

栽培要点：施足基肥，适宜播种期10月上旬，每亩基本苗10万株左右，及时防治病虫害。

适宜地区：在山东省中高肥水地块作为强筋专用小麦品种种植。

9. 山农20

品种来源：山东农业大学选育，审定编号为国审麦2011012。

特征特性：半冬性中晚熟品种，成熟期平均比对照石4185晚熟1d左右。幼苗匍匐，分蘖力较强。区试田间试验记载越冬抗寒性较好。春季发育稳健，两极分化快，抽色深绿。抗倒性较好。后期成熟落黄正常。穗纺锤形，长芒，白壳，白粒，籽粒角质，较饱满。亩穗数43.3万穗，穗粒数35.1粒，千粒重41.4g。抗寒性较差。高感赤霉病、纹枯病，中感白粉病，慢条锈病，中抗叶锈病。2009年、2010年品质测定结果分别为，籽粒容重828g/L、808g/L，硬度指数67.7（2009年），蛋白质含量13.53%、13.3%；面粉湿面筋含量30.3%、29.7%，沉降值30.3mL、28mL，吸水率64.1%、59.8%，稳定时间3.2min、2.9min，最大抗延阻力256E.U.、266E.U.，延伸性133mm、148mm，拉伸面积47cm^2、56cm^2。

产量表现：2008—2009年度参加黄淮冬麦区北片水地组区域试验，平均亩产535.7kg，比对照品种石4185增产5.3%；2009—2010年度续试，平均亩产517.1kg，比对照品种石4185增产5.1%。2010—2011年度生产试验，平均亩产569.8kg，比对照品种石4185增产3.6%。

栽培要点：适宜播种期10月上旬，每亩基本苗15万～18万株。抽穗前后注意防治蚜虫，同时注意防治纹枯病和赤霉病。春季管理可略晚，控制株高，防倒伏。

适宜地区：在山东省高肥水地块种植。

二、玉米主推品种

1. 郑单958

品种来源：河南省农业科学院粮食作物研究所选育，2000年审定，审定编号为冀审玉200002。

特征特性：株型紧凑，耐密性好。夏播生育期103d左右，株高250cm左右，穗位111cm左右，穗长17.3cm，穗行数14～16行，穗粒数565.8粒，千粒重329.1g，果穗筒形，穗轴白色，籽粒黄色，偏马齿形。抗大斑病、小斑病和黑粉病，高抗矮花叶病，感茎腐病。该品种籽粒粗蛋白质含量8.47%，粗淀粉含量73.42%，粗脂肪含量3.92%，赖氨酸含量0.37%。

产量表现：一般亩产600kg左右。

栽培要点：适宜密度3 500～4 500株/亩。苗期发育较慢，注意增施磷钾肥提苗，重施拔节肥，大喇叭口期防治玉米螟。

适宜范围：在山东省适宜地区推广种植。

2. 伟科702

品种来源：郑州伟科作物育种科技有限公司和河南金苑种业股份有限公司选育，2012年12月24日经第三届国家农作物品种审定委员会第一次会议审定通过，审定编号为国审玉2012010。

特征特性：黄淮海夏播区出苗至成熟100d，均比对照郑单958晚熟1d。幼苗叶鞘紫色，叶片绿色，叶缘紫色，花药黄色，颖壳绿色。株型紧凑，保绿性好，株高252～272cm，穗位107～125cm，成株叶片数20片。花丝浅紫色，果穗筒形，穗长17.8～19.5cm，穗行数14～18行，穗轴白色，籽粒黄色，半马齿形，百粒重

33.4～39.8g。东华北春玉米区接种鉴定，抗玉米螟，中抗大斑病、弯孢菌叶斑病、茎腐病和丝黑穗病；西北春玉米区接种鉴定，抗大斑病，中抗小斑病和茎腐病，感丝黑穗病和玉米螟，高感矮花叶病；黄淮海夏玉米区接种鉴定，中抗大斑病、南方锈病，感小斑病和茎腐病，高感弯孢菌叶斑病和玉米螟。籽粒容重733～770g/L，粗蛋白质含量9.14%～9.64%，粗脂肪含量3.38%～4.71%，粗淀粉含量72.01%～74.43%，赖氨酸含量0.28%～0.30%。

产量表现：2010—2011年参加东华北春玉米品种区域试验，两年平均亩产770.1kg，比对照品种增产7.2%；2011年生产试验，平均亩产790.3kg，比对照郑单958增产10.3%。2010—2011年参加黄淮海夏玉米品种区域试验，两年平均亩产617.9kg，比对照品种增产6.4%；2011年生产试验，平均亩产604.8kg，比对照郑单958增产8.1%。2010—2011年参加西北春玉米品种区域试验，两年平均亩产1 006kg，比对照品种增产12.0%；2011年生产试验，平均亩产1 001kg，比对照郑单958增产8.8%。

适宜地区：在山东省适宜地区推广种植。

3. 陕科6号

品种来源：宝鸡迪兴农业科技有限公司选育，审定编号为陕审玉2010006号、晋引玉2013014。

特征特性：夏播生育期99d左右。株型紧凑，叶片上冲，株高240cm左右，穗位高80cm左右，雄穗有效分枝9～15个。果穗筒形，穗行数16～18行，穗粗5.2cm，行粒数40粒左右。籽粒马齿形，白轴黄粒，千粒重330g左右，出籽率90%左右。该品种茎秆坚韧，抗倒伏，活秆成熟，适应性广。高抗穗粒腐病、小斑病，抗茎腐病和大斑病。籽粒容重784g/L，粗蛋白质含量9.8%，粗淀粉含量80.8%，粗脂肪含量5.8%。

产量表现：2008年陕西省夏玉米区试，平均亩产680.1kg，比对照郑单958增产7.7%。2009年陕西省夏玉米区试，平均亩产591.9kg，比对照郑单958增产8.9%。2009年陕西省夏玉米生产试验，平均亩产578.1kg，比对照郑单958增产8.7%。

栽培要点：种植密度4 000～4 500株/亩。注意氮、磷、钾配合施用。施好基肥，重施攻穗肥，酌施攻粒肥，浇好大喇叭口至灌浆期的丰产水。

适宜地区：2017年山东省引种，在山东省适宜地区推广种植。

4. 立原296

品种来源：山东立原种业有限公司选育，一代杂交种，组合为jw975/jw759。母本jw975为美国杂交种群体选系；父本jw759为美国杂交种二环系自交选育，审定编号为鲁审玉20190011。

特征特性：株型紧凑，夏播生育期105d，比对照郑单958早熟2d，全株叶片19片，幼苗叶鞘绿色，花丝浅红色，花药黄色，雄穗分枝5～8个。区域试验结果：株高279.7cm，穗位104.8cm，倒伏率0.4%，倒折率0.2%。果穗长筒形，穗长17.2cm，穗粗5.0cm，秃顶0.8cm，穗行数平均15.0行，穗粒数474.1粒，白轴，黄粒，半马齿形，出籽率85.3%，千粒重375.9g，容重756.8g/L。2018年经河北省农林科学院植物保护研究所抗病性接种鉴定，高抗茎腐病，抗弯孢菌叶斑病，中抗小斑病、瘤黑粉病和南方锈病，感穗腐病。2017年经农业部谷物品质监督检验测试中心（泰安）品质分析，粗蛋白质含量9.91%，粗脂肪含量4.36%，赖氨酸含量2.45μg/mg，粗淀粉含量75.73%。

产量表现：2016年参加山东省夏玉米品种普通组（5 000株/亩）区域试验，平均亩产722.5kg，比对照郑单958增产9.3%；2017年参加山东省夏玉米品种普通组（5 000株/亩）区域试验，平均亩产730.8kg，比对照郑单958增产9.4%；2018年生产试验平均亩产656.5kg，比对照郑单958增产3.7%。

栽培要点：适宜密度为每亩5 000株左右，其他管理措施同一般大田。

适宜地区：山东省适宜夏玉米品种种植地区。

5. 德单123

品种来源：德单123是北京德农种业有限公司选育，用CA24×BB31选育而成的玉米品种。2017年6月29日经第三届国家农作物品种审定委员会第九次会议审定通过，审定编号为国审玉20176069。

特征特性：在黄淮海夏玉米区出苗至成熟103d，与对照郑单958相当。幼苗叶鞘紫色，花药紫色。株型紧凑，株高259cm，穗位高99cm，成株叶片数19.4片。花丝紫色，果穗长锥形，穗长16.7cm，穗粗5.5cm，秃尖0.60cm，穗行数15行，行粒数33粒，穗轴白色，籽粒黄色，半马齿形，百粒重35.7g。平均倒伏（折）率4.3%。经中国农业科学院作物科学研究所接种鉴定，抗腐霉茎腐病、小斑病，中抗镰孢穗腐病，感弯孢菌叶斑病、瘤黑粉病，高感粗缩病。籽粒容重770g/L，粗蛋白质含量9.09%，粗脂肪含量3.25%，粗淀粉含量76.34%。

产量表现：2014—2015年参加黄淮海夏玉米品种区域试验，97个试点75点增产，22点减产，增产点率77.3%，两年平均亩产697.4kg，比对照郑单958增产8.3%。2016年参加黄淮海夏玉米品种生产试验，37点增产，5点减产，增产点率88.1%，平均亩产663.0kg，比对照郑单958增产8.1%。

栽培要点：中等肥力土壤条件下，亩种植密度4 500～5 000株；一般土壤条件下亩种植密度4 000～4 500株。

适宜地区：适宜在黄淮海夏玉米区种植。注意防治弯孢菌叶斑病、瘤黑粉病和粗缩病。

6. 京农科728

品种来源：由北京市农林科学院玉米研究中心，用京MC01×京2416选育而成的玉米品种。2017年6月29日经第三届国家农作物品种审定委员会第九次会议审定通过，审定编号为国审玉20170007。

特征特性：黄淮海夏玉米区出苗至成熟100d左右，比对照品种郑单958早熟。幼苗叶鞘深紫色，叶片绿色，花药淡紫色，花丝淡红色，护颖绿色，成株株型紧凑，总叶片数19～20片，株高274cm，穗位105cm，雄穗一级分枝5～9个。果穗筒形，穗轴红色，穗长17.5cm，穗粗4.8cm，穗行数14行，出籽率86.1%。黄色，半马齿形，百粒重31.5g。适收期籽粒含水量26.6%。抗倒性（倒伏、倒折率之和≤5.0%）达标点比例83%，籽粒破碎率5.9%。经两年三点抗病性接种鉴定，中抗粗缩病，感茎腐病、穗腐病、小斑病，高感弯孢菌叶斑病、瘤黑粉病。籽粒容重782g/L，粗蛋白质含量10.86%，粗脂肪含量3.88%，粗淀粉含量72.79%，赖氨酸含量0.37%。

产量表现：2015—2016年国家黄淮海夏玉米机收组区域试验，平均每亩产量569.8kg，比对照增产9.9%，增产点比例77%；2016年生产性试验，平均每亩产量551.5kg，比对照增产8.5%，增产点比例83%。

栽培要点：中等肥力以上地块栽培，播种期6月中旬，亩种植密度4 500～5 000株。

适宜地区：适宜在黄淮海夏玉米区及京津唐机收种植，瘤黑粉病重发区慎用。

7. 迪卡517

品种来源：迪卡517是孟山都远东有限公司北京代表处、中种国际种子有限公司用D1798Z×HCL645选育而成的玉米品种。审定编号为2014015号2017年6月29日经第三届国家农作物品种审定委员会第九次会议审定通过，国审玉20170005。

特征特性：黄淮海夏玉米区出苗至成熟103d左右，比对照品种郑单958早熟。幼苗叶鞘浅紫色，叶片绿色，叶缘紫色，花丝绿色，花药浅紫色，颖壳绿色。株型紧凑，成株叶片数18片左右，株高261cm，穗位高115cm，雄穗分枝9～10个。果穗筒形，穗长14.6cm，穗粗4.3cm，穗行16～18行，穗轴红色，籽粒黄色，偏马齿形，百粒重28.9g。适收期籽粒含水量26%，抗倒性（倒伏、倒折率之和≤5.0%）达标点比例93%，籽粒破碎率为4.8%。经两年三点抗病性接种鉴定，中抗茎腐病，感小斑病、弯孢菌叶斑病，高感禾谷镰孢穗腐病、瘤黑粉病。籽粒容重785g/L，粗蛋白质含量9.40%，粗脂肪含量4.00%，粗淀粉含量74.74%，赖氨酸含量0.31%。

产量表现：2015—2016年国家黄淮海夏玉米机收组区域试验，平均亩产547.1kg，比对照增产5.5%，增产点次比例72%；2016年生产试验，平均亩产586.9kg，比对照增产8.6%，增产点次比例96%。

栽培要点：中等肥力以上地块栽培，播种期5月下旬至6月中旬，亩种植密度4 500～5 000株。

适宜地区：适宜在黄淮海夏玉米区及京津唐机收种植。穗腐病或者瘤黑粉病重发区慎用。

8. 宇玉30号

品种来源：由山东神华种业有限公司选育，SX1132-2×SX3821，审定编号为国审玉2014010。

特征特性：京津唐夏播玉米区生育期101d，黄淮海夏播玉米区生育期100d，比郑单958早熟1d。幼苗长势中等，幼苗叶鞘紫色。株型半紧凑，株高280cm，穗位103cm，成株叶片数20片。雄穗分枝较少且长，花药绿色，花丝浅紫色，果穗长筒形，红轴，籽粒黄色，硬粒形。穗长19.5cm，穗行数14～16行。百粒重35.2～38.1g。中抗小斑病和腐霉茎腐病，感弯孢菌叶斑病和镰孢茎腐病，高感大斑病、瘤黑粉病和粗缩病。籽粒容重789～792g/L，粗蛋白质含量9.3%～9.9%，粗脂肪含量3.8%～4.1%，粗淀粉含量73.2%～74.4%，赖氨酸含量0.28%～0.29%。

产量表现：2012—2013年参加京津唐夏播玉米品种区域试验，两年平均亩产704.6kg，比对照增产6.7%；2013年生产试验，平均亩产631.7kg，比对照京单28增产11.6%。2012—2013年参加黄淮海夏玉米品种区域试验，两年平均亩产691.9kg，比对照增产6.6%；2013年生产试验，平均亩产622.9kg，比对照郑单958增产6.4%。

栽培要点：中等地力以上地块种植，亩种植密度5 000株左右，注意防治大斑病、弯孢菌叶斑病和茎腐病。

适宜地区：适宜山东、北京、天津、河北、河南等地夏播种植。瘤黑粉病和粗缩病高发区慎用。

9. 登海605

品种来源：登海605是由山东登海种业股份有限公司，以DH351为母本，DH382为父本选育而成。母本是以“DH158/107”为基础材料连续自交多代选育而成；父本是以国外杂交种X1132为基础材料连续自交多代选育而成的玉米品种。2010年9月9日经第二届国家农作物品种审定委员会第四次会议审定通过，审定编号为国审玉2010009。

特征特性：在黄淮海地区出苗至成熟101d，比郑单958晚1d，需有效积温2 550℃左右。幼苗叶鞘紫色，叶片绿色，叶缘绿带紫色，花药黄绿色，颖壳浅紫色。株型紧

凑，株高259cm，穗位高99cm，成株叶片数19～20片。花丝浅紫色，果穗长筒形，穗长18cm，穗行数16～18行，穗轴红色，籽粒黄色，马齿形，百粒重34.4g。经河北省农林科学院植物保护研究所接种鉴定，高抗茎腐病，中抗玉米螟，感大斑病、小斑病、矮花叶病和弯孢菌叶斑病，高感瘤黑粉病、褐斑病和南方锈病。经农业部谷物品质监督检验测试中心（北京）测定，籽粒容重766g/L，粗蛋白质含量9.35%，粗脂肪含量3.76%，粗淀粉含量73.40%，赖氨酸含量0.31%。

产量表现：2008—2009年参加黄淮海夏玉米品种区域试验，两年平均亩产659.0kg，比对照郑单958增产5.3%。2009年生产试验，平均亩产614.9kg，比对照郑单958增产5.5%。2008年山东省省长指挥田攻关品种，15亩地平均亩产1 028.61kg。2009年由国家玉米育种和栽培专家组成的验收组，对超级玉米品种登海605高产田（8亩）进行了严格的实产验收，平均亩产1 041.82kg。山东省两处登海605高产创建田亩产全部超过1 000kg，两处百亩示范田平均亩产达到874.7kg。2010年山东省粮王大赛亩产980kg。

栽培要点：播种期4月10—25日，地表5cm土壤温度稳定通过12℃，亩用种2.0kg，机播或人工精量点播。足墒适期一播全苗。单种，宽窄行60cm×40cm、65cm×35cm，或等行距50cm，株距24cm，亩密度5 500株。重施农家肥，合理配施氮、磷、钾肥及微肥，要求土壤肥力中等以上，足施有机底肥，带够种肥，苗施磷肥15kg，开沟培土足施追肥，追施尿素30～40kg，全生育期灌水3～5次；后期防旱。看苗看地灌水，及时防治病虫害，种子包衣防丝黑穗病、矮花叶病，大喇叭口期心叶投颗粒杀虫剂防玉米螟；适当晚收获。不宜在内涝、盐碱地种植，涝洼地种植要及时排水。

适宜地区：适宜在山东等地种植，注意防治瘤黑粉病，褐斑病、南方锈病重发区慎用。

10. 登海661

品种来源：登海661是一代杂交种，组合为DH351/DH372。母本DH351是以DH158/107为基础材料选株自交选育，父本DH372是自交系5003杂株选系。由山东登海种业股份有限公司选育。审定编号为鲁农审2009013号。

特征特性：株型紧凑，根系发达，全株叶片数19～20片，幼苗叶鞘紫色，花丝黄绿色，花药浅紫色。2008年品比试验结果，夏播生育期110d，比郑单958长5d左右，株高232cm，植株较矮，穗位93cm，倒伏率0.5%，倒折率1.1%，抗倒伏，茎腐病最重发病试点发病率为30.0%。果穗筒形，穗长19.9cm，穗粗4.9cm，秃顶2.5cm，穗行数平均14.8行，穗粒数530粒，红轴，黄粒、半马齿形，出籽率84.9%，千粒重343g，容重700g/L。2007年经河北省农林科学院植物保护研究所抗病性接种鉴定，感小斑病，中抗大斑病、弯孢菌叶斑病和茎腐病，高抗瘤黑粉病，中抗矮花叶病。

产量表现：一般亩产650kg左右，生产潜力较大。

栽培要点：亩产700～900kg种植密度3 500～4 000株/亩，亩产1 000kg左右种植密度4 800株左右。其他管理措施同一般高产大田。

适宜地区：作为高产攻关品种在高肥高水条件下种植。

11. 浚单20

品种来源：河南省浚县农业科学研究所选育而成，母本为9058，来源为在国外材料6JK导入8085泰（含热带种质）；父本为浚92-8，来源为昌7-2×5237。审定编号为国审玉2003054。

特征特性：株型紧凑、清秀，生育期103d左右，株高242cm左右，穗位106cm左右。果穗筒形，穗长16.8cm，穗行数16行，穗轴白色，籽粒黄色，半马齿形，百粒重32g。感大斑病，抗小斑病，感黑粉病，中抗茎腐病，高抗矮花叶病，中抗弯孢菌叶斑病，抗玉米螟。籽粒容重为758g/L，粗蛋白质含质量10.2%，粗脂肪含量4.69%，粗淀粉含量70.33%，赖氨酸含量0.33%。

产量表现：一般亩产600kg左右。

栽培要点：适宜密度为4 000～4 500株/亩。

适宜地区：适宜在山东、河南、河北中南部等夏玉米区种植。

12. 先玉688

品种来源：由铁岭先锋种子研究有限公司用母本PHJEV和父本PHRKB选育而成的玉米品种，审定编号为鲁农审2010004号。

特征特性：株型半紧凑，全株叶片数20片，幼苗叶鞘浅紫色，花丝浅紫色，花药浅紫色。区域试验结果，夏播生育期105d，株高288cm，穗位108cm，倒伏率1.3%，倒折率0.5%，粗缩病最重发病试点病株率为28.0%；果穗筒形，穗轴红色，穗长19.1cm，穗粗4.7cm，秃顶0.9cm，穗行数平均14.9行，穗粒数521粒，籽粒黄色，半马齿形，出籽率86.4%，千粒重359g，容重730g/L。感小斑病和大斑病，中抗弯孢菌叶斑病，高抗茎腐病，中抗瘤黑粉病，感矮花叶病。2008年经农业部谷物品质监督检验测试中心（泰安）品质分析，粗蛋白质含量10.8%，粗脂肪含量3.6%，赖氨酸含量0.44%，粗淀粉含量73.2%。

产量表现：在2007—2008年山东省夏玉米品种区域试验中，两年23处试点15点增产8点减产，平均亩产655.8kg，比对照郑单958增产5.2%；2011—2011年在山东郓城平均产量673.2kg，比对照品种郑单958增产6.8%。

栽培要点：适宜密度为每亩3 500～4 500株。其他管理措施同一般大田。

适宜地区：山东省夏玉米区种植。

第二节　小麦、玉米主推技术

一、小麦宽幅精播高产栽培技术

小麦宽幅精播高产栽培技术是小麦精量播种高产栽培技术的延续和发展，克服了传统精播高产栽培中因播幅较窄而出现的缺苗断垄和疙瘩苗现象，能充分挖掘小麦精播高产栽培技术的增产潜力，使亩产量达到650kg以上。这一技术就是在秸秆还田深松旋耕压实的基础上，采用小麦宽幅精量播种机械依次完成开沟、播种、覆土、镇压等多项工序，实现了农艺与农机的紧密融合。其核心是“扩大行距，扩大播幅，健壮个体，提高产量”。此技术有利于提高个体发育质量，构建合理群体，对小麦前期促蘖、中期促穗、后期供粒具有至关重要的作用和效果。

（一）小麦宽幅精播技术的主要特点

1. 扩大行幅宽度

改传统密集条播、籽粒拥挤一条线，为宽行幅（约8cm）粒播分散式摆布，有利于种子的均匀分布，克服了传统条播机密集条播、籽粒扎堆、疙磨苗、缺苗断垄现象，有利于个体良好发育，个体与群体更加协调。

2. 优化行距

改传统小行距（15～20cm）密集条播，为等行距（22～26cm）宽行播种。由于宽幅播种籽粒分散均匀，宽行扩大了小麦单株生长空间和营养面积，有利于植株根系发达，苗、蘖健壮，个体素质高，群体质量好，提高了植株的抗寒性和抗逆性。

3. 自带镇压，提墒保苗

小麦宽幅精播机自带镇压轮，能较好地压实播种沟，防止透风失墒，确保出苗均匀，生长整齐，克服了当前小麦生产中前茬秸秆还田以及旋耕为主作业造成的表层土壤疏松不实，深播苗弱、失墒缺苗等现象。

4. 一次性作业，省工省时

宽幅精播机克服了传统小麦播种机播种后需要人工耙平，压实保墒等作业，省工省时，其前三、后三形耧腿设计，克服了传统小麦播种机行窄壅土，造成播种不匀，缺苗断垄的现象，解决了因秸秆还田造成的播种不匀等问题，播种后形成波浪形沟垄，有利于集雨蓄水，促苗壮根，有利于小麦安全越冬。

5. 降低了播量，提高了群体质量

宽幅精播技术有利于个体健壮发育，群体生长合理，无效分蘖减少，有效茎生长迅速，也有利于个体与群体、地下与地上协调发育、同步生长，根系活力增强，茎秆坚韧度好，群体冠层改善，田间通风透光，提高物质运输能力，更有利于单株成穗，延长叶片功能期，延缓后期衰老。

（二）关键技术

1. 品种选择与地块要求

选用具有高产潜力、分蘖成穗率高的高产优质中等穗型或多穗型品种。例如，济麦22、鲁原502、烟农1212、山农20等。

选择地块要求地力水平高，土、肥、水条件良好。

2. 实行秸秆还田，配方施肥培肥地力

（1）秸秆还田要求。玉米秸秆还田时要确保作业质量，推行玉米联合收获，还田秸秆长度低于10cm，最好在5cm左右，抛撒不均匀率≤20%。

（2）施肥。高产田亩施有机肥3 000～4 000kg，全生育期亩施纯氮（N）14～16kg，磷（P_2O_5）7.5kg，钾（K_2O）7.5kg，硫酸锌1kg。将全部有机肥、氮肥，磷肥、钾肥的50%作底肥，其余50%的氮、钾肥于翌年春季小麦拔节期追施。化肥要实行深施，坚决杜绝地表撒施。

3. 因地制宜确定深耕、深松或旋耕，整平压实

多年旋耕整地作业，造成耕层浅，一般平均耕层15cm左右，影响小麦根系生长发育，制约产量的进一步提高。

秸秆还田量较大的高产地块，机械深耕要达到25cm左右，犁底层较浅的地块，耕深要逐年增加。对于秸秆还田质量高或还田量比较少的地块，尤其是连续3年以上免耕播种的地块，可以采用机械深松作业，作业深度要大于犁底层，要求25～40cm。

深耕、深松效果可以维持多年，对于一般地块，不必年年深耕或深松，可深耕（松）1年，旋耕2～3年。耕翻前，注意将玉米根茬破碎；耕翻时，地表杂物覆盖严实，要做到不漏耕、重耕；耕翻后，耙透耙实，形成上虚下实的耕层结构。深松时，要做到地表全部松动，松后及时整平压实。

4. 按规格作畦

充分考虑农业机械的作业规格要求和下茬作物直播或套种的需求，采用2BJK-6

型小麦宽幅精播机的地块，畦宽2.0m或3.6m，兖州区根据当地生产条件，畦宽设置为2.7m，其中畦背不超过40cm。麦套花生区，秋种时要预留套种行；小麦、玉米一年两熟区，推广麦收后玉米夏直播技术，不预留玉米套种行。

5. 包衣、足墒、适期、适量播种

（1）种子处理。用种衣剂进行种子包衣或药剂拌种，预防苗期病虫害。根病发生较重的地块，选用2%戊唑醇（立克莠）按种子量的0.1%～0.15%拌种，或20%三唑酮（粉锈宁）按种子量的0.15%拌种；地下害虫发生较重的地块，选用40%毒死蜱乳油按种子量的0.2%拌种；病、虫混发地块用以上杀菌剂和杀虫剂混合拌种。

（2）足墒播种。小麦出苗的适宜土壤湿度为田间持水量70%～80%。秋种时若土壤墒情适宜，要在秋作物收获后及时耕翻、整地、播种；墒情不足时要造墒播种。在适期内“宁可适当晚播，也要造足底墒”，做到足墒下种，确保一播全苗。对于玉米秸秆还田地块，在一般墒情条件下，要在小麦播种（浅播3cm左右）后立即浇“蒙头水”，墒情适宜时耧划破土，辅助出苗。

（3）适期播种。济宁市兖州区小麦从播种至越冬开始，以0℃以上积温550～650℃为宜。据此计算，水浇麦田适宜播期为10月5—15日，其中最佳播期为10月7—12日，该播期冬前有0℃以上积温600℃左右，主茎叶龄5叶1心至6叶1心。生产中掌握“10月5日开耧，10月10日形成大溜，10月15日结束早中茬”。水浇麦田开耧不宜过早，以防冬前穗分化型旺长。

（4）适量播种。小麦的适宜播量因品种、播期、地力水平等条件而异。近几年来，由于春季低温干旱等不利气候因素的影响，不少地区农民播种量大幅增加，存在着旺长和倒伏的巨大隐患，非常不利于小麦的高产稳产。

要加大精播半精播的宣传和推广力度，坚决制止大播量现象。在适期播种的情况下，济麦22、山农20等分蘖成穗率高的多穗型品种，亩适宜基本苗12万～15万株；泰农18等分蘖成穗率低的大穗型品种，亩适宜基本苗15万～18万株。在此范围内，高产田宜少，中产田宜多。晚于适宜播种期播种的每晚播2d，亩基本苗增加1万～2万株。

6. 浇好越冬水，确保安全越冬

（1）浇越冬水的意义。越冬水是保证小麦安全越冬的一项重要措施。它既能预防小麦冻害死苗，并为翌年返青保蓄水分，又能做到冬水春用，春旱早防，为春季肥水后移提供墒情基础；还可以踏实土壤，粉碎坷垃，消灭地下越冬害虫。因此，一般麦田，尤其是悬根苗，以及耕种粗放、坷垃较多及秸秆还田的地块，都要适时浇好越冬水。但墒情较好的旺长麦田，可不浇越冬水，以控制春季旺长。

（2）浇越冬水的时间。对于地力差、施肥不足、群体偏小、长势较差的弱苗麦田，越冬水可于11月下旬早浇，并结合浇水追肥，一般亩追尿素10kg左右，以促进生长。

对于一般壮苗麦田，当日平均气温下降到5℃左右（11月底至12月初）夜冻昼消时浇越冬水为最好。早浇，气温偏高会促进小麦生长，地表板结裂缝；过晚，会使地面结冰冻伤麦苗。要在麦田上大冻之前完成浇越冬水。浇越冬水要在晴天上午进行，浇水量不宜过大，但要浇透，以浇水后当天全部渗入土中为宜，切忌大水漫灌。浇水后要注意及时划锄，破除土壤板结。

（三）化控除草与田间管理

1. 冬前化学除草

小麦3叶期后出土的大部分杂草，草小抗药性差，是化学除草的有利时机，一次防治基本能控制麦田草害，具有事半功倍的效果。

（1）阔叶杂草为主的麦田。可用苯磺隆（巨星）、氯氟吡氧乙酸（使它隆）、唑酮草酯（快灭灵）等药剂防治，如亩用75%苯磺隆可湿性粉剂1～1.2g，或20%氯氟吡氧乙酸乳油50～60mL，或40%唑酮草酯干悬浮剂4～5g加水喷雾防治。

（2）禾本科杂草为主的麦田。可用精噁唑禾草灵（骠马）、甲基二磺隆（世玛）、炔草酸（麦极）、氟唑磺隆（彪虎）等药剂防治。一般亩用6.9%精噁唑禾草灵乳油60～80mL，或3%世玛乳油25～30mL，或15%炔草酸可湿性粉剂25～30g，或70%氟唑磺隆水分散粒剂3～5g，加水后茎叶喷雾防治。

（3）阔叶杂草和禾本科杂草混合发生的地块。禾本科杂草与阔叶杂草混生田，可用以上药剂混合使用。可选用阔世玛、麦极+苯磺隆或骠马+苯磺隆等组合混用。恶性阔叶杂草与常见阔叶杂草混生的地块，可用苯磺隆+氯氟吡氧乙酸或苯磺隆+乙羧氟草醚或苯磺隆+苄嘧磺隆或苯磺隆+辛酰溴苯腈等组合混用。

（4）化学除草注意事项。一要严格按推荐剂量科学使用。二要禁止或避免使用对后茬作物产生药害的药剂。长残效除草剂氯磺隆、甲磺隆在麦田使用后易对后茬小麦、花生、玉米等作物产生药害，要禁止使用。三要严禁除草剂与杀虫剂、杀菌剂、植物生长调节剂混合喷施。

2. 春季促控结合

（1）早春划锄保墒，增温促壮。早春及时进行划锄，尤其对群体升级缓慢、个体偏弱的麦田，要及时划锄，增温保墒，促弱苗转壮，促壮苗稳健。降雨或浇水后，各类麦田都应适时划锄，破除土壤板结，减少土壤水分蒸发，保住土中墒。

（2）春季分类肥水管理。

①一类苗麦田：追肥时间严格在拔节期进行，禁止在雨后趁墒提前追肥，确保麦

苗稳健生长。地力水平较高，亩苗量在80万株以上的麦田，拔节后期追肥浇水；亩苗量70万～80万株的麦田，拔节中期追肥浇水；对地力水平一般，亩苗量60万～70万株的麦田，拔节初期进行肥水管理。一般结合浇水亩追尿素15kg。底肥未施钾肥或产量水平较高的麦田，应增施10～15kg钾肥。

②二类苗麦田：追肥应在起身后拔节前进行，若地力水平较高、亩苗量55万～60万株，于起身后拔节前追肥浇水；若地力水平一般、亩苗量45万～55万株，于起身期进行肥水管理。一般结合浇水亩追尿素15kg。

③三类苗麦田：亩苗量45万株以下的晚播弱苗，两次追肥，第一次是返青肥，返浆期趁墒或雨后借墒追肥，亩施氮素7～8kg和磷酸二铵5～7kg。第二次是结合浇拔节孕穗水亩施尿素8～10kg。

④旺长苗麦田：生长过旺，地力消耗过大，有“脱肥”现象的旺长麦田，若群体不大，在返青后、起身前期追肥浇水；如群体偏大，可在起身期追肥浇水。一般亩追施尿素15kg左右。没有出现“脱肥”现象的过旺麦田，早春施肥浇水时间推迟在拔节后期施肥浇水，亩追尿素15kg左右。

为了充分发挥肥效，实现施肥增产，要严格追肥方式。一切肥料禁止地表撒施，应在雨后或墒情适宜时深施肥，一般深度7cm左右。施肥后若土壤墒情较差，要及时浇水，以水促肥。

（3）做好化学调控。一类麦田和旺长麦田，在小麦返青至起身期及时喷施“麦业丰”化控剂。一般情况亩用量30～40mL，兑水30～40kg，叶面喷雾；冬前群体在90万株以上的过旺麦田，最大亩用量不能超过50mL。

（4）加强病虫草害防治。重点防治小麦纹枯病和麦蚜虫。防治纹枯病，可用5%井冈霉素每亩150～200mL兑水75～100kg喷麦茎基部防治，间隔10～15d再喷一次，或用多菌灵胶悬剂或甲基硫菌灵防治。防治根腐病可选用立克锈、烯唑醇、粉锈宁、敌力脱等杀菌剂。防治麦蜘蛛可用0.9%阿维菌素3 000倍液喷雾防治。以上病虫混合发生，可采用以上对路药剂混合喷雾施药防治。

（5）预防倒春寒。要密切关注当地天气预报。在强寒潮降温来临前及时浇水，预防或减轻晚霜冻害。一旦发生了晚霜冻害不要盲目耕翻改种，要及早实施追肥、浇水等减灾技术措施，根据冻害程度亩追施尿素7～15kg，追肥后浇水，并及早叶面喷施植物细胞膜稳态剂、复硝酚钠等植物生长调节剂，促进未受冻分蘖快长和潜伏蘖芽早发，增加成穗数。

3. 抓好中后期田间管理

（1）浇足、浇好开花水或灌浆水。小麦开花至成熟期的耗水量占整个生育期耗水总量的1/4，需要通过浇水满足供应。干旱不仅会影响粒重、抽穗、开花期，还会影响穗粒数。因此，小麦扬花后10d左右应浇开花水或灌浆水，以保证小麦生理用水，同时还可改善田间小气候，降低高温对小麦灌浆的不利影响，抵御干热风的危害，提高籽粒饱满度，增加粒重。

此期浇水应特别注意天气变化，不要在风雨天气浇水，以防倒伏。成熟前土壤水分过多会影响根系活力，降低粒重，所以，小麦成熟前10d要停止浇水。

（2）重视防控赤霉病。小麦穗期是病虫集中为害盛期，若控制不力，将对小麦产量造成不可挽回的损失，要遵循“预防为主，综合防治”的原则，做到适时早防早控。

小麦抽穗前后如遇连阴大雾天气，空气湿度和温度适宜时，极易发生赤霉病，赤霉病防控要注意用药时机，防治在关键阶段。在小麦抽穗达到70%、小穗护颖未张开前，进行首次喷药预防，也可在小麦扬花期再次进行喷药。可用80%多菌灵超微粉每亩50g，或50%多菌灵可湿性粉剂75～100g兑水喷雾。也可用25%氯烯菌酯悬乳剂亩用100mL兑水喷雾，安全间隔期为21d。喷药时重点对准小麦穗部均匀喷雾。

（3）做好后期“一喷三防”。小麦生长后期实施“一喷三防”，即防病、防虫、防干热风，是增加粒重、提高单产的关键技术，也是小麦后期防灾、减灾、增产最直接、最简便、最有效的措施。

每亩可选用10%吡虫啉可湿性粉剂30g加50%多菌灵可湿性粉剂100g或30%戊唑·福美双可湿性粉剂60g加98%磷酸二氢钾100g，兑水40～50kg均匀喷雾。“一喷三防”喷洒时间最好在晴天无风9—11时，16时以后喷，每亩喷水量不得少于30kg，要注意喷均匀，尤其是要注意喷到下部叶片。

小麦扬花期喷药时，应避开授粉时间，一般在10时以后进行喷洒。在喷施前应留意气象预报，避免在喷施后24h内下雨，导致小麦“一喷三防”效果降低。高产麦田要力争喷施2～3遍，间隔时间7～10d。要严格遵守农药使用安全操作规程，做好人员防护工作，防止农药中毒，并做好施药器械的清洁工作。

二、夏玉米机械单粒精播高产栽培技术

20世纪60年代，西方发达国家已经普遍采用玉米机械化单粒播种；20世纪80年代，中国农业领域开始出现“精量播种”，意思是将种子按一定距离和深度，精确地播入土内，达到“苗全、苗齐、苗壮”的目的。此法要求较高的种子质量和播种质量，在我国玉米生产实践中鲜有应用且难以推广。

进入21世纪，“单粒播种”概念引进入中国，开始实行玉米精致包装、种子包衣、单粒播种，确保“一粒种子一棵苗”，称之为单粒精播。

（一）玉米单粒精播的优点

1. 工序简化

我国传统的玉米播种方式单一，在“有钱买种、无钱买苗”的传统观念下，农民习惯于大把撒种、大把间苗，既原始粗放，又浪费种子。玉米单粒播种“一穴一粒、一籽一苗”，出苗后不再像传统条播或点播那样进行间苗、定苗等田间作业，节省劳力、降低成本。在规模化种植下，单粒播种节本增效优势更为明显。

2. 节省种子

传统的条播、穴播、点种，因种子发芽率多在85%左右，为了保全苗，一般每亩播种量2.5～3.5kg（或每穴播3～4粒）。单粒播种要求种子发芽率在95%以上，每亩播种量仅有1.5kg左右，用种量大幅度减少。

3. 株匀苗壮

单粒播种的种子经过精选和分级，粒型一致，粒重一致，按照该品种最适宜种植密度确定行距和株距，出苗整齐，分布均匀，水肥集中，通风透光良好。

4. 保护药效

由于单粒播种无须间苗和定苗，减少了田间作业对田间喷施苗前除草剂药层的破坏，保证除草剂的药效。

（二）玉米单粒精播技术现状

近几年，随着农村经济快速发展，农村劳动力大量转移，农业机械购置补贴额度和范围扩大，以及各级政府和农机部门的大力推进，济宁市兖州区玉米生产机械化水平提高迅速，同时，玉米精量播种机械装备研发和批量生产，为玉米单粒精播技术大面积推广，提供了物质装备支撑。

虽然目前全区玉米机械化生产已经处于较高水平，但依然存在生产管理粗放、肥料利用率低、播种质量差、种植密度低、品种密度不相符、上下作业环节衔接差等问题。因此，做好农机农艺融合，提高机械化生产质量，实现高产高效玉米全程机械化栽培，是玉米单粒精播生产发展的主要目标和任务。

（三）夏玉米机械单粒精播高产栽培配套措施

1. 提高小麦秸秆还田质量，改善玉米机播环境

（1）小麦秸秆还田存在的问题。小麦联合收割后，秸秆切碎长度一般15～25cm，在地表形成宽80cm左右的秸秆带，就像一圈圈的“金项链”，造成玉米播种机械拥堵

缠绕，严重者出现缺苗断垄现象，直接影响玉米机械作业效率和播种质量。

（2）解决方法。一是在小麦秸秆没有特殊用途的地区，要对低喂入量的小麦联合收割机（4kg/s以下）在出草口处安装秸秆切碎器，或更新换代小麦收割机，将秸秆切碎至5～10cm，并均匀抛撒。二是选择在小麦完熟期的8—20时期间作业，以利提高收获效率，减少收获损失。避免在凌晨秸秆潮湿时作业，造成秸秆粉碎抛撒效果不好。三是在加工秸秆地区，可进行机械打捆、人工收集、运输田外等，从而避免小麦秸秆拥堵播种机械，以改善夏玉米直播机械作业环境。

2. 正确选择玉米播种机械，提高玉米单粒播种质量

（1）选择合适玉米播种机械的意义。目前生产中，玉米播种机械应用正处于单粒精播与多粒穴播、条播新旧更替之时。因所选播种机械与种子质量不匹配，一些地块出现一穴多株或缺苗断垄现象，存在品种与种植密度不符的问题。不但浪费大量种子，而且多株争肥遮光，造成小苗弱苗，形成小穗畸穗，增加机收损失。因此，正确选用玉米播种机械，对提升玉米播种质量意义重大。

（2）玉米播种机械的类型。

①窝眼式播种机械：清种刷易磨损，用种量大，不易成穴（条播），逐渐被淘汰。

②仓转式播种机械：由于种子仓不便调整，易出现一穴多粒现象，亦逐渐淡出市场。

③气吸式播种机械：能实现单粒播种，对种子所造成的伤害比较小，播种速度快、播种效率高。但是，需要动力大，后期维护保养与维修费用较高。

④转勺式播种机械：近几年，转勺式玉米精量播种机普及较快。据山东省农机试验鉴定站统计，近两年新鉴定的玉米播种机，全部是转勺式玉米精量播种机，这种机械性价比高、单粒播种、株距可调、操作简单，比较受农机手欢迎。

山东省此类机械产量较大的生产企业有山东德农农业机械制造有限责任公司、山东大华机械有限公司、山东省郓城县工力有限公司、山东颐园农机制造有限公司、莱州市源田农业机械有限公司等；外省主要有河北农哈哈机械集团有限公司、黑龙江省海伦王农机制造有限公司、河南豪丰机械制造有限公司等。

3. 机械“耕、肥、播”一体化，推广玉米双高简化栽培

“耕、肥、播”一体化技术即土壤深松耕整、肥料足额分层施入、单粒精量播种等技术集成的一项技术。

（1）机械耕整的必要性。目前生产中，绝大多数地块常年采用旋耕整理，造成耕层浅犁底层厚，土壤板结，影响玉米根系下扎，出现玉米后期倒伏现象，制约玉米

产量进一步提升。而“耕整、施肥、播种”一体化技术，通过土壤深松打破犁底层，改善了土壤耕层构造，蓄水保墒，促进了矿物质分解，提升土壤生产能力。同时夏季深松还可以积蓄伏天降雨，为秋季生产利用。

（2）施肥的关键技术。

①抛弃传统施肥方式：玉米传统施肥方式为种肥、追肥兼用。因农村劳动力的转移，以往的深施追肥方式也逐渐被撒施替代。但肥料撒施存在选肥不当、浪费肥料、后劲不足等问题。玉米重氮、磷轻钾肥，后期“弱不禁风”，易倒伏；后期脱肥，易出现“秃顶”、千粒重降低；施肥方式不科学，夏季追肥撒施面积大，肥料利用率低，严重影响玉米产量。

②采用多层分布式施肥法：玉米多层分布式施肥法，即选用长效缓释肥，在玉米深松播种时，一次分层、分量施入全生育期肥料。耕层内每层肥量呈正态分布，符合玉米需肥规律，满足玉米生长发育需求，节省追肥环节，简化栽培措施，提高玉米产量。

具体做法是：将施肥点变为施肥线，在5～25cm土层内，分5层施入肥料。

第一层施量为整个生育期施肥量的10%左右，第二层施量为20%左右，第三层施量为40%左右，第四层施量为20%左右，第五层施量为10%左右。第二至第四层施肥量占总肥量的80%左右。

③播种机械：在秸秆处理质量和水肥条件好的地区，可选择河北“农哈哈”和山东“奥龙”生产的深松多层施肥玉米精量播种机，疏松土壤，一次分层分量施入全生育期肥料，减免追肥环节，省工增产。或选择德州“秋瑞”研发的“一行三位施肥型玉米播种机”，将硅钙镁型有机肥（20kg/亩）施在种子下方3cm处；缓释肥施在种行的两侧各10cm左右，下施5～8cm，形成了“肥包根”，采用80cm宽幅，密度提高30%的栽培模式，以提高玉米产量。

4. 实行良种良法配套，推进区域化同品种种植

（1）精细选种。单粒精量播种地区，必须选用高质量的种子并进行精选处理。要求处理后的种子纯度达到96%以上，净度达98%以上，发芽率达95%以上，籽粒均匀一致。有条件的地区可进行等离子体或磁化处理。播种前，采用防治药剂进行拌种或包衣处理。

（2）推荐品种。兖州一年两熟区主要以小麦、玉米轮作为主，宜选择生育期100d左右、苞叶松散、抗虫、抗倒、高产的耐密玉米品种，以利机械收获。主要品种有郑单958、登海605、浚单20、登海668、京农科728、迪卡517等。

5. 正确调整和使用机械，确保夏玉米播种质量

正确调整使用玉米播种机械，是提高玉米播种质量的有效措施。

（1）播种前准备。播种前，要按照使用说明书，正确调整排种（肥）器的排量和一致性，调整好行距，按照品种密度，就近确定株距，确保种植密度；调整镇压轮的上限位置，保证镇压效果；调整播种机架水平度，确保播种深度一致。

（2）严控播种前进速度。播种时要控制前进速度，一般每秒3～5m（折合每小时10～15km）。

作业中注意观察，随时观察秸秆堵塞缠绕情况，发现异常，及时停车排除和调整。机组在工作状态下不可倒退，地头转弯时应降低速度，在划好的地头线处及时起升和降落。

（3）作业技术要求。

①单粒率≥85%，空穴率<5%，伤种率≤1.5%。

②播深或覆土深度一般为4～5cm，误差不大于1cm。

③株距合格率≥80%。

④苗带直线性好，种子左右偏差不大于4cm，以便田间管理和机收作业。

6. 规范玉米种植规格，为小麦、玉米全年高产创造条件

根据农艺和玉米机收要求，采用单粒精播机播种，2.7m一畦等行距播种4行，平均行距67.5cm。前茬小麦种植时应考虑对应玉米种植行距的需求。玉米种植规格统一，利于玉米机械化收获整体推进，减少损失，提高秸秆还田质量，为小麦播种创造良好环境，以利全年粮食高产。具体技术要点如下。

（1）抢墒播种。收获小麦后及时抢墒播种，最好是前面收，后面播，实现小麦机收、切碎还田、玉米精播、化肥深施“一条龙”作业，促进玉米早发。墒情差时，可先播种后灌溉（浇蒙头水）；旱作区应抢墒播种。兖州玉米播期以6月9—15日为宜。

（2）合理密植。在行距一致的情况下，通过调整播种株距，达到不同品种所要求的种植密度。播量一般在2.5～3.5kg/亩，耐密紧凑型玉米品种要达到4 200～4 800株/亩，大穗型品种要达到3 500～4 200株/亩，高产田适当增加，见表2-1。

表2-1　等行距（67.5cm）不同株距种植密度对照

株距（cm）	亩株数（株）	株距（cm）	亩株数（株）	株距（cm）	亩株数（株）
15	6 585	17	5 810	19	5 198
16	6 173	18	5 487	20	4 939

（续表）

株距（cm）	亩株数（株）	株距（cm）	亩株数（株）	株距（cm）	亩株数（株）
21	4 703	27	3 658	33	2 993
22	4 490	28	3 528	34	2 905
23	4 294	29	3 406	35	2 822
24	4 115	30	3 292	36	2 744
25	3 951	31	3 186		
26	3 799	32	3 087		

（3）覆土镇压。玉米播种后，应覆土严密，镇压强度适宜，镇压轮不打滑。

（4）合理施肥。种肥选用颗粒状复合肥或复混肥，提倡施用玉米缓释肥，减少玉米管理人工消耗；种肥应施在种子下方或侧下方，与种子相隔5cm以上，且肥条均匀连续。亩用复合种肥10～15kg，全部生育期肥料（长效缓释肥）50～60kg。

（5）及时除草。在播种后当天或3d内喷施化学除草剂，均匀覆盖土壤地表面；对黏虫数量大的地块，要添加杀虫剂，待药剂均匀混合后一次喷洒。

（6）防旱排涝。夏玉米整个生育期应结合天气情况及时浇水，注意浇好拔节水、孕穗水，特别是在大喇叭口需水临界期，要适时灌溉浇水，保证水分供应，防止“卡脖子旱”。做到遇旱浇水，遇涝排水，以确保玉米健壮生长的需要。

（7）防治病虫。在整个生育期，发现病虫害及时对症施药防治。苗期重点防治黏虫、蓟马、蚜虫、灰飞虱以及地下害虫，中后期重点防治二代玉米螟和蚜虫。

（8）联合机收。当前生产中应用的玉米大半是活秆成熟，因此要适当晚收，最佳收获时间为玉米苞叶变松枯、籽粒变硬、乳线消失时。兖州一般在9月末至10月初为玉米成熟收获期。此时收获既能保证玉米充分成熟，又能保证下茬小麦有适宜播期，实现玉米、小麦双增产。同时，采用玉米联合收获机收获，收获时秸秆直接粉碎还田，既可培肥地力，又能解决因焚烧秸秆污染环境的问题。

三、小麦、玉米一体化增产模式技术规程

本技术规程适用于兖州及黄淮相同条件下高产地块推广应用，要求土壤基础为：土壤有机质含量12g/kg以上，碱解氮70mg/kg以上，速效磷25mg/kg以上，速效钾90mg/kg以上。

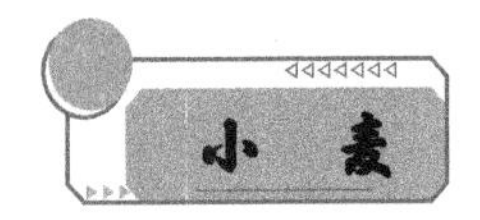

（一）品种与产量结构

1. 选用良种

选用经过国家或山东省农作物品种审定委员会审定的适应当地生产的主推品种，如济麦22、济南17、济麦20、鲁原502、山农20等。要求种子纯度≥99.0%、发芽率≥85%、水分≤13%。

2. 群体动态指标与产量结构指标

兖州小麦亩产达到500～600kg的产量指标，在适宜播期内适宜的群体动态和产量结构见表2-2。

表2-2　不同小麦品种适宜的群体动态和产量结构

品种	基本苗（万株/亩）	冬前苗量（万株/亩）	春季最大苗量（万株/亩）	亩穗数（万穗）	穗粒数（粒）	千粒重（g）
济麦22	13～15	60～80	80～100	42～47	33～35	43左右
鲁原502	13～15	60～80	80～100	40～45	33～37	43左右
济南17	11～13	60～70	90～110	45～50	30～32	40左右
济麦20	11～13	60～70	90～110	45～50	30～35	42左右
山农20	13～15	60～80	80～100	40～45	33～37	43左右

（二）播前准备

1. 种子处理

播种前用高效低毒的专用种衣剂包衣。建议选用良种补贴统一供应的包衣良种。

2. 平衡施肥

在秸秆还田、增施有机肥的基础上，每亩施化肥纯氮（N）15～17kg、磷（P_2O_5）6～8kg、钾（K_2O）6～8kg、硫酸锌1kg。上述总施肥量中，50%的氮肥和全部磷肥、钾肥、锌肥作底肥，在耕地前均匀撒施地表，耕翻入土，或采用种肥播种一体机于播种时施入，剩余50%的氮肥翌年春季小麦拔节期追施。

3. 精细整地

前茬玉米收获后秸秆还田，深耕25cm以上或深松30cm以上，打破犁底层，深耕后及时耙地，注意耙透、耙细，破碎明暗坷垃，消除架空暗垄，达到“深、透、细、平、实”的标准。土壤深耕或深松可间隔2～3年进行一次，两次深松之间的年份可以旋代耕，要旋耕2遍，旋耕深度15～20cm，旋耕后及时镇压再播种，确保整地质量。

（三）播种

1. 种植方式

采用“双宽”播种技术，畦宽2.7m，畦背0.4m，畦面2.3m，等行距种植9行小麦，苗带宽度8～10cm。

2. 适期、适量播种

兖州小麦适宜播期是10月5—15日，最佳播期是10月7—12日。适宜播期内，济麦22等中晚熟品种每亩基本苗13万～15万株，济南17等中早熟品种每亩基本苗11万～13万株。

根据种子的千粒重、净度、发芽率以及田间出苗率计算每亩播种量。砂姜黑土地块、晚播麦田要适当增加播量，适播期后，每晚播1d，亩增加播量0.5kg。播量计算公式：

$$\text{每亩播种量（kg）}=\frac{\text{每亩计划基本苗数}\times\text{千粒重（g）}}{\text{种子净度（\%）}\times\text{发芽率（\%）}\times\text{田间出苗率（\%）}\times 10^{6}}$$

注：田间出苗率应根据土壤墒情和整地质量灵活掌握，一般潮褐土按90%左右，砂姜黑土按75%左右。

3. 提高播种质量

采用小麦宽幅精播机播种，播种机行走速度每小时5～8km。播种深度3～5cm，注意在播种机上悬挂镇压器具，使播种、镇压同时进行，要求播量精确，行距一致，下种均匀，深浅一致，不漏播，不重播，地头地边播种整齐。

4. 浅播压水

小麦出苗适宜的土壤湿度为0～20cm耕层土壤相对含水量为70%～80%。砂姜黑土地块应采用浅播压水技术，要求播深2～3cm，播种后及时浇水；潮褐土地块耕层土壤相对含水量低于70%时，应播后浇水，出苗后待表墒适宜时人工划锄，破除板结，确保出苗齐全。

（四）冬前管理

冬前麦田管理的目标是苗全、苗齐、苗匀、苗壮。

1. 查苗补种

麦苗出土以后，及时查苗补苗，对缺苗断垄的地方及时补种。

2. 冬前化学除草

10月下旬至11月上旬小麦3～4叶期，日平均气温在10℃以上时，是化学除草的最佳时期。以播娘蒿、荠菜、猪殃殃等阔叶杂草为主的麦田，可选用10%苯磺隆可湿性粉剂10g/亩或75%苯磺隆水分散粒剂1g/亩等兑水均匀喷雾防除；以野燕麦等禾本科杂草为主的地块，可选用10%精噁唑禾草灵乳油（骠马）50～60g/亩等兑水均匀喷雾防除；双子叶和单子叶杂草混合发生的麦田可用以上药剂混合使用。注意严格按照用药说明喷洒除草剂，防止重喷或漏喷。

3. 浇好越冬水

日平均气温下降到7～8℃时开始浇水，掌握平均气温2～3℃夜冻昼消时结束浇水，一般在11月下旬至12月初（小雪至大雪期间）浇水。在11月下旬0～40cm土壤相对含水量大于75%时，可以不浇越冬水。

（五）春季管理

春季管理的目标是建立合理群体结构，促进穗大粒多，减轻病虫为害。

1. 早春精细划锄

潮褐土地块应在小麦返青后进行划锄，划锄时做到划细、划匀、划平、划透，不留坷垃，不压麦苗，不漏杂草，以提高划锄效果。对于适时浇越冬水、冬季冻融交替效果好、在地表已形成疏松保墒层的地块可以不划锄，以免破坏地表疏松的保墒层，增加土壤蒸发量。

2. 返青期化学除草

冬前没有进行化学除草的地块，在2月下旬至3月上中旬进行化学除草，小麦进入拔节期停止喷洒除草剂，以免造成药害。

3. 起身期化控防倒伏

3月中旬小麦起身期喷施壮丰安等控制小麦旺长，预防后期倒伏。禁止在小麦拔节后喷施化控剂，以免造成药害。

4. 肥水管理

春季第一次肥水管理的时间要根据地力、墒情和苗情掌握。对地力水平较高、群

体适宜的麦田，应在4月上旬小麦拔节后追肥浇水；对地力水平高、有旺长趋势的麦田，肥水管理时间应推迟到4月中旬小麦拔节后期（倒二叶露尖至旗叶露尖）。春季追肥量掌握每亩15～20kg尿素。

5. 预防早春冻害

兖州“倒春寒”发生概率较高，春霜冻害严重。应在小麦返青后喷施天达2116、吨田宝等植物生长抗逆剂，提高麦苗抗冻性，同时密切注视天气变化，在强寒流来临前浇水，预防冻害发生。

对于发生严重春霜冻害的地块，要采取补救措施，及早追施速效氮肥，一般亩追施尿素7～10kg，并浇水，促进中小分蘖成穗。

（六）后期管理

挑旗期是小麦需水临界期，应视土壤墒情在挑旗至开花期浇透水。5月中旬小麦开花后15～20d再浇一次灌浆水，使田间持水量稳定在75%～80%。浇灌浆水时严禁在大风天气浇水或雨前浇水，以防倒伏。收获前7～10d禁止浇麦黄水。

（七）综合防治病虫害

1. 返青期防病为主，兼治虫害

小麦返青后是纹枯病、全蚀病、根腐病等根病侵染扩展高峰期，也是麦蜘蛛、地下害虫的为害盛期，是小麦综合防治关键环节之一。防治根部病害可选用三唑酮、立克锈、烯唑醇、井冈霉素等兑水75～100kg喷麦茎基部防治，间隔10～15d再喷一次；防治麦蜘蛛可用1.8%阿维菌素3 000倍液喷雾防治。以上病虫混合发生的，可采用以上药剂混合喷雾防治。

2. 抽穗期防治赤霉病

小麦抽穗至扬花前，是防治小麦赤霉病的最佳时间。每亩用80%多菌灵50～80g或50%多菌灵80～120g或70%甲基硫菌灵100g兑水防治。重点对准小麦穗部均匀喷雾，隔5～7d再防治一次。喷药后24h之内遇雨要补喷。防治赤霉病的同时，可加上10%吡虫啉可湿性粉剂20g/亩或4.5%高效氯氰菊酯乳油80mL/亩混合施药，综合防治蚜虫、麦叶蜂等虫害。

3. 后期“一喷三防”

小麦灌浆期选择适宜的杀菌剂、杀虫剂和叶面肥混合喷施，达到防病、治虫、防早衰“一喷三防”的效果。每亩用15%三唑酮粉剂135～180g加100～200g磷酸二氢钾兑水30～40kg混合喷雾。喷洒时间在晴天无风9—11时和16时以后两个时间段喷洒，间隔7～10d再喷一遍。喷药后24h之内遇雨要补喷。

（八）适时收获

小麦蜡熟末期采用联合收割机抢时收获。

（一）科学选用品种

应根据地力、光温、耕作、管理、灌溉、机械等因素综合考量，选择适宜兖州的优良品种。用种应选择纯度高、发芽率高、活力强、适宜单粒精量的种子，纯度≥98%，种子发芽率≥95%，净度≥98%，含水量≤13%，确保精播后苗全、苗匀、苗壮。兖州玉米夏直播亩产600～700kg的地块，粒用玉米可重点选择郑单958、陕科6号、鲁单818、立原296、浚单20等耐密、抗倒、高产、稳产、抗逆性强的品种。籽粒机收玉米可重点选择迪卡517、登海618、京农科728、宇玉30等生育期适中、籽粒脱水快、穗位适中、抗倒性强的品种。青贮玉米可重点选择登海605、德单5号等生物产量高、适口性好的品种。

（二）提高小麦秸秆还田质量

为减轻玉米播种时秸秆缠绕、拥堵现象，前茬小麦机械化收获时必须安装秸秆粉碎机，尽量降低留茬高度，提高秸秆还田质量，要求小麦秸秆切碎长度≤10cm，切断长度合格率≥95%，抛洒不均匀率≤20%，漏切率≤1.5%。

（三）播种

1. 抢时直播

兖州玉米夏直播适宜的播期是6月9—15日，生产上小麦收获后抢时播种。

2. 种植方式

采用单粒精播机播种，2.7m一畦等行距播种4行，平均行距67.5cm。

3. 提高播种质量

夏玉米亩产600～700kg适宜的亩穗数为4 500～4 800穗。播种前调好机械，按照种植密度4 700～5 000株/亩，确定适宜的株距为21～20cm，播种速度为5～8km/h，播深3～5cm，播种过程中及时检查机械，防止秸秆堵塞，造成缺苗。

4. 平衡施肥

夏玉米达到亩产600～700kg的目标产量，每亩总施肥量为纯氮（N）15～18kg、磷（P_2O_5）6～7kg、钾（K_2O）10～12kg。播种同时亩施缓控肥50kg，实行种肥同播。此后，在大喇叭口期每亩补施尿素15kg左右。

5. 播后及时浇水

播种后及时浇水，确保出苗齐全。

（四）苗期管理

1. 化学除草

玉米播种后出苗前土壤墒情好时，及时采用40%乙莠悬浮剂150～200mL兑水45～50kg均匀喷洒地面封闭除草，注意喷药后尽量减少田间作业，以防破坏药膜影响除草效果。如果未进行苗前除草的地块，可在玉米出苗后3～5叶期，用20%烟嘧·莠去津悬浮剂100g/亩兑水30～50kg均匀喷洒行间地表，防治田间杂草，尽量不要喷到玉米心叶上，以防发生药害。

2. 综合防治病虫害

玉米苗期病虫害主要是玉米粗缩病、苗枯病、灰飞虱、二点委夜蛾、蓟马和黏虫，每亩用玉米害虫一遍净或玉虫快杀或阿维高氯（绝招）或高效氯氟氰菊酯等，再加上吡虫啉或扑虱灵或吡蚜酮等，兑水30kg均匀喷玉米苗，每隔7～10d防治一次，连喷2～3次。

3. 防芽涝

玉米苗期怕涝，苗期遇涝应及时排水，淹水时间不应超过半天。

（五）穗期管理

1. 化控防倒伏

夏直播玉米可喷施化控剂防倒伏，适宜的化控时间掌握在8片展开叶期间（出苗后40d左右），偏早喷施起不到降低株高、增强抗倒性的作用，10片展开叶之后喷施化控剂，会造成穗粒数减少而减产。喷施时应严格按照使用说明掌握喷药时间和浓度，切忌重喷、漏喷。

2. 拔除小弱株

在玉米抽雄前后拔除小弱株，以减少养分消耗，提高群体整齐度。

3. 防治玉米螟

玉米大喇叭口期，每亩用1.5%辛硫磷颗粒剂1kg加细沙5kg制成毒沙施于心叶内，防治玉米螟。

4. 追施大口肥

玉米大喇叭口期（叶龄指数60%，第12片叶展开）追施尿素15kg/亩，以促穗大粒多。穗期追肥一般距玉米行15～20cm，条施或穴施，深施10cm左右，减少养分损失，提高利用率。施肥后应随时浇水，提高肥效。

5. “一防双减”综合防治后期病虫害

玉米大喇叭口期实行“一防双减”，可有效防治后期叶斑病、锈病、玉米螟、黏虫、蚜虫等病虫害。每亩用20%氯虫苯甲酰胺悬浮剂（康宽）5～10mL或22%噻虫·高氯氟微囊悬浮剂（阿立卡）15～20mL加25%吡唑醚菌酯乳油（凯润）30mL混合喷雾。

（六）后期管理

8月中旬至9月中旬，玉米灌浆期必须保持充足的水分供应，延长绿叶功能期，以增加粒重，提高产量。此期若无有效降雨，应及时浇水。

（七）完熟期收获

玉米完熟期收获产量最高。兖州夏玉米适宜收获的时间一般是9月25—30日，采用联合收割机收获，秸秆还田。

第三章　济宁市兖州区小麦玉米高产实践

粮食问题是关系到国计民生、社会稳定和经济发展的重大战略问题。有研究预计，到2050年全球人口将达90亿，全球粮食需求量将是目前粮食产量的2倍。然而，在我国，随着耕地面积的减少、人口数量的增加以及社会经济的迅速发展，依靠扩大粮食种植面积提高粮食总产量的潜力已经非常有限，因此，增加单位面积作物产量是提升粮食总产量、确保我国粮食安全的重要途径。

第一节　小麦亩产700kg以上技术总结

兖州是全国重要的优质商品粮生产基地，小麦生产面积常年稳定在35万亩左右，粮食单产水平居全国前列。2004年以来，兖州区农业农村局成立了超高产攻关小组，课题组通过多年试验研究，初步探索了在当地生产条件下的小麦亩产700kg以上的生育规律和栽培技术，进行了小麦超高产栽培技术的集成与推广，辐射带动了兖州及周边县（市、区）小麦实现均衡增产。

一、小麦亩产700kg以上产量结构和群体动态调控指标

超高产研究表明（表3-1），无论中多穗型还是中大穗型品种，足够的穗数是超高产的基础，在获得足够亩穗数基础上，稳定穗粒数、提高千粒重是小麦由600kg向700kg突破的成功模式。中多穗型品种济麦22号达到亩产700kg产量结构是亩穗数52万～54万穗、穗粒数33～37粒、千粒重46～48g，相比亩产600kg条件下穗粒数相差不大，但亩穗数和千粒重显著增加。中大穗型品种泰农18达到亩产700kg的产量结构是亩穗数40万～44万穗、穗粒数45～48粒、千粒重42～45g。2016年，小麦亩产突破800kg，与往年亩产750kg相比，产量结构有较大的调整，亩穗数为45.88万穗，比往年（2014—2015年）减少了5万～9万穗/亩；穗粒数为40.3粒，比往年平均增加了6粒左右；千粒重为53.7g，比往年平均增加了5～8g。

表3-1　小麦亩产700kg以上与亩产600～700kg产量结构对比

产量（kg）	类型	品种	年份	亩穗数（万穗）	穗粒数（粒）	千粒重（g）	理论产量（kg/亩）	实打测产	
								面积（亩）	产量（kg/亩）
600	中多穗型	济麦22号	2004	51.40	33.50	44.40	649.85	3.94	653.36

（续表）

产量（kg）	类型	品种	年份	亩穗数（万穗）	穗粒数（粒）	千粒重（g）	理论产量（kg/亩）	实打测产	
								面积（亩）	产量（kg/亩）
600	中多穗型	泰山23号	2004	50.50	33.00	45.20	640.27	—	—
		良星99		49.60	33.70	44.10	626.57	—	—
		平均		50.50	33.40	44.60	639.43	—	—
	大穗型	PH01-35		25.80	47.30	58.70	608.89	3.39	611.40
		豫麦66		29.40	55.10	43.60	600.35	—	—
		山农8355		26.80	46.10	56.60	594.39	—	—
		兖956939		28.90	49.50	52.70	640.81	—	—
		平均		27.70	49.50	52.90	616.54	—	—
700	中多穗型	泰山23	2005	52.90	34.30	47.00	724.88	3.81	735.66
			2006	53.50	33.80	46.40	713.19	4.56	727.43
			2007	52.10	33.90	47.10	707.09	3.25	722.70
		济麦22	2009	54.60	33.50	48.00	746.27	4.44	755.10
			2010	52.18	36.80	47.10	768.76	3.30	764.70
			2014	50.50	34.30	45.00	662.55		702.60
		鲁原502	2015	54.72	34.80	48.00	776.94	3.15	756.58
			2017	48.98	42.10	43.70	765.95	10.00	765.65
		平均		52.90	34.50	46.90	728.31	—	—
	中大穗型	泰农18	2008	40.10	47.80	44.70	728.28	4.38	737.38
			2009	44.30	45.80	42.10	726.06	3.44	759.95
			2010	41.66	47.80	44.00	744.76	3.34	754.06
		平均		42.02	47.10	43.60	733.47	—	—
800	中多穗型	鲁原502	2016	45.88	40.30	53.70	844.52	3.35	805.90
	中多穗型	烟农1212	2019	53.36	40.06	46.28	840.89	3.30	803.00

多年高产攻关试验表明（表3-2），在适宜播期内，分蘖成穗率较高的中多穗型品种济麦22号亩产700kg合理群体动态调控指标是：基本苗11万～12万株/亩；冬前苗

量60万～87万株/亩，达到亩穗数的1.2～1.5倍；拔节期最大苗量110万株/亩以上，达到亩穗数的2.3～2.9倍；倒二叶露尖期群体下降到82万株/亩左右，为亩穗数的1.5倍左右；挑旗期群体下降到62万株/亩左右，达到亩穗数的1.2倍左右，可实现单株成穗4～5穗，亩穗数达到53万穗左右。在适宜播期内，中大穗型品种泰农18亩产700kg合理群体动态调控指标是：基本苗15万～16万株/亩；冬前苗量77万～89万株/亩，达到亩穗数的2.1倍；拔节期最大苗量108万～121万株/亩，达到亩穗数的2.8倍；倒二叶露尖期群体下降到65万株/亩左右，为亩穗数的1.5倍；挑旗期群体下降到48万株/亩左右，为亩穗数的1.1倍，可实现单株成穗2.7穗，亩穗数达到42万穗左右。2016年，鲁原502基本苗8.3万株/亩，冬前群体苗量51.7万株/亩，春季最大苗量72.5万株/亩，亩穗数达到45.88万穗，分蘖成穗率为63.3%，冬前分蘖成穗率达到88.7%，单株成穗5.5穗，产量突破800kg，走了一条超常规的探索之路，也验证了通过“小群体、壮个体、高成穗率”来实现超高产是可行的。

表3-2　2005—2019年超高产田小麦各生育期群体动态

产量（kg）	类型	品种	年份	基本苗（万株/亩）	冬前苗（万株/亩）	拔节期最大苗量（万株/亩）	倒二叶露尖期（万株/亩）	挑旗期（万株/亩）	亩穗数（万穗）	单株成穗（穗）	分蘖成穗率（%）
700	中多穗型	泰山23号	2005	11.40	88.00	101.70	79.80	61.10	52.90	4.60	52.00
		济麦22	2006	12.50	84.00	123.00	85.30	64.20	53.50	4.30	43.50
			2007	10.40	82.80	113.40	81.20	60.80	52.10	5.00	45.90
			2009	11.90	86.90	115.20	82.20	61.70	54.60	4.60	47.40
			2010	12.30	78.70	122.20	83.10	62.20	52.20	4.20	42.70
			2014	12.53	60.62	146.70			50.50	4.00	34.40
		鲁原502	2015	13.67	101.80	150.60			54.72	4.00	36.30
			2017	11.30	45.50	97.10	72.40		48.98	4.33	50.00
	中大穗型	泰农18	2008	15.10	88.50	121.70	62.80	44.40	40.10	2.70	32.90
			2009	16.10	91.80	126.20	67.90	49.70	44.30	2.80	35.10
			2010	15.90	77.90	108.20	63.70	48.90	41.70	2.60	38.50
800	中多穗型	鲁原502	2016	8.30	51.72	72.51			45.88	5.50	63.30
	中多穗型	烟农1212	2019	15.77	81.14	119.18			53.36	3.40	44.77

二、小麦亩产700kg以上形成的生态条件分析

（一）小麦亩产700kg以上形成的土壤条件

总结近几年超高产攻关实践经验（表3-3），小麦亩产600kg向700kg突破，土壤地力应有所提高，0～20cm耕层土壤养分含量：有机质达到1.4%以上，碱解氮90mg/kg以上，速效磷28mg/kg以上，速效钾120mg/kg以上，这样的地块速效养分含量丰富，能持续均衡地供给养分，保证小麦生长期内不脱肥、不早衰，正常成熟。另外，总结多年的实践经验，小麦高产攻关田土质以中壤偏黏为最好，且2m土层内没有沙层。土质过于黏重的地块，适耕期短、坷垃多，难以达到苗齐、苗匀；土质偏沙的地块，保水保肥力差，也不易获得超高产的目标。

表3-3　小麦攻关田土壤类型及耕层养分含量化验结果及产量结果

试验地块	试验年份	土壤类型	土壤质地	耕层养分含量				实打产量（kg/亩）
				有机质（%）	碱解氮（mg/kg）	速效磷（mg/kg）	速效钾（mg/kg）	
小孟王海	2004—2005	潮褐土	中壤	1.40	92.60	27.20	122.70	735.66
小孟陈王西户	2005—2006	潮褐土	中壤	1.47	92.40	28.40	128.50	727.43
小孟陈王西户	2006—2007	潮褐土	中壤	1.49	91.70	28.10	129.40	722.70
小孟陈王东户	2007—2008	潮褐土	中壤	1.50	93.50	29.20	127.30	737.38
小孟陈王东户	2008—2009	潮褐土	中壤	1.52	93.20	28.70	128.10	759.95
小孟陈王西户	2008—2009	潮褐土	中壤	1.51	96.70	29.30	124.50	755.10
小孟陈王东户	2009—2010	潮褐土	中壤	1.53	102.80	29.20	129.20	764.70
小孟史王东户	2009—2010	潮褐土	中壤	1.56	100.10	49.31	127.00	754.06
小孟史王东户	2013—2014	潮褐土	中壤	1.56	102.10	47.61	130.00	702.60
小孟史王东户	2014—2015	潮褐土	中壤	1.57	104.00	50.21	130.90	756.58
小孟史王东户	2015—2016	潮褐土	中壤	1.66	120.00	75.00	200.40	805.90
小孟史王东户	2016—2017	潮褐土	中壤	1.92	168.00	23.48	176.34	765.65
小孟史王东户	2018—2019	潮褐土	中壤	2.12	130.20	81.90	356.50	803.00

（二）小麦亩产700kg以上形成的气象条件

对2004—2016年的气象条件进行分析发现（表3-4），兖州小麦生长期内（10

月至翌年5月）的平均气温在7.9～9.7℃，日照时数在1 383.4～1 916.5h，降水量在93.6～276.5mm。自然降水集中在越冬前和春季4—5月，其他时段降水少，需要依靠浇灌人为保障。通过研究发现，早春气温回升快的年份、生育进程将提前，有利于两极分化和小穗小花发育，同时也为籽粒灌浆争取时间，开花后温度适宜（日平均气温大多19～22℃）、光照充分（不少于常年），利于提高灌浆速率，确保粒重，进而获得超高产的概率较大。如2014年和2016年，4月气温分别为16.3℃和17.5℃，比常年同月份气温14.82℃偏高1.48℃和2.68℃，使小麦抽穗、开花期比常年提前5～7d，小麦提前进入灌浆期，加上灌浆期温度适宜，又避开了后期干热风影响，千粒重比常年增加5g左右，其中2016年超高产攻关田鲁原502千粒重达53.70g，产量达805kg/亩，是历年粒重和产量最高的一年。

三、小麦亩产700kg以上超高产关键栽培技术

（一）在连年双秸秆还田的基础上，增施腐熟的鸡粪和有机肥或浇灌沼液，培肥地力，夯实超高产基础

超高产条件下，小麦吸收氮素营养绝大部分来自土壤中储存的氮，当季施肥提供的氮素仅占很少一部分。因此说粮食作物的高产是长期培肥地力的结果，不是单靠增施一季化肥就能达到的。土壤有机质含量是反映耕地土壤肥力水平的综合指标，培肥地力的中心环节就是提高土壤有机质含量。超高产攻关试验表明（表3-3），同一个品种，同样的栽培管理条件下，种植在不同肥力地块上，产量水平有较大差距。因此，要实现小麦由亩产600kg向700kg的跨越，必须注重培肥地力，在连年双秸秆还田的基础上，增施腐熟的鸡粪、有机肥等措施，使土壤有机质含量达到1.4%以上，提高土壤保肥供肥能力，满足小麦超高产生育需求。在小麦产量由700kg向800kg跨越时，在越冬前期和春季的肥水管理中，浇水时浇灌沼液，改善土壤环境。

（二）选用超高产品种，发挥良种增产潜力

鲁西南地区，一般5月下旬小麦灌浆后期会遭受不同程度的干热风危害，一些耐热性差的品种容易发生青干、早衰，致使粒重降低，造成减产。为此，要实现小麦超高产栽培，除要求品种具备分蘖成穗率高、单株生产潜力大等经济性状优良外，特别要选用生育后期耐干热风、不青干、不早衰，能正常落黄成熟的品种，从中选择增产潜力大、综合抗逆性强的优良品种。课题组每年进行品种筛选试验，发现济麦22、鲁原502、泰农18、烟农1212等品种均具有超高产的潜力。

表3-4　2004—2016年小麦生长季（10月至翌年5月）温度、日照时数和降水量一览

		2004—2005	2005—2006	2006—2007	2007—2008	2008—2009	2009—2010	2010—2011	2011—2012	2012—2013	2013—2014	2014—2015	2015—2016
10月	温度（℃）	14.0	14.4	17.9	15.1	15.6	16.5	14.7	14.6	15.2	14.7	16.1	15.1
	日照时数（h）	192.1	190.2	173.2	130.7	165.5	218.3	226.6	214.4	219.0	262.0	225.6	223.6
	降水量（mm）	8.7	34.1	0.5	21.4	10.5	22.5	0.0	24.8	17.3	4.7	12.7	24.0
11月	温度（℃）	7.8	8.8	9.2	6.9	7.5	4.2	8.1	9.4	5.8	6.8	8.0	6.4
	日照时数（h）	174.2	162.1	145.0	194.4	161.2	152.2	246.0	137.9	192.6	199.0	142.5	72.5
	降水量（mm）	41.4	7.8	33.2	28.0	3.4	20.4	0.0	129.7	19.6	36.3	24.5	94.0
12月	温度（℃）	2.3	−0.7	0.8	2.0	1.1	0.7	1.5	0.2	−1.2	0.0	−0.5	1.6
	日照时数（h）	100.6	186.9	138.0	109.6	185.0	162.8	249.1	185.7	133.3	190.8	207.6	125.3
	降水量（mm）	7.4	6.8	12.5	12.3	4.1	6.3	0.5	15.2	37.3	0.0	2.0	0.9
1月	温度（℃）	−1.6	−0.9	−0.9	−1.7	−1.7	−1.2	−4.1	−1.4	−1.7	1.4	1.0	−2.0
	日照时数（h）	170.1	89.0	155.7	117.1	188.6	198.9	211.0	163.08	139.0	171.8	145.2	141.5
	降水量（mm）	0.0	7.3	0.0	8.7	0.0	3.0	0.0	1.6	4.3	0.0	6.3	5.4
2月	温度（℃）	−0.3	2.0	5.3	0.1	5.5	3.4	2.0	0.7	2.3	2.0	3.0	2.7
	日照时数（h）	114.9	126.4	141.0	189.4	96.7	127.0	151.4	189.7	111.9	129.8	176.2	217.0
	降水量（mm）	17.4	8.6	7.1	2.7	24.5	16.5	21.9	2.8	13.2	21.0	21.9	14.1

（续表）

		2004—2005	2005—2006	2006—2007	2007—2008	2008—2009	2009—2010	2010—2011	2011—2012	2012—2013	2013—2014	2014—2015	2015—2016
3月	温度（℃）	6.7	9.8	8.9	9.3	8.8	6.8	7.6	7.2	9.2	11.4	9.5	10.2
	日照时数（h）	224.4	207.3	174.3	237.5	208.3	205.4	273.8	206.6	230.8	220.2	245.3	236.8
	降水量（mm）	7.0	0.0	62.5	7.9	18.3	10.3	4.2	25.3	8.8	0.9	3.3	24.5
4月	温度（℃）	16.6	15.7	15.0	14.7	15.4	12.3	14.6	16.5	13.9	16.3	14.1	17.5
	日照时数（h）	272.2	207.6	238.3	196.7	241.4	257.5	283.4	271.6	267.9	196.4	223.7	235.4
	降水量（mm）	38.2	27.8	19.9	87.2	52.6	32.0	14.3	27.8	9.0	44.5	97.9	13.4
5月	温度（℃）	19.7	20.0	21.4	20.9	20.6	20.6	20.1	22.4	21.1	22.0	21.0	20.3
	日照时数（h）	249.0	213.9	263.4	241.6	234.8	271.4	275.2	290.7	253.2	312.3	265.3	232.0
	降水量（mm）	51.1	71.6	107.5	67.5	26.3	37.4	52.7	0.8	167.0	51.5	41.0	31.8
	平均温度（℃）	8.2	8.6	9.7	8.4	9.1	7.9	8.1	8.7	8.1	9.3	9.0	9.0
	合计日照时数（h）	1 497.5	1 383.4	1 428.9	1 417.0	1 481.5	1 593.5	1 916.5	1 659.7	1 547.7	1 682.3	1 631.4	1 484.1
	合计降水量（mm）	171.2	164.0	243.2	235.7	139.7	148.4	93.6	228.0	276.5	158.9	209.6	208.1

（三）适期精量精细播种

1. 合理确定小麦超高产栽培最佳播种时期，形成冬前壮苗

近年来，随着全球气候变暖，秋季与冬季平均气温有升高的趋势，出现暖秋和暖冬气候的概率在增加。根据兖州1971—2015年气象资料分析（表3-5），2011—2015年平均小麦越冬前0℃以上积温比20世纪70年代明显增加，小麦越冬始期由1971—1980年平均12月12日推迟到12月17日，小麦理论最佳播期也由20世纪70—80年代10月2—6日推迟到2001—2010年的12月7—12日，由于近5年部分年份冬前积温略微减少，理论最佳播期可掌握在10月7—10日。高产攻关田在10月5日前播种，如遇到暖秋气候的影响，很易形成旺苗；当然，10月15日以后播种，小麦冬前生长时间短，也不利于形成壮苗。在最佳播期内播种，无论遇到暖秋气候（2005年、2007年）还是冷冬年份（2006年、2010年），通过冬前管理调控，都能达到冬前壮苗的标准（表3-6）。

表3-5　兖州1971—2015年每10年平均小麦越冬始期及最佳播期变化

年份	平均越冬始期（月/日）	理论最佳播期	最佳播期内日平均气温（℃）	最佳播期内冬前≥0℃积温（℃）
1971—1980	12/12	10月2—6日	16.9	645.1～579.3
1981—1990	12/15	10月4—8日	17.4	640.5～570.6
1991—2000	12/20	10月5—9日	16.5	645.4～574.6
2001—2010	12/21	10月7—12日	16.5	651.3～571.2
2011—2015	12/17	10月7—10日	17.0	666.4～562.7

注：小麦冬前达到壮苗的标准为主茎叶龄6～7片。播种至出苗需大于0℃积温120℃，冬前每生长一片叶需大于0℃积温按75℃计算，由此推算出小麦冬前达到壮苗标准需要大于0℃积温为570～645℃。

表3-6　小麦超高产攻关田播期及冬前单株生长情况

年份	品种	播期（月/日）	越冬始期（月/日）	主茎叶龄	单株分蘖（个）	三叶大蘖（个）	次生根（条）
2005	泰山23号	10/6	12/20	7叶1心	7.00	3.90	9.60
2006	济麦22号	10/12	12/4	5叶1心	5.10	3.10	6.90
2007	济麦22号	10/8	12/17	7叶1心	7.90	3.80	8.90
2008	泰农18	10/9	12/29	6叶1心	6.50	3.50	7.80

（续表）

年份	品种	播期（月/日）	越冬始期（月/日）	主茎叶龄	单株分蘖（个）	三叶大蘖（个）	次生根（条）
2009	济麦22号	10/12	12/20	5叶1心	6.60	3.40	7.30
2010	济麦22号	10/10	12/15	5叶1心	5.30	3.10	6.60
2011	济麦22号	10/10	12/15	5叶1心	6.70	3.26	6.20
2012	济麦22号	10/10	12/6	5叶1心	6.92	3.42	7.20
2013	济麦22号	10/10	12/6	6叶1心	6.04	3.12	7.00
2014	济麦22号	10/12	12/20	6叶1心	7.60	2.70	7.60
2015	鲁原502	10/12	12/2	6叶1心	5.89	3.56	6.89
2016	鲁原502	10/10	11/23	6叶1心	7.60	3.01	6.52
2017	鲁原502	10/12	11/28	5叶1心	6.00	3.60	7.20
2019	烟农1212	10/10	12/7	5叶1心	5.14	3.50	7.60

2. 精量播种，建立合理群体结构

基本苗是创建合理群体的起点，按照品种的分蘖成穗特性，确定适宜的基本苗量，是建立合理群体结构，充分发挥品种的增产潜力夺取高产的关键。多年试验和超高产研究表明（表3-7），超高产条件下中多穗型品种最佳的种植密度是8万～12万株/亩，大穗型品种最佳的种植密度是15万～16万株/亩。

表3-7　小麦亩产700kg以上攻关田播期播量基本苗

产量（kg）	类型	品种	年份	播期（月/日）	播量（kg/亩）	基本苗（万株/亩）	产量（kg/亩）
700	中多穗型	泰山23号	2005	10/6	6.30	11.40	735.66
		济麦22号	2006	10/12	7.30	12.50	727.43
			2007	10/8	6.60	10.40	722.70
			2009	10/12	7.10	11.90	755.10
			2010	10/10	7.50	12.30	764.70
			2014	10/8	6.50	12.53	702.60
		鲁原502	2015	10/12	8.00	13.67	756.58
			2017	10/12	6.00	11.30	765.65

（续表）

产量（kg）	类型	品种	年份	播期（月/日）	播量（kg/亩）	基本苗（万株/亩）	产量（kg/亩）
700	中大穗型	泰农18	2008	10/9	8.30	15.10	737.38
			2009	10/12	9.00	16.10	759.95
			2010	10/12	8.90	15.90	754.06
800	中多穗型	鲁原502	2016	10/10	5.50	8.30	805.90
		烟农1212	2019	10/10	8.25	15.77	803.00

3. 精细播种，提高播种质量

精细播种是小麦超高产攻关最关键的环节，播种质量目标应达到播种均匀、深浅一致，覆土疏松，底土踏实，无缺苗断垄和疙瘩苗出现。在精细整地的基础上，重点把握好3个方面：一是播种前进行种子精选，采用专用种衣剂包衣。二是测定种子发芽率、千粒重，按照计划基本苗量计算亩播量。三是改传统的2m一畦播种8行为5.1m一畦等行距播种18行，减少畦背占地面积，提高土地利用率。四是使用精播机播种，如2BJM型圆盘式精播机或2BJK-8型宽幅精量播种机（表3-8至表3-10）。播种时，精确调整播种量，严格掌握播种深度3～5cm，要求播量精确，行距一致，下种均匀，深浅一致，不漏播，不重播，地头地边播种整齐。

表3-8　不同播种方式对小麦冬前个体生长及群体动态的影响

处理	主茎叶龄	单株分蘖（个）	三叶大蘖（个）	次生根（条）	冬前苗量（万株/亩）	春季最大苗量（万株/亩）	亩穗数（万穗）	成穗率（%）
双宽播种	5叶1心	5.7	3.3	6.6	64.5	91.8	47.3	51.5
常规播种	5叶1心	5.2	2.9	5.4	59.8	90.5	43.3	47.8

表3-9　不同播种方式对小麦产量结构的影响

处理	亩穗数（万穗）				穗粒数（粒）				千粒重（g）				产量（kg/亩）			
	Ⅰ	Ⅱ	Ⅲ	平均	Ⅰ	Ⅱ	Ⅲ	平均	Ⅰ	Ⅱ	Ⅲ	平均	Ⅰ	Ⅱ	Ⅲ	平均
常规播种	46.7	47.8	47.3	47.3	35.3	34.5	34.1	34.6	42.6	42.1	42.4	42.4	645.4	634.9	645.2	641.8
常规播种	44.1	43.7	43.9	43.3	32.9	33.4	32.7	33.0	41.1	41.4	41.8	41.4	595.5	593.5	605.5	595.5

表3-10　小麦双宽播种示范田出苗情况调查

地块	缺苗断垄率（%）		疙瘩苗率（%）	
	常规播种	双宽播种	常规播种	双宽播种
小孟镇陈王村	8.7	2.2	6.2	0.6
大安镇白楼村	7.4	1.8	5.3	0.4
漕河镇围子村	9.8	2.7	7.4	0.7
新兖镇顺德楼村	11.8	3.4	7.7	1.1
新驿镇黄林村	8.2	2.1	6.3	0.4
平均	9.2	2.4	6.6	0.6

（四）小麦亩产700kg以上精准施肥技术

1. 集成应用配方施肥、氮肥后移和分期施钾技术

按小麦每生产100kg籽粒需吸收氮（N）2.92kg、磷（P_2O_5）0.99kg、钾（K_2O）3.37kg（于振文，1999），按照配方施肥的原理，用总需要养分量减去土壤供应养分量，计算出总施肥量。在把握氮、磷、钾总量的基础上，把握好氮、钾、肥底追比例。氮肥底肥比例为40%～50%，追肥比例为60%～50%；钾肥底肥比例为60%，追肥比例为40%。应用氮肥后移和分期施钾技术，能满足小麦生育后期对氮、钾养分的需求，利于建立合理群体结构和良好的株型，协调好小穗、小花和子房三个两极分化过程，减少小穗、小花的退化，增加穗粒数；有利于延长后期绿叶功能期，促进籽粒灌浆，提高千粒重，进而显著提高产量。

2. 依据春季群体变化动态适期追肥技术

小麦超高产攻关田春季第一次肥水管理的时间十分关键，管理时间偏早，不利于分蘖两极分化，造成拔节期间群体过大，个体发育弱，小穗、小花退化严重，基部节间不充实，容易导致后期倒伏；肥水管理时间偏晚，不利于分蘖成穗，特别对中大穗型品种分蘖成穗率显著降低，不能获得足够的穗数，达不到超高产目标。在小麦亩产700～800kg条件下，攻关田地力基础好，苗情长势壮，小麦返青起身期应控制肥水，应用氮肥后移技术，促进分蘖两极分化。分蘖成穗率较高的品种，春季第一次肥水管理的时间推迟到拔节中后期（倒二叶露尖至旗叶露尖期），此时群体苗量下降到70万～80万株/亩，为计划亩穗数的1.3～1.5倍；成穗率较低的中大穗型品种，第一次肥水管理的时间定在拔节中前期（倒二叶露尖期），利于提高分蘖成穗率，此时群体苗量下降到65万～70万株/亩，为计划亩穗数的1.5～1.6倍（表3-11）。但到了小麦亩产800kg条件下，2016年，由于压低了基本苗，将追肥时间提前至起身期，此时苗量达到71.09万株/亩，为亩穗数45.88万穗/亩的1.54倍，分蘖成穗率为64.5%。2019年，小麦群体偏大，无效分蘖多，肥水管理时间推迟至4月21日，旗叶露1/3期，可见，小麦肥水管理时间不能根据生育时期进行，而应依据群体动态变化和田间长势进行。

表3-11　小麦超高产攻关田春季第一次肥水管理时间

年份	品种	管理时间（月/日）	对应群体苗量（万株/亩）	对应叶龄时期	亩穗数（万穗）	管理时对应群体苗量/亩穗数
2004—2005	泰山23	4/8	79.80	倒二叶露尖	52.90	1.51
2005—2006	济麦22	4/8	78.70	旗叶露尖	50.50	1.56
2006—2007	济麦22	4/14	72.30	旗叶露尖	50.10	1.44
2007—2008	泰农18	4/8	62.80	倒二叶露尖	39.10	1.61
2008—2009	济麦22	4/10	71.10	旗叶露尖	54.60	1.30
2009—2010	济麦22	4/11	80.20	倒二叶伸长1/2	52.18	1.54
2013—2014	济麦22	4/6	106.90	旗叶露尖	50.50	2.12
2014—2015	鲁原502	4/11	136.00	旗叶露尖	54.80	2.48
2015—2016	鲁原502	3/24	71.09	返青期	45.88	1.55
2016—2017	鲁原502	4/7	97.10	拔节期	48.98	1.98
2018—2019	烟农1212	4/21	61.92	旗叶露1/3期	53.36	0.86

四、视降雨情况和土壤墒情，浇好关键水

超攻关地块水利设施完备，能够根据小麦生长需要进行灌溉补充水分，多年超高产攻关试验表明（表3-12），在足墒播种的基础上，全生育期关键浇好三水：一是越冬水，保证麦苗安全越冬；二是拔节水，拔节期视苗情、墒情把握好春季第一次肥水管理的时间，以调控形成合理群体结构；三是开花后15～20d，视墒情浇好灌浆水，延缓植株衰老，提高生物产量，促进光合产物向籽粒运转。实际生产中，应视降雨情况和土壤墒情灵活掌握。根据历年超高产经验，发现攻关田的浇水量和降水量合计基本在300mm以上（2010年除外），才能满足超高产小麦对水分的需求。

表3–12　攻关田人工浇水时间与降水情况

年份		2004—2005	2005—2006	2006—2007	2007—2008	2008—2009	2009—2010	2013—2014	2014—2015	2015—2016	2016—2017	2018—2019
品种		泰山23号	济麦22号	济麦22号	泰农18	泰农18	济麦22号	济麦22号	鲁原502	鲁原502	鲁原502	烟农1212
冬前（播种至12月底）	人工浇水	10月13日出苗期	11月30日越冬水	10月11日蒙头水 12月10日越冬水	11月24日越冬水	10月23日出苗期 12月2日越冬水	12月2日越冬水	10月12日蒙头水 11月22日越冬水	— 11月28日越冬水	—	— 12月1日越冬水	12月7日越冬水
	有效降水	11月25日36.3mm 12月20日27mm	9月中旬至10月上旬370.1mm	11月25日23.5mm	10月中旬至12月下旬31.6mm	10月中旬至12月下旬17.7mm	11月12日19.7mm	10月中旬至12月下旬41.2mm	10月中旬至12月下旬39.2mm	10月中旬至12月下旬105.9mm	10月中旬至12月下旬83.5mm	10月中旬至12月下旬43.8mm
春季（1—4月）	人工浇水	4月8日倒二叶露尖期	4月8日旗叶露尖期	4月14日旗叶露尖期	4月8日倒二叶露尖期	4月10日旗叶露尖期	4月11日倒二叶伸长1/2	4月6日小麦拔节期	4月11日浇水	3月25日小麦起身期浇水	4月7日浇水	4月21日浇水
	有效降水	4月15日19.1mm	4月3日15.9mm	3月1—4日62.5mm 4月15日19.3mm	4月8—9日38.2mm 4月20日47.1mm	4月19日50.7mm	4月20—21日24.2mm	1—4月65.5mm	1—4月129.4mm	1—4月57.4mm	1—4月57.9mm	1—4月62.3mm

（续表）

年份		2004—2005	2005—2006	2006—2007	2007—2008	2008—2009	2009—2010	2013—2014	2014—2015	2015—2016	2016—2017	2018—2019
品种		泰山23号	济麦22号	济麦22号	泰农18	泰农18	济麦22号	济麦22号	鲁原502	鲁原502	鲁原502	烟农1212
开花灌浆期（5月至收获）	人工浇水	5月22日灌浆期	—	—	—	5月16日灌浆期	5月13日灌浆期			5月7日浇开花水	5月16日浇灌浆水	5月15日浇灌浆水
	有效降水	5月11日 42.2mm	5月4日 51.3mm 5月23日 11.8mm	5月20—22日 103.7mm	5月3—4日 52.1mm 6月3日 34.2mm	5月14—15日 17.2mm	5月16日 25.6mm	5月至收获期降水 97.1mm	5月至收获期降水 138.9mm	5月至收获期降水 36.4mm	5月至收获期降水 127.0mm	5月至收获期降水 43.6mm
总浇水次数		3	2	3	2	4	3	3	2	2	3	3
浇水量（mm）		180	120	180	120	240	180	180	120	120	180	180
降水量（mm）		124.6	449.1	209	203.2	85.6	69.5	203.8	307.5	199.7	268.4	149.7
浇水量+灌水量（mm）		304.6	569.1	389	323.2	325.6	249.5	383.8	427.5	319.7	448.4	329.7

五、病虫草害综合防治

超高产田由于养分充足，群体比常规麦田群体大，各种病虫害发生的概率会加大，所以病虫害防治非常重要。小麦纹枯病、白粉病、赤霉病、锈病和蚜虫是当前兖州超高产小麦生产上的主要病虫害。

1. 防治关键

在恰当的时期，施用恰当的药剂，提前预防，以防为主、防治结合。

2. 主要措施

播种前，采用戊唑·吡虫啉种衣剂（药种比1：60），防治小麦纹枯病、黑穗病和蚜虫。播种同时施入“混播”（3%吡虫啉缓释颗粒剂）2kg/亩防治蚜虫。小麦起身期采用康普4号40mL/亩加15%三唑酮50g/亩，兑水30kg/亩喷雾，壮秆防倒、预防纹枯病。拔节期采用70%吡虫啉10g/亩加70%绿士甲基硫菌灵（可湿性粉剂）50g/亩加天达2116混合，兑水30kg/亩喷雾，防治蚜虫、纹枯病、白粉病等，防倒春寒。刚抽穗开花前，采用80%多菌灵（可湿性粉剂）100g/亩加30%己唑醇乳剂6g/亩加70%吡虫啉10g/亩加2.5%高效氯氰菊酯20mL/亩混合，兑水30kg/亩喷雾，综合防治赤霉病、白粉病、蚜虫、麦叶蜂等，叶面追肥减少小花退化。籽粒形成期采用70%吡虫啉10g/亩加75%肟菌·戊唑醇5g/亩加2.5%高效氯氰菊酯40mL/亩加吨田宝叶面肥混合，兑水30kg/亩喷雾，综合防治小麦锈病、白粉病、蚜虫等，同时叶面追肥提高结实粒数。灌浆期采用70%吡虫啉10g/亩加2.5%高效氯氰菊酯40mL/亩加磷酸二氢钾100g/亩混合，兑水30kg/亩喷雾，综合防治蚜虫、锈病、白粉病等，同时叶面追肥防早衰。

第二节　夏玉米亩产900kg以上技术总结

兖州是全国重要的优质商品粮生产基地，玉米生产面积常年稳定在35万亩左右，粮食单产水平居全国前列。为贯彻落实党中央、国务院关于大力发展粮食生产、保障国家粮食安全的要求，兖州区农业农村局自2007年开始承担实施省粮食高产创建项目。自项目开展以来，课题组以增加种植密度、改套种为夏直播、大小行种植、配方施肥分期施钾、完熟期收获为技术核心，开展了夏玉米超高产栽培技术研究与开发，通过项目的实施，小面积攻关田多年产量达到亩产900kg以上。现将技术总结汇报如下，以期为兖州及同等生态条件下玉米超高产提供技术参考。

一、兖州夏玉米亩产900kg以上基本情况

（一）夏玉米亩产900kg以上产量结构

由历年超高产试验结果可知，夏玉米获得亩产900kg的产量结构是亩穗数5 200～6 200穗、穗粒数470.6～609.3粒、千粒重325～400g，年份间由于气候等因素影响，差异较大。生育期基本在110d左右（表3-13和表3-14）。

表3-13　夏玉米亩产900kg以上产量结构

品种	年份	地块	亩穗数（穗）	穗粒数（粒）	千粒重（g）	理论产量（kg/亩）	实打测产	
							面积（亩）	产量（kg/亩）
登海661	2007	二十里铺	6 016.6	447.5	400	915.43	3.29	1 029.58
登海661	2008	二十里铺	5 850	505.4	400	1 005.24	3.78	1 034.55
登海661	2009	二十里铺	6 150	474.0	420	1 040.69	3.81	888.61
登海661	2010	二十里铺	5 435	515.8	400	953.15	3.13	922.17
登海661	2011	二十里铺	5 668	470.6	400	906.90	3.20	906.91
鲁单818	2012	二十里铺	6 046	482.5	370	917.46	3.30	1 008.98
鲁单818	2013	二十里铺	5 292	511.3	340	781.98	3.96	971.16
鲁单818	2014	二十里铺	5 607	609.3	325	943.77	3.10	963.40
登海618	2015	杨庄	5 275	614.9	328	904.31	3.16	946.96

（二）夏玉米亩产900kg以上生育期

表3-14　夏玉米亩产900kg以上生育期一览

品种	年份	播种期（月/日）	拔节期（月/日）	大喇叭口期（月/日）	吐丝期（月/日）	成熟期（月/日）	总天数(d)
登海661	2007	6/10	7/13	7/22	8/5	10/3	116
登海661	2008	6/15	7/14	7/22	8/7	10/7	115
登海661	2009	6/14	7/5	7/22	8/4	10/8	117
登海661	2010	6/11	7/13	7/22	8/5	10/3	115
登海661	2011	6/10	7/13	7/22	8/5	10/4	117

（续表）

品种	年份	播种期（月/日）	拔节期（月/日）	大喇叭口期（月/日）	吐丝期（月/日）	成熟期（月/日）	总天数(d)
鲁单818	2012	6/15	7/12	7/22	8/5	10/7	115
鲁单818	2013	6/15	7/11	7/22	8/5	9/29	107
鲁单818	2014	6/7	7/13	7/22	8/4	9/29	115
登海618	2015	6/5	7/6	7/21	8/2	9/25	113

二、兖州夏玉米亩产900kg以上形成的生态条件

（一）夏玉米亩产900kg以上形成的土壤条件

实践表明（表3-15），要达到夏玉米超高产栽培目标，必须注重常年培肥地力，使土壤速效养分含量达到一个较高水平，土壤有机质含量在1.3%以上，碱解氮含量大于90mg/kg，速效磷含量大于25mg/kg，速效钾含量在90mg/kg以上。超高产攻关试验田，都是常年进行秸秆还田并增施有机肥。这类地块速效养分含量丰富，能持续均衡地供给养分，保证玉米生长期内不脱肥、不早衰，正常成熟。另外，总结多年的实践经验，攻关田土质以中壤土为最好，要求2m土层内没有过沙过黏的层次。

表3-15　玉米攻关田土壤类型及耕层养分含量化验结果及产量结果

品种	年份	地块	土壤质地	耕层养分含量				实打产量（kg/亩）
				有机质（%）	碱解氮（mg/kg）	速效磷（mg/kg）	速效钾（mg/kg）	
登海661	2007	二十里铺	中壤	1.35	90.20	25.42	96.50	1 029.58
登海661	2008	二十里铺	中壤	1.39	98.65	25.68	98.40	1 034.55
登海661	2009	二十里铺	中壤	1.42	95.30	26.37	100.30	888.61
登海661	2010	二十里铺	中壤	1.49	90.03	28.12	95.30	922.17
登海661	2011	二十里铺	中壤	1.50	94.30	27.30	97.53	906.91
鲁单818	2012	二十里铺	中壤	1.69	96.98	26.05	92.73	1 008.98
鲁单818	2013	二十里铺	中壤	1.72	98.00	32.03	187.33	971.16
鲁单818	2014	二十里铺	中壤	1.62	133.00	37.70	158.15	963.40
登海618	2015	杨庄	中壤	1.55	98.00	25.00	132.14	946.96

（二）夏玉米亩产900kg以上形成的气象条件

对2007—2015年的气象条件进行分析发现（表3-16），兖州超高产玉米生长期内（6月中旬至10月上旬）的平均气温在22.5～26.5℃，≥10℃积温均在2 600℃以上，日照时数均大于600h，降水量在300mm以上。

表3-16 2004—2016年玉米生长季温度、积温、日照时数和降水量

品种	生长时期	总天数（d）	平均气温（℃）	积温（℃）	日照时数（h）	降水量（mm）
登海661	2007年6月10日至10月3日	116	23.82	2 762.7	648.5	626.0
登海661	2008年6月15日至10月7日	115	22.67	2 606.5	632.8	584.3
登海661	2009年6月14日至10月8日	117	22.95	2 684.6	769.3	531.1
登海661	2010年6月11日至10月3日	115	24.78	2 849.6	753.6	661.8
登海661	2011年6月10日至10月4日	117	23.40	2 737.4	758.7	577.2
鲁单818	2012年6月15日至10月7日	115	23.12	2 658.8	888.9	375.2
鲁单818	2013年6月15日至9月29日	107	26.36	2 820.9	829.9	324.3
鲁单818	2014年6月7日至9月29日	115	24.67	2 836.6	711.5	361.5
登海618	2015年6月5日至9月25日	113	26.01	2 939.5	844.2	354.2

三、兖州夏玉米亩产900kg以上栽培技术

夏玉米超高产攻关的技术路线是：选用具有超高产潜力的品种，在培肥地力、配方施肥基础上，建立合理的群体结构，协调群体与个体的发育矛盾；在提高群体整齐度基础上，延长植株后期绿叶功能期，延缓植株衰老，促进籽粒灌浆，完熟期收获，提高粒重，增加产量（表3-17）。

表3-17 夏玉米亩产900kg以上基本管理情况

品种	年份	播种密度（株/亩）	播种方式	种植方式	肥料施用量（kg/亩）			灌溉量（m^3/亩）
					氮	磷	钾	
登海661	2007	6 200	人工点播	小行距40cm 大行距80cm	30	10	20	80

（续表）

品种	年份	播种密度（株/亩）	播种方式	种植方式	肥料施用量（kg/亩）			灌溉量（m^3/亩）
					氮	磷	钾	
登海661	2008	6 200	人工点播	小行距40cm 大行距90cm	30	10	20	80
登海661	2009	6 200	人工点播	小行距40cm 大行距90cm	30	10	20	120
登海661	2010	5 700	人工点播	小行距40cm 大行距80cm	30	10	20	80
登海661	2011	6 000	机械直播	小行距40cm 大行距90cm	30	10	20	80
鲁单818	2012	6 200	机械直播	小行距40cm 大行距90cm	30	10	20	120
鲁单818	2013	5 500	机械直播	小行距40cm 大行距80cm	30	10	20	120
鲁单818	2014	5 800	机械直播	小行距40cm 大行距90cm	30	10	20	80
登海618	2015	5 500	机械直播	小行距40cm 大行距90cm	30	10	25	80

（一）选用具有增产潜力的超高产品种

多年的高产攻关实践表明，登海661和鲁单818两品种具有超高产潜力。登海661和鲁单818均属中晚熟品种，夏直播全生育期110d左右，株高250cm左右，抗倒性好，抗病，活秆成熟，生育后期植株保绿性好、灌浆速度快、粒重高等突出优点，具有超高产潜力。

（二）增施有机肥，平衡施用化肥，培肥地力

1. 培肥地力

肥沃的土壤是玉米高产的基础。根据研究，玉米所需氮、磷、钾养分的3/5～4/5依靠土壤供应，1/5～2/5来自肥料，因此说粮食作物的高产是长期培肥地力的结果，不是单靠增施一季化肥就能达到的。

土壤有机质含量是反映耕地土壤肥力水平的综合指标，培肥地力的中心环节就是

提高土壤有机质含量，其基本手段就是增加有机肥的投入。

2. 平衡施用化肥

夏玉米超高产攻关田在常年增施有机肥、培肥地力基础上，合理施用化肥，特别是氮、磷、钾三要素必须平衡施用。

总结多年超高产攻关的实践经验，在前茬小麦增施有机肥基础上，玉米攻关田总施肥量：氮（N）30kg、磷（P_2O_5）10kg、钾（K_2O）20kg。施肥方法：30%氮肥、全部磷肥和80%～85%钾肥（折合尿素10kg、磷酸二铵25kg、硫酸钾30～34kg）作基肥，于播种后结合灭茬及时施入；玉米大喇叭口期追施50%氮肥（尿素30kg）作穗肥；抽雄期追施20%氮肥和15%～20%钾肥（尿素10kg、氮钾复合肥15kg）作粒肥。

（三）采用种子包衣技术

高产攻关试验播种前进行种子精选，并采用“先正达”专用种衣剂包衣。根据试验（表3-18），种子包衣具有杀虫、抗病、提高作物抗逆能力，促进增产的作用。玉米种子包衣后播种，能够有效地防治地下害虫，减轻玉米叶斑病、黑粉病等为害，花粒期单株次生根能够增加5～7条，倒伏率降低5%以上，单产提高10%以上。

表3-18　玉米种子包衣试验结果

品种	处理	播期（月/日）	密度（株/亩）	苗期虫害	抽雄期（月/日）	花粒期调查项目						亩产量（kg）
						病害		株高（cm）	穗位高（cm）	单株次生根（条）	倒伏率（%）	
						粗缩病	黑粉病株率（%）					
郑单958	包衣	5/28	5 200	较轻	7/20	中等	2.1	267	130	63	8.7	761.9
	CK	5/28	5 200	较重	7/21	重	7.6	263	120	58	11.6	667.2
金海5号	包衣	6/3	5 200	较轻	7/22	中等	1.4	269	134	66	2.9	747.0
	CK	6/3	5 200	较重	7/23	重	3.7	260	115	59	5.8	673.0

（四）合理密植

2012—2013年，以郑单958为供试品种，在高产田开展不同种植密度对产量的影响试验，试验结果表明（表3-19），玉米品种的最佳种植密度为5 000株/亩（2012年）或6 000株/亩（2013年）。多年超高产攻关经验表明，玉米种植密度一般控制在5 500～6 500株/亩，比高产田种植密度略高500株/亩。

表3-19　不同种植密度对玉米产量及产量结构的影响

年份	种植密度（株/hm^2）	穗粒数（粒）	千粒重（g）	产量（kg/hm^2）
2012	60 000	560.9a	324.7a	9 557.55c
	67 500	531.3b	320.6b	9 858.00b
	75 000	486.4c	318.2b	9 969.60a
	82 500	460.3d	297.1c	9 715.35b
	90 000	393.7e	297.4c	8 987.70c
	97 500	374.4f	294.3d	8 950.05c
	105 000	340.8g	291.1e	8 821.80d
2013	60 000	527.0a	309.9a	8 593.5d
	67 500	491.0b	300.0b	8 691.0d
	75 000	483.3c	296.7b	8 947.5c
	82 500	474.8d	287.1c	9 049.5c
	90 000	467.2e	283.6c	10 038.0a
	97 500	432.6f	281.2c	9 738.0b
	105 000	386.2g	268.8d	8 089.5e

注：同列数据后不同小写字母表示在0.05水平上差异显著。

（五）适期播种

玉米的播期会受到上下茬作物的限制，适当调整播期，使夏玉米生育期处于有利的光温资源条件下，充分利用气候因素，是促进玉米高产、形成良好生理特征的保障。夏玉米对>0℃积温的要求因品种不同而异，一般早熟型品种要求≥10℃积温为1 800～2 100℃，中熟型品种在2 100～2 200℃，晚熟型品种在2 300～2 500℃。根据兖州近45年（1971—2015年）气象资料分析（表3-20），自1971年以来，前40年每10年一个阶段平均，最后5年一个阶段平均，夏玉米生育期间10℃以上积温呈增加趋势。1971—2015年平均，6月9日至9月30日10℃以上的积温为2 819.8℃，积温≥2 600℃年份概率为100%；6月15日至9月30日10℃以上的积温为2 671.2℃，积温≥2 600℃年份概率为87%；6月17日至9月30日10℃以上的积温为2 620.0℃，积温≥2 600℃年份概率为64%；6月20日至9月30日10℃以上的积温为2 541.90℃，积温≥2 600℃年份概率为13%。因此，兖州种植超高产玉米品种，理论上适宜的播期为6月9—17日，但结合历年试验结果（表3-21，图3-1和图3-2），在不发生粗缩病的年份，播期越早，穗粒数、千粒重和产量越高。特别是超高产品种如登海661和鲁单818，均属中晚熟品种，麦收后一般均争取抢时播种，才能充分发挥其增产潜力。

表3-20　兖州1971—2015年夏玉米生育期间积温统计分析

年份	6月9日至9月30日			6月15日至9月30日			6月17日至9月30日			6月20日至9月30日		
	10℃以上积温（℃）	≥2 600℃概率（%）	≥2 700℃概率（%）	10℃以上积温（℃）	≥2 600℃概率（%）	≥2 700℃概率（%）	10℃以上积温（℃）	≥2 600℃概率（%）	≥2 700℃概率（%）	10℃以上积温（℃）	≥2 600℃概率	≥2 700℃概率
1971—1980	2 800.00	100	100	2 647.88	70	20	2 595.60	50	0	2 519.03	0	0
1981—1990	2 808.01	100	100	2 663.73	80	20	2 614.90	60	0	2 536.14	20	0
1991—2000	2 844.02	100	100	2 694.69	90	50	2 640.90	70	20	2 562.04	10	0
2001—2010	2 824.26	100	100	2 675.95	100	20	2 625.20	80	0	2 546.98	10	0
2011—2015	2 825.86	100	100	2 676.00	100	20	2 626.66	60	20	2 548.32	20	0
1971—2015	2 819.80	100	100	2 671.20	87	27	2 620.00	64	7	2 541.90	13	0

表3-21　不同播期处理对玉米产量的影响（2014年）

播期（月/日）	群体穗数（万穗/hm²）	穗粒数（粒）	千粒重（g）	实测产量（kg/hm²）
6/1	66 655.5a	539.07a	328.1a	11 749.5a
6/5	66 912.0a	533.79a	328.2a	11 533.5a
6/9	67 167.0a	513.21b	321.5b	10 569.0b
6/13	67 492.5a	496.17c	301.0c	9 730.5c
6/17	66 691.5a	470.84d	288.6d	8 965.5d
6/21	66 912.0a	459.67e	275.8e	8 596.5e

注：同列数据后不同小写字母表示在0.05水平上差异显著。

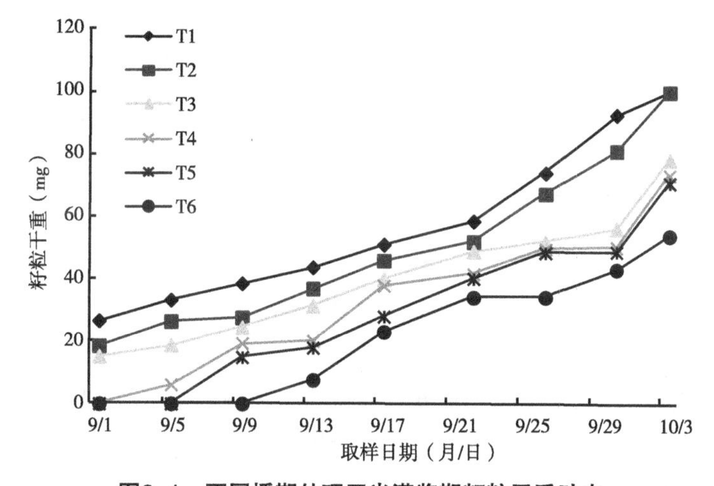

图3-1　不同播期处理玉米灌浆期籽粒干重动态

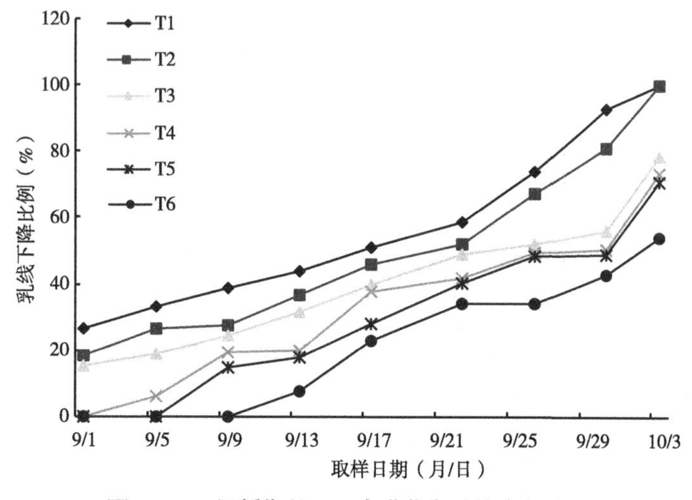

图3-2　不同播期处理玉米灌浆期乳线变化动态

（六）采用大小行种植方式

2007年郑单958攻关田采用2m一畦播种3行，畦背2行，畦面1行，小行距40cm，大行距80cm；2007—2015年，超高产攻关田均采取4m一畦播种6行，畦背2行，畦面4行，小行距40cm，大行距90cm。总结多年超高产攻关的经验，采取大小行种植方式，特别利于后期通风透光，协调群体与个体的发育矛盾，促进个体健壮发展。

（七）科学管理

为了实现攻关田产量构成的规划，必须按照玉米的生育进程，分阶段进行精细管理、科学调控，提高群体整齐度，促进个体健壮发展，最终获得理想的产量结构。

1. 苗期管理

麦收后抢时管理，促进苗齐、苗匀、苗壮，主要采取的措施如下。

（1）施足基肥。计划施肥量的30%氮肥、全部磷肥和80%～85%钾肥（折合尿素10kg、磷酸二铵25kg、硫酸钾30～34kg）作基肥，混合均匀，于播种前用施肥耧条施。如果播种时未来得及施肥的，于播种后结合灭茬及时施入，或出苗后及时追施，采用施肥耧在距玉米行10～15cm处深施入土。

（2）查苗、补苗。由于攻关田播种质量高，出苗齐全，没有发生缺苗断垄现象。

（3）防治苗期虫害。苗期喷施玉米害虫一遍净60mL/亩，防治黏虫、蓟马、灰飞虱。

（4）及时定苗。3～5叶期，在防治虫害后，一次性定苗，严格按照每亩6 300株标准（预多留出计划实收亩穗数5%的苗）去弱苗、留壮苗，去大小苗、留齐苗。留长势均匀一致的壮苗。

（5）化学除草。采用乙莠水每亩200mL兑水30～50kg，均匀喷洒行间地表，防治玉米田杂草。

2. 穗期管理

玉米拔节后，开始进入营养生长与生殖生长并进的旺盛生长时期，是促进个体均衡生长的关键时期，主要措施如下。

（1）施足攻穗肥。玉米大喇叭口期，每亩追施尿素30kg，采用施肥耧深施入土，施肥后及时浇水。

（2）拔除小弱株。在玉米小喇叭口期、大喇叭口期和抽雄期分3次去除小弱株，提高群体整齐度。

（3）防治玉米螟。玉米大喇叭口期，采用3%辛硫磷颗粒剂每亩0.5kg拌8kg细沙撒入心叶中，防治后期玉米虫害。

3. 后期管理

目标是创造良好的土、肥、水条件，充分利用光热资源，延缓植株衰老，延长绿叶功能期，促进光合产物的生产、运转与积累。主要采取如下措施。

（1）加强肥水管理。玉米抽雄期结合浇水每亩追施尿素10~15kg。吐丝授粉后15d浇透灌浆水。

（2）人工去雄与辅助授粉。在玉米刚抽雄时，隔行去雄，减少雄穗的遮光和营养损耗，增强植株抗倒性。玉米盛花期，人工用草绳在植株顶部拉动，摇晃雄穗，促进授粉。在盛花末期，人工采集花粉，对授粉不好的雌穗逐一人工授粉，提高小花受精率，增加粒数。授粉结束后将余下的雄穗全部拔除。

（八）完熟期收获

根据超高产条件下不同收获时期对夏直播玉米产量的影响试验（表3-22和表3-23，2008）表明，夏直播玉米到9月20日左右苞叶开始变白时，乳线仅形成50%左右，粒重仅为完熟期最大值的85%左右，此时收获，会减产15%左右；如果推迟8~10d收获，在不增加任何成本的情况下，可增产10%以上，兖州夏直播玉米适宜收获的时间应该在9月下旬，而超高产地块由于玉米品种均是中晚熟品种，收获时间一般延至10月上旬。

表3-22 超高产条件下不同收获期对郑单958百粒重及产量影响结果

收获期（月/日）	苞叶变化	授粉天数（d）	乳线形成（%）	百粒重（g）	日增重（g/100粒）	亩穗数（穗）	穗粒数（粒）	理论产量（kg/亩）	占最高产量（%）
9/1	绿色	27	10	19.22	0.71	4 897	515.2	412.2	51
9/6	绿色	32	19	23.06	0.77	4 897	515.2	494.5	62
9/11	绿色	37	31	27.77	0.94	4 897	515.2	595.5	74
9/16	黄绿	42	45	31.13	0.67	4 897	515.2	667.6	83
9/20	白色	46	52	32.55	0.36	4 897	515.2	698.0	87
9/24	白色	50	60	33.37	0.21	4 897	515.2	715.6	89
9/28	变干	54	75	35.71	0.59	4 897	515.2	765.8	96
10/2	干枯	58	93	36.83	0.28	4 897	515.2	789.8	99
10/4	干枯	60	100	37.34	0.26	4 897	515.2	800.6	100

表3-23 超高产条件下不同收获期对登海661百粒重及产量影响结果

收获期（月/日）	苞叶变化	授粉天数（d）	乳线形成（%）	百粒重（g）	日增重（g/100粒）	亩穗数（穗）	穗粒数（粒）	理论产量（kg/亩）	占最高产量（%）
9/1	绿色	28	10	18.41	0.66	5 437	463.9	394.7	43
9/6	绿色	33	17	21.83	0.68	5 437	463.9	468.0	51
9/11	绿色	38	25	25.60	0.75	5 437	463.9	548.8	60
9/16	绿色	43	33	30.75	1.03	5 437	463.9	659.2	72
9/20	黄绿	47	42	32.67	0.48	5 437	463.9	700.4	77
9/24	黄白	51	52	35.39	0.68	5 437	463.9	758.7	83
9/28	白色	55	60	36.71	0.33	5 437	463.9	787.0	86
10/2	白色	59	73	39.04	0.58	5 437	463.9	837.0	92
10/6	变干	63	84	41.59	0.64	5 437	463.9	891.6	98
10/10	干枯	67	97	42.48	0.22	5 437	463.9	910.7	100

第四章　小麦玉米调查记载和测定方法

第一节　小　麦

一、田间记载

（一）小麦主要生育期记载

播种期：实际播种日期，以月/日表示（以下生育期记载同此）。

出苗期：幼苗出土达2cm左右，全田有50%的麦苗达到此标准时为出苗期。

三叶期：全田有50%的麦苗伸出第三片叶的日期。

分蘖期：全田有50%的植株第一个分蘖露出叶鞘的日期。

越冬期：当平均气温下降到0℃以下时，小麦地上部分基本停止生长的日期。

返青期：有50%植株显绿，恢复生长的日期。

拔节期：全田有50%植株主茎第一茎节伸长1.5～2cm时为拔节期，可用手指摸茎基部来判断，或剥开叶片观察。

挑旗期：全田有50%以上植株的旗叶展开时的日期。

抽穗期：全田有50%以上麦穗顶部小穗露出旗叶叶鞘的日期。

开花期：全田有50%以上麦穗中部小穗开始开花的日期。

乳熟期：籽粒开始灌浆，胚乳呈乳状的日期。

蜡熟期：茎、叶、穗转黄色，有50%以上的籽粒呈蜡质状的日期。

完熟期：植株枯黄，籽粒变硬，不易被指甲划破，这时期也称为成熟期。

收获期：实际收获的时期。

（二）生育动态调查

1. 小麦基本苗数调查方法

兖州大部分麦田采用条播，对这种麦田，可在小麦全苗后，在麦田中选择有代表性的样点3～5个，每点取并列的2～3行，行长1m，数出样点苗数，先计算平均值，然后计算出每亩（666.7m²）基本苗数。

$$\text{基本苗数（万）}=\frac{\text{样点平均苗数}}{\text{样点面积（m}^2\text{）}}\times 666.7$$

2. 小麦最高茎数、有效穗数和成穗率调查方法

最高茎数是指小麦分蘖盛期时植株的总茎数（包括主茎和所有分蘖），又可分为冬前最高总茎数和春季最高总茎数。冬前最高总茎数是越冬前调查的总茎数，春季最高总茎数是指在拔节初期、分蘖两极分化前的田间最高总茎数，可参照基本苗的调查方法进行调查。有效穗数是指能结实的麦穗数，一般以单穗在5粒以上为有效穗，调查方法同基本苗，可在蜡熟期前后进行调查。成穗率是有效穗数占最高总茎数的百分率。

（三）小麦整齐度调查标准

一般田间观察小麦的整齐度可分为3级：一级用“++”表示整齐，全田麦的高度相差不足一个穗子。二级用“+”表示中等整齐，全田多数整齐，少数高度相差在一个穗子。三级用“-”表示不整齐，全田穗子高矮参差不齐。

（四）抗逆性

1. 耐寒性

（1）地上部分冻害。分5级，于越冬返青时，每次冻害发生后记载，记明时期及低温情况。

“1”级无冻害。

“2”级叶尖受冻发黄。

“3”级叶片冻死一半。

“4”级叶片全枯。

“5”级植株冻死。

（2）越冬百分率。必要时在返青期调查固定样区内存活与死亡的茎数。

$$越冬百分率（\%）=\frac{越冬存活茎数}{越冬后存活茎数+越冬死亡茎数}\times 100$$

2. 耐旱性

孕穗至灌浆阶段发生旱情时，在午后日照最强、温度最高的高峰过后，根据叶片萎缩程度分5级记载。

“1”级无受害症状。

“2”级小部分叶片有所萎缩，并失去应有光泽。

“3”级大部分叶片萎缩，并有较多的叶片卷成针状。

“4”级叶片卷缩严重，颜色显著深于该品种的正常颜色，下部叶片开始变黄。

“5”级茎叶明显萎缩，下部叶片变黄至变枯。

3. 抗倒伏性

小麦品种抗倒伏能力弱、生长过密或植株较高，生长后期遇大风雨，都可能出现倒伏现象，每次倒伏都应记载倒伏发生的时间，可能造成倒伏的原因，以及倒伏所占面积比例和程度等。倒伏面积（%）按倒伏植株面积占全田（或全区）面积的百分率计算。目前国家小麦品种试验中将倒伏分为5级。

“1”级未倒伏。

“2”级倒伏轻微，植株倾斜角度小于30°。

“3”级中等倒伏，植株倾斜角度30°～45°。

“4”级倒伏较严重，植株倾斜角度45°～60°。

“5”级倒伏严重，植株斜角度在60°以上。

4. 耐青干能力

根据茎、叶、穗青干程度分无至极轻、轻、中、较重、重，即1、2、3、4、5级，并记载发生青干的原因、时间和严重程度。

（五）熟相

根据落黄情况分为好、中、差（即1、3、5级）。

（六）病虫害

1. 锈病

记载反应型、严重度和普遍率。

（1）反应型。一般分为以下几级。

0免疫：完全无症状，或偶有极小淡色斑点。有各种类型枯死斑，无孢子堆。

1高度抵抗：夏孢子堆很少而小，周围有明显枯斑。

2中度抵抗：夏孢子堆少而分散，但外形正常，周围有褪绿或枯死斑。

3中度感染：夏孢子堆较多，外形正常，周围有褪绿现象。

4高度感染：夏孢子堆很多，外形正常，周围无褪绿现象。

X混合型：反应性不稳定，同一植株或同一叶片上同时表现有两种以上感染型，即有抗病或感病类孢子混生。

（2）严重度。目测病斑分布面积占叶面积的百分比。共分0、1%、5%、10%、25%、40%、65%、80%、100%，9级记载，具体记载时按最低、一般、最高记载，分析时则用一般严重度表示。

（3）普遍率。目测估计病叶数（条锈、叶锈病）占叶片数的百分比，或病秆数（秆锈病）占总秆数的百分比。

2. 白粉病

一般在小麦抽穗时白粉病盛发期，分5级调查记载。

“1”级叶片无肉眼可见症状。

“2”级基层叶片发病。

“3”级病斑蔓延至中部叶片。

“4”级病斑蔓延至剑叶。

“5”级病斑蔓延至穗及芒。

3. 赤霉病

在蜡熟期测定病穗率和严重度。

（1）病穗率。多点取样，随机检查100～200个麦穗，计算病穗占总穗数百分比。

（2）严重度。目测小穗发病严重程度，分5级记载。

“1”级无病麦穗。

“2”级1/4以下小穗发病。

“3”级1/4～1/2小穗发病。

“4”级1/2～3/4小穗发病。

“5”级3/4以上小穗发病。

4. 叶枯病

按病斑占叶面积的百分率，分5级记载。

“1”级免疫，叶片无病斑。

“2”级高抗，病斑占叶面积的1%～10%。

“3”级中抗，病斑占叶面积的11%～25%。

“4”级中感，病斑占叶面积的26%～40%。

“5”级高感，病斑占叶面积的40%以上。

5. 其他病虫害

若发生其他病害（如散黑穗病、黑颖病、黄矮病、红矮病、黏虫等）时也按5级记载。

（七）小麦叶面积系数测定

小麦叶面积系数是指单位面积土地（一般指每亩）上小麦植株绿色叶片总面积与单位土地面积的比值，叶面积系数是衡量群体结构的一个重要指标。系数过高影响小麦群体通风透光，过低不能充分利用光能。小麦不同生育时期叶面积系数有很大变化，通过栽培管理措施，合理调控群体发展，使叶面积系数达到最适数值，有利于小麦获得高产。叶面积测定的方法很多，可以通过叶面积仪直接测定，还有一般常用的烘干法和长乘宽折算法。

1. 叶面积仪测定法

先测定若干有代表性单位面积样点（一般要求5点以上）上植株的全部叶面积，取其平均值，然后再计算叶面积系数。

叶面积系数=样点叶面积/样点面积

或从田间取有代表性的麦苗样本50株，测定其全部绿叶面积，计算单株叶面积，再根据基本苗数，计算叶面积系数。

叶面积系数=单株叶面积×亩基本苗数/亩

2. 烘干法

取若干有代表性单位面积样点（一般要求5点以上）上的植株，分别在每个部位叶片中部取一定长度（一般为3～5cm）的长方形小叶块，将小叶块拼成长方形（标准叶），量其长、宽，求得叶面积（S_1），然后烘至恒重称重量（g_1）。将剩余的叶片烘至恒重，称其重量（g_2），各测定样点的平均值，即可计算出叶面积系数。

样点叶面积=标准叶的叶面积（S_1）×（g_1+g_2）/g_1

叶面积系数=样点叶面积/样点面积

也可以从田间取有代表性的麦苗样本50株，先从样本中取5～7株，同上取标准叶求出叶面积（S_1）和重量（g_1），另从样本中取30株，取其全部绿叶烘至恒重，称其重量（g_2），经过下面的计算求出叶面积系数。

单株叶片干重=g_2/30株

单株叶面积=单株叶片干重×S_1/g_1

叶面积系数=单株叶面积×亩基本苗数/亩

3. 长乘宽折算法

选取有代表性的30株麦苗，直接量出每株各绿叶的长度和最宽处的宽度，相乘以后再乘以0.83系数，取其平均值，求出单株叶面积，即可计算出叶面积系数。

叶面积系数=单株叶面积×亩基本苗数/亩

也可以取若干有代表性单位面积样点（一般要求5点以上）的植株，直接量出每株各绿叶的长度和最宽处的宽度，相乘以后再乘以0.83系数，取各点面积平均值，即可计算出叶面积系数。

叶面积系数=样点叶面积/样点面积

（八）干物质重和经济系数测定

小麦一生各个生育期不同器官的物质积累情况有很大变化，不同的水肥管理对干物质有不同的影响，为了及时了解小麦的生长情况，常在不同生育期测定小麦植株的干物质，一般植株干物质重主要是测定地上部植株的干重，不包括根系在内（在试验研究中的盆栽小麦，有时可根据需要连同根系一起测定）。

测定方法：田间取样后要及时处理，一般当天取样当天处理。新鲜样品采集后要及时进行杀青处理，即把样品放入105℃的烘箱内烘30min，然后将温度降到60～80℃，继续烘8h左右，使其快速干燥，然后取出，待温度降到常温时称重，再继续烘干4h，第二次称重，一直达到恒重为止。成熟时测定干重，可将样本放在太阳下晒干，称取风干重，即为生物产量，然后脱粒，称取籽粒重量，用籽粒重除以生物产量即为经济系数。例如，每亩（666.7m^2）生物产量是1 000kg，籽粒产量是410kg，则经济系数为410÷1 000=0.41。

（九）田间测产

田间测产往往应用于丰产田或试验田，一般田间生长不匀的低产田测产的可靠性较差。测产的方法是先随机选点采样，然后测定产量构成因素或实际产量，再计算每亩（666.7m^2）的产量。具体方法是在测产田中对角线上选取5个样点，每个样点1m^2，数出每个样点内的麦穗数，计算出每平方米的平均穗数；从每个样点中随机连续取出20～50穗，数出每穗粒数，计算每穗的平均粒数；参照所测品种常年的千粒重，或把样点脱粒风干后实测千粒重，计算每亩（666.7m^2）理论产量。

$$\text{理论产量（kg）}=\frac{\text{每平方米穗数}\times\text{每穗平均粒数}\times\text{千粒重（g）}}{1\,000\times1\,000}\times666.7$$

如果把1m^{2}样点的植株收获全部脱粒风干后称重，则可按下式计算产量。

理论产量（kg）=平均每点风干籽粒重量（kg）×666.7

测产的准确性，关键在于取样的合理性与代表性。但在实践中往往出现取样测产偏高，实际应用中经常把测产数×0.85。

二、室内考种

可根据实际需要确定考种内容，一般主要有如下几项内容。

（一）株高

由单株基部量到穗顶（不算芒长）的平均数，以“cm”为单位。如在田间测定，则由地表量到穗顶（芒除外），一般需要测量10株以上，然后计算平均数。如果做栽培研究，常把样点取回，按单茎测量株高，然后计算平均值，可依此计算出株高的变异系数，凡变异系数小的整齐度好，反之则整齐度差。

（二）穗长

从基部小穗着生处量到顶部（芒除外），包括不孕小穗在内，以“cm”为单位。一般应随机抽取样点，测量全部穗长（包括主茎穗和分蘖穗），然后求平均值。也可依此计算出穗长的变异系数，凡变异系数小的整齐度好，反之整齐度差。

（三）芒

根据麦芒有无或长短或性状，一般可分为以下几种。

无芒：完全无芒或芒极短。

顶芒：穗顶小穗有短芒，长3～15mm。

短芒：全穗各小穗都有芒，芒长在20mm左右。

长芒：全穗各小穗都有芒，芒长在20mm以上。

曲芒：麦芒勾曲或蜷曲。

（四）穗形

一般可分以下几种类型。

纺锤形：穗的中部大，两头尖。

长方形：穗上下基本一致呈长方体。

圆锥形：穗上部小而尖，基部大。

棍棒形：穗上部大，向下渐小。

椭圆形：穗特短，中部宽。

分枝形：麦穗上有分枝，生产上较少见。

（五）穗色

以穗中部的颖壳颜色为准，分红、白两色。

（六）小穗数

数出每穗的全部小穗数，包括结实小穗和不孕小穗，求平均值。

（七）粒数

数出每穗的结实粒数，求平均值。

（八）粒色

一般分红粒（包括淡红色）与白粒（包括淡黄色）两种，也有少数绿粒和黑粒（包括紫色）小麦品种。

（九）籽粒饱满度

按种子饱满度分4级记载。

“1”级很饱。

“2”级中等。

“3”级欠饱。

“4”级瘪。

（十）籽粒品质

分3级。如不能确定可切开鉴定。以硬粒率超过70%为硬质，小于30%为软质，介于两者之间为半硬质。

“1”级硬质。

“2”级半硬质。

“3”级软（粉）质。

（十一）千粒重

风干籽粒随机取样1 000粒称重（以“g”为单位）。以两次重复相差不大于平均值的3%为准，如大于3%需要另取1 000粒称重，以相近的两次重量的平均值为准。数粒时应去除破损粒、虫蚀粒、发霉粒等，也可用数粒仪进行测定。

（十二）容重

用容重器，称取1L的籽粒重量。单位是g/L。一般一级商品小麦容重790g/L，二级为770g/L，三级为750g/L。测量容重时要注意将杂质去除干净。

第二节　玉　米

一、田间记载

（一）玉米主要生育期记载

播种期：播种当天，以月/日表示。

出苗期：全田发芽出土3cm的苗数达60%时的日期。

抽雄期：全田有60%的植株雄穗顶部露出顶叶的日期。

散粉期：全田有60%的植株雄穗开始散粉的日期。

吐丝期：全田有60%的植株雌穗开始吐出花丝的日期。

成熟期：全田有60%的植株苞叶变白，籽粒硬化的日期。

生育期：自然播种到成熟的天数。

（二）植株性状调查

1. 幼苗性状（在四叶期记载）

（1）鞘色。分绿、紫（深紫、紫、浅紫）。

（2）叶色。分浓绿、绿、浅绿3级，并记其独有的其他颜色。

（3）长势。分强、中、弱3级。

2. 成株性状

（1）株型。抽雄后目测，分平展、半紧凑、紧凑记载。

（2）株高。选取有代表性地段，连续调查10～20株，抽雄前测量植株自然高度，抽雄后测量从地面至植株雄穗顶部的高度，以“cm”表示。

（3）穗位高。选取有代表性地段，连续调查10～20株，测量从地面至最上部果穗着生节位的高度，以“cm”表示。

（4）可见叶数。拔节前心叶露出2cm，拔节后露出5cm时为该叶的可见期。新的可见叶与其以下叶数相加，即为可见叶数。

（5）展开叶数。上一叶的叶环从前一展开叶的叶鞘中露出，两叶的叶环平齐时为上一叶的展开期。新展开叶与其以下已展开叶数相加，即为展开叶数。玉米生育中后期由于下部叶片脱落，难以判断叶位，可采用下列方法：每个茎节上生长1个叶片，基部4个节在根冠处通常难以区分，第五节距1～4节有1～2cm，以此，通过辨认节位来判断叶位。

（6）茎叶角。分上冲、倾斜、下披3级。

（7）叶龄指数。叶龄指数=主茎展开叶片数/主茎总叶片数。

（8）叶面积与叶面积指数。叶面积只计算绿叶的面积，叶片变黄部分超过50%时，即不予计算。逐叶测量叶片长度（中脉长度，可见叶为露出部分的长度）和最大宽度，单叶叶面积=叶片长度×最大宽度×0.75。单株叶面积为全株单叶叶面积之和，单位土地面积上的总叶面积则为平均单株叶面积与总株数之积。叶面积指数=该土地面积上的总叶面积/土地面积。

（9）颖色。抽雄后至散粉前，选10～20株观察雄穗颖片颜色，分紫绿、绿、绿紫。

（10）花丝色。在雌穗花丝吐出但未授粉时，选10～20株，观察其颜色，分紫、红、绿。

（11）花药色。在颖片刚刚张开花粉尚未散出时为准，分紫、红、黄、黄带紫。

（12）茎粗。在测量株高的植株上，量其上部第3节间的直径（直径最小的为准）求其平均值，以“cm”表示。

（13）双穗率。在蜡熟期数一下全区双穗株数和总株数，按以下公式计算双穗率。

$$\text{双穗率（\%）} = \frac{\text{全区双穗株数}}{\text{全区总株数}} \times 100$$

（14）空秆率。在蜡熟期数一数全区空秆株数（结实20粒以下）和总株数，按以下公式计算空秆率。

$$\text{空秆率（\%）} = \frac{\text{全区空秆株数}}{\text{全区总株数}} \times 100$$

（15）群体整齐度。玉米群体整齐度一般指株高整齐度，用变异系数的倒数表示。选有代表性的玉米植株，连续测量15～20株，以地面至雄穗顶部的高度（cm）计算株高平均值（X）和标准差（S），整齐度=X/S。

（16）经济系数。指经济产量在生物产量中所占的比例，也称收获指数。经济系数（K）=籽粒干重（g）/植株总干重（g）。

（三）抗逆性

（1）倒伏率（根倒）。倒伏倾斜度大于45°但未折断者作为倒伏指标，以“%”表示。

（2）倒折率（茎折）。抽雄后果穗以下部位折断的植株占全区株数的百分比。

（3）黑粉病。乳熟期调查发病株数，以“%”表示。

（4）丝黑穗病。乳熟期调查发病株数，以“%”表示。

（5）粗缩病。乳熟期调查发病株数，以“%”表示。

（6）纹枯病。乳熟期调查发病株数，以“%”表示。

（7）叶斑病类。大斑病、小斑病、弯孢菌叶斑病、灰斑病。玉米授粉后25d左右，根据果穗上三叶和下三叶上病斑面积大小划分（表4-1）。

表4-1　玉米叶斑病田间记载标准

病情级别	症状描述	抗性评价
1	叶片上无病斑或仅在穗位下部叶片上有少量病斑，病斑占叶面积少于5%	高抗（HR）
3	穗位下部叶片上有少量病斑，占叶面积6%～10%，穗位上部叶片有零星病斑	抗（R）
5	穗位下部叶片上病斑较多，占叶面积11%～30%，穗位上部叶片有较多病斑	中抗（MR）
7	穗位上部叶片有大量病斑，病斑相连，占叶面积31%～70%，下部病叶枯死	感（S）
9	全株叶片基本为病斑覆盖，叶片枯死	高感（HS）

（8）玉米南方锈病调查及标准。在玉米吐丝散粉后25d左右进行调查。调查重点部位为玉米果穗的上方叶片和下方3叶，根据病害症状描述并记录发病级别（表4-2）。

表4-2　玉米对南方锈病的抗性级别划分

病情级别	症状描述	抗性评价
1	叶片上仅有无孢子堆的过敏性反应或无病斑	高抗（HR）
3	叶片上孢子堆为少量，占叶片面积少于25%	抗（R）
5	叶片上孢子堆为中量，占叶片面积26%～50%	中抗（MR）
7	叶片上孢子堆为大量，占叶片面积51%～75%	感（S）
9	叶片上孢子堆为大量，占叶片面积76%～100%，叶片枯死	高感（HS）

（9）玉米茎腐病调查及其标准（表4-3）。玉米乳熟后期进行调查，调查重点部位为茎基部节位，茎节明显变褐或用手指捏近地表茎节感到变软的植株，即为发病株。记载调查的总株数和发病株数，计算发病株率。

表4-3　玉米茎腐病抗性评价

病情级别	症状描述	抗性评价
1	发病株率0～5.0%	高抗（HR）
3	发病株率5.1%～10.0%	抗（R）
5	发病株率10.1%～30.0%	中抗（MR）
7	发病株率30.1%～40.0%	感（S）
9	发病株率40.1%～100%	高感（HS）

（10）玉米穗腐病调查及其标准（表4-4和图4-1）。玉米果穗收获后，剥去苞叶，调查15个果穗，对每个果穗的发病情况进行调查，计算每个材料的平均发病级别。

表4-4　玉米穗腐病抗性评价

病情级别	症状描述	抗性评价
1	发病面积占果穗总面积0～1%	高抗（HR）
3	发病面积占果穗总面积2%～10%	抗（R）
5	发病面积占果穗总面积11%～25%	中抗（MR）
7	发病面积占果穗总面积26%～50%	感（S）
9	发病面积占果穗总面积51%～100%	高感（HS）

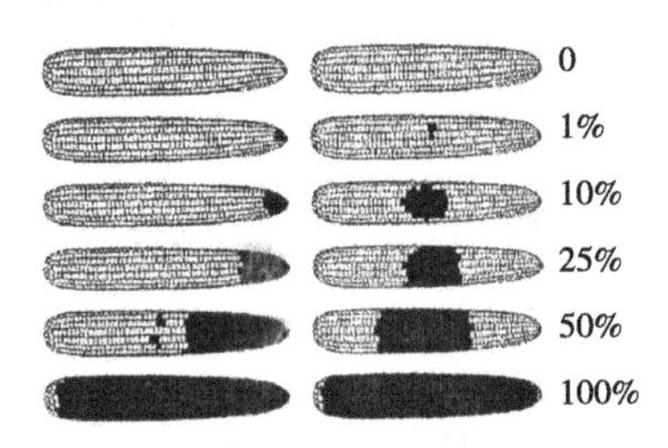

图4-1　玉米穗腐病抗性分级

（11）玉米螟。抗性评价依据心叶期玉米螟为害级别的平均值划分，虫害级别根据玉米螟幼虫在心叶上取食后叶片虫孔直径大小确定（表4-5和表4-6）。

表4-5　玉米螟为害田间记载标准

病情级别	症状描述	抗性评价
1	心叶期虫害级别平均为1.0～2.9	高抗（HR）

（续表）

病情级别	症状描述	抗性评价
3	心叶期虫害级别平均为3.0～4.9	抗（R）
5	心叶期虫害级别平均为5.0～6.9	中抗（MR）
7	心叶期虫害级别平均为7.0～7.9	感（S）
9	心叶期虫害级别平均为8.0～9.0	高感（HS）

表4-6　玉米螟为害田间分级标准

分级	描述
1	心叶无虫孔或仅有少量针刺状（直径≤1mm）虫孔
2	心叶上有中等数量针刺状（直径≤1mm）虫孔
3	心叶上有大量针刺状（直径≤1mm）虫孔
4	心叶上有少量火柴头状（直径≤2mm）虫孔
5	心叶上有中等数量火柴头状（直径≤2mm）虫孔
6	心叶上有大量火柴头状（直径≤2mm）虫孔
7	心叶上有少量直径大于2mm的虫孔
8	心叶上有中等数量直径大于2mm的虫孔
9	心叶上有大量直径大于2mm的虫孔

二、果穗及籽粒性状

1. 穗柄长度

分长、中、短3级。

2. 苞叶长度

分长、中、短3级。长是苞叶长度较大的超过了果穗长度，中是苞叶刚把果穗包紧不露穗尖或略长于果穗，短是苞叶长度短于果穗长度，果顶部露在苞叶外面。

3. 穗形

分圆筒形（圆柱形）、长圆锥形、短圆锥形。

4. 穗长

测量果穗顶端至基部的长度，以“cm”表示（10穗的平均值）。

5. 果穗秃顶率

测量果穗秃顶长度，以“cm”表示，并计算果穗秃顶率，以“%”表示。

$$秃顶率（\%）=\frac{秃顶长}{果穗长}\times 100$$

6. 穗粗

测量果穗中部的直径长度，以“cm”表示，求其平均数。

7. 穗行数

小区内连续取10个正常穗，数其果穗中部的籽粒行数，取其平均数。

8. 行粒数

取10个果穗选取有代表性的一行，数其粒数，求其平均值。

9. 穗轴粗

测量果穗中部穗轴的直径长度，以“cm”表示，求其平均值。

10. 穗轴色

分紫、浅紫、白3种。

11. 粒型

分马齿、半马齿、硬粒3种。

12. 粒形

分扇形、梯形、圆3种。

13. 粒色

分黄、浅黄、橘黄、紫、白、红等色。

14. 千粒重

数干籽粒500粒称重，重复3次，求其平均值，折成千粒重，以“g”表示。

三、种植密度调查

距田头4m以上选取样点，计算出平均行距（m），连续测量21株的距离，除以20，计算出平均株距（m）。

玉米种植密度（株/亩）=666.7m^2/（平均行距×平均株距）

田间速测法：调查0.01亩种植面积中的植株数，再扩大100倍即为1亩植株密度。例如，平均行距为40cm，调查16.67m行长中植株数量，如为46株，则种植密度为4 600株/亩。为保证准确度，调查时可选3～5行，取平均数（表4-7和表4-8）。

表4–7　种植密度速查（以1穴1粒计）（株/亩）

株距（cm）	平均行距（cm）							
	40	45	50	55	60	65	70	75
15	11 112	9 877	8 889	8 081	7 408	6 838	6 350	5 926
16	10 417	9 260	8 334	7 576	6 945	6 411	5 953	5 556
17	9 804	8 715	7 844	7 130	6 536	6 033	5 603	5 229
18	9 260	8 231	7 408	6 734	6 173	5 698	5 291	4 939
19	8 772	7 798	7 018	6 380	5 848	5 398	5 013	4 679
20	8 334	7 408	6 667	6 601	5 556	5 128	4 762	4 445
21	7 937	7 055	6 350	5 772	5 291	4 884	4 535	4 233
22	7 576	6 734	6 061	5 510	5 051	4 662	4 329	4 041
23	7 247	6 442	5 797	5 270	4 831	4 460	4 141	3 865
24	6 945	6 173	5 556	5 051	4 630	4 274	3 968	3 704
25	6 667	5 926	5 334	4 849	4 445	4 103	3 810	3 556
26	6 411	5 698	5 128	4 662	4 274	3 945	3 663	3 419
27	6 173	5 487	4 939	4 490	4 115	3 799	3 528	3 292
28	5 953	5 291	4 762	4 329	3 968	3 663	3 402	3 175
29	5 747	5 109	4 598	4 180	3 832	3 537	3 284	3 065
30	5 556	4 939	4 445	4 041	3 704	3 419	3 175	2 963
31	5 377	4 779	4 301	3 901	3 584	3 309	3 072	2 868
32	5 209	4 630	4 167	3 788	3 472	3 205	2 976	2 778
33	5 501	4 490	4 041	3 673	3 367	3 108	2 886	2 694
34	4 902	4 358	3 922	3 565	3 268	3 017	2 801	2 615
35	4 762	4 233	3 810	3 463	3 175	2 931	2 721	2 540

表4-8　不同行距下1/100亩行长

平均行距（cm）	40	45	50	55	60	65	70	75
调查长度（m）	16.67	14.82	13.33	12.12	11.11	10.26	9.52	8.89

四、大田测产

一般在玉米籽粒灌浆的蜡熟期至完熟期测产。

1. 丈量土地，确定种植面积

高产田内的渠道、人行道、建筑物等占地不得扣除。

2. 随机选点

采取对角线5点取样法，即在田块四角和中央各随机取1个点，每个样点离地头5m以上。

3. 收获密度测定

见种植密度调查。

4. 空秆、双穗率测定

选取田中3～5行有代表性的种植行（垄），连续调查100株内空秆和双穗株数，获得双穗率、空秆率。穗粒数少于20粒的植株为空株，并且不计算在双穗率内，其籽粒数也不计入穗粒数。

5. 穗粒数测定

在样点处连续测定20个果穗的穗粒数，取平均数。

玉米穗粒数=穗行数×行粒数。

其中，穗行数为计数果穗中部的籽粒行数；行粒数为计数中等长度行的籽粒数。

6. 产量计算

以该品种常年千粒重计算理论产量，根据以往经验、籽粒灌浆进程及预计收获时成熟度等情况，按产量的85%（或90%）折后即为估计产量。以5点的平均值为该地块的平均产量。

产量（kg）=收获密度×（1+双穗率−空株率）×穗粒数×千粒重（g）×0.85（或0.9）/10^6

下篇　技术研究

小 麦

不同施氮水平对强筋小麦产量和品质的影响

摘　要：选用7个强筋小麦品种，采用二因素裂区设计，研究了不同施氮水平对小麦产量和品质的影响以及品种之间产量和品质的差异。试验结果表明，在0～300kg/hm^{2}范围内，随施氮量的增加，产量增加，但施氮3水平间差异不显著；随施氮量的增加，蛋白质含量和蛋白质产量逐渐增加，但相邻水平间增加幅度逐渐减小；强筋小麦的主要加工品质性状均随施氮量的增加而改善，3个施氮水平下降落数值、沉降值、形成时间、稳定时间和面包体积等主要加工品质指标与对照相比，均有明显提高，吸水率受施氮量的影响最小，是很稳定的性状。不同品种间主要加工品质性状有较大的差异，不能仅凭某一项或两项指标的高低来判断品种的烘焙品质。强筋小麦各项主要加工品质性状受品种遗传因素的影响大于施氮处理，生产上首先应选择适于本地种植的强筋专用品种，然后采用相配套的栽培措施，才能达到优质高产的目标。在中高土壤肥力条件下，协调籽粒产量、蛋白质含量和各项主要加工品质性状的适宜施氮量不宜超过225kg/hm^2。

关键词：施氮水平；强筋小麦；产量；蛋白质含量；加工品质

小麦的产量和品质是受品种本身的遗传特性决定的，但遗传潜力的充分发挥则有赖于合理的栽培条件和环境条件。在影响小麦产量和品质的诸多外界因素中，氮肥的运筹尤为重要。合理的氮肥运筹可以协调产量和品质的关系，达到高产优质的目标，对此人们已作了大量的研究工作[1-11]。赵广才[1，2]等研究了不同生态区的品种在不同肥料运筹及不同生态区试验点对产量和主要加工品质性状的影响。杨延兵等[4]从贡献率的角度研究了施氮量、追肥时期、品种及因素间互作对小麦产量和贡献率的影响，认为几种因素都显著影响小麦产量，而对蛋白质含量而言，品种起了决定性的作用。黄正来[7]等研究了氮素供应对不同类型小麦品种籽粒产量和品质性状的影响。申丽霞[8]等研究了供氮量、供氮时期和供氮方式对优质专用小麦产量和品质的影响。通过试验研究，寻求栽培措施对产量和品质的最佳效应或同步提高，是人们普遍关心的课题。本试验选用7个不同的强筋小麦品种，通过不同的施氮水平对比，探讨施氮量

对强筋小麦产量、蛋白质含量和主要加工品质性状的影响，寻求高产优质的最佳施氮量，为指导当地强筋小麦高产优质生产提供理论依据。

1　材料与方法

1.1　试验材料与试验设计

试验于2004—2006年在兖州市农业科学研究所二十里铺村试验基地进行，试验地为潮褐土，土质中壤，地势平坦，排灌方便，中高肥力，小麦常年单产6 750kg/hm^{2}以上。耕层土壤有机质15.5g/kg，全氮0.94g/kg，碱解氮92mg/kg，速效磷15.3mg/kg，速效钾97.1mg/kg，有效硫16mg/kg。

按照全国小麦品质稳定性试验方案要求，采用二因素裂区试验设计，主区为施氮水平，4个水平为：A1不施氮肥（CK），A2为全生育期施纯氮150kg/hm^2，A3为225kg/hm^2，A4为300kg/hm^2。副区为品种（B），7个参试品种为：B1济麦20（对照品种），B2豫麦34，B3烟农19，B4藁8901，B5皖麦38，B6陕253，B7临汾145。各处理氮肥（尿素）总量的50%作基肥于播种前结合整地施入，50%氮肥在拔节期结合浇水追施。磷肥（过磷酸钙）按P_2O_5 135kg/hm^2，钾肥（硫酸钾）按K_2O 120kg/hm^2，整地时全部作底肥施入。其他栽培管理措施同一般高产田。试验设3次重复，每小区10m^2（5m × 2m），每小区种10行小麦，行距20cm。

1.2　测定内容及方法

于成熟期取样测定穗数、每穗粒数、千粒重，小区全收获计产。收获后取样送中国农业科学院作物科学研究所测定籽粒品质。品质分析项目包括蛋白质含量、降落数值、沉降值、吸水率、形成时间、稳定时间和面包体积。

2　结果与分析

2.1　施氮量对不同强筋小麦产量的影响

2.1.1　不同施氮水平对强筋小麦产量和产量结构的影响

试验结果（表1）表明，增施氮肥对强筋小麦群体发育及产量性状的形成具有显著影响。在0 ~ 300kg/hm^{2}范围内，随施氮量的增加，春季最大苗量显著增加；有效穗数以A3处理最高，施氮量超过225kg/hm^{2}后，穗数呈下降趋势；随施氮量的增加，千粒重下降，施氮3个水平均比对照降低达1%显著水平；穗粒数施氮3个水平均比对照增加达1%显著水平，但施氮3个水平之间没有差异。以上变化趋势反映了小麦产量三结构协调发展的规律。施氮3个处理均比对照增产达1%显著水平，但施氮3水平之间差异不显著，施氮量300kg/hm^{2}处理仅比150kg/hm^{2}处理增产1.8%，因此在较高土壤肥力条件下，强筋小麦获得高产适宜的施氮量为150～225kg/hm^2，过多会增加生产成本，降低经济效益。

表1　不同施氮水平对强筋小麦产量和产量结构影响差异比较

施氮水平	基本苗（万株/hm^2）	最大苗量（万株/hm^2）	有效穗数（万穗/hm^2）	穗粒数（粒）	千粒重（g）	产量（kg/hm^2）
A1	225	1 428	580.5cB	34.7bB	42.8aA	7 473.0bB
A2	225	1 635	654.4bA	37.8aA	41.2bB	8 656.6aA
A3	225	1 704	672.0abA	37.7aA	39.9cC	8 731.8aA
A4	225	1 823	668.1aA	37.8aA	40.2cC	8 814.3aA

注：表中小写字母表示0.05显著水平，大写字母表示0.01显著水平，下同。

穗数差异比较标准$LSD_{0.05}$=16.95，$LSD_{0.01}$=25.68；穗粒数差异比较标准$LSD_{0.05}$=0.70，$LSD_{0.01}$=1.06。

产量差异比较标准$LSD_{0.05}$=232.44，$LSD_{0.01}$=352.13；千粒重差异比较标准$LSD_{0.05}$=0.66，$LSD_{0.01}$=1.00。

2.1.2　不同品种产量和产量结构差异比较

试验结果（表2），参试7个品种中，济麦20产量最高，比其他品种增产均达1%显著水平。目前，该品种已成为当地小麦的当家品种。本试验中济麦20平均产量达到8 964.5kg/hm^2，在此高产水平下产量三结构为穗数657.5万/hm^2、穗粒数36.7粒、千粒重43.1g。施氮量与品种的互作对产量的影响达到1%显著水平。

表2　不同品种产量及产量结构差异比较

品种	基本苗（万株/hm^2）	有效穗数（万穗/hm^2）	穗粒数（粒）	千粒重（g）	产量（kg/hm^2）
济麦20	225	657.5bcB	36.7bcBC	43.1bB	8 964.5aA
豫麦34	225	582.5fE	33.5dD	49.0aA	8 175.4dD
烟农19	225	650.6cBC	38.1aA	40.6cC	8 562.9bB
藁8901	225	685.6aA	38.3aA	37.0fD	8 504.6bcBC
皖麦38	225	627.5eD	38.4aA	39.7dC	8 363.0cCD
陕253	225	666.9bB	36.4cC	38.1eD	7 998.3eD
临145	225	635.6deCD	37.6aAB	39.8cdC	8 363.7cCD

注：穗数差异比较标准$LSD_{0.05}$=13.86，$LSD_{0.01}$=18.50；穗粒数差异比较标准$LSD_{0.05}$=0.8，$LSD_{0.01}$=1.08。

产量差异比较标准$LSD_{0.05}$=149.15，$LSD_{0.01}$=199.09；千粒重差异比较标准$LSD_{0.05}$=0.88，$LSD_{0.01}$=1.17。

2.1.3　不同施氮水平对不同强筋小麦品种产量的影响

从表3看出，在0～300kg/hm²范围内，济麦20、豫麦34、藁8901和陕253，随施氮量的增加产量提高；济麦20号在300kg/hm²施氮水平下产量最高达到9 372.1kg/hm²，说明该品种是一个比较耐肥，具有较高增产潜力的品种。烟农19、皖麦38两个品种在150kg/hm²施氮水平下产量最高，施氮量继续增加，产量呈下降趋势，但施氮3水平间差异不显著，本试验中这两个品种灌浆后期青干严重，在本地种植增产潜力有限。临145在225kg/hm²施氮水平下产量最高，相比150kg/hm²施氮水平，增产达1%显著水平。7个品种300kg/hm²处理与225kg/hm²处理产量差异均未达到显著水平，因此，强筋小麦高产栽培适宜的施氮量不宜超过225kg/hm²，这与前人的研究相一致。

表3　不同施氮水平对不同强筋小麦品种产量的影响

施氮水平	济麦20	豫麦34	烟农19	藁8901	皖麦38	陕253	临145
A1	8 242.1bB	6 750.4cB	8 150.5bB	7 558.7bB	7 675.5bB	6 558.7cC	7 375.4cC
A2	9 193.5aA	8 417.1bA	8 817.1aA	8 783.8aA	8 725.5aA	8 192.1bB	8 467.1bB
A3	9 050.45aA	8 733.7abA	8 742.2aA	8 658.8aA	8 567.1aA	8 442.1abAB	8 928.8aA
A4	9 372.1aA	8 800.45aA	8 542.1aA	9 017.1aA	8 483.8aA	8 800.45aA	8 683.8abAB

注：产量差异比较标准$LSD_{0.05}$=359.37，$LSD_{0.01}$=503.52。

2.2　施氮量对不同强筋小麦蛋白质含量和蛋白质产量的影响

2.2.1　不同施氮水平对蛋白质含量和蛋白质产量的影响

表4表明，增施氮肥能显著提高蛋白质含量和蛋白质产量，与对照相比，均达到1%显著水平。在0～300kg/hm²范围内，随施氮量的增加，蛋白质含量和蛋白质产量逐渐增加，但相邻水平间增加幅度逐渐减小。当纯氮量从150kg/hm²增加到225kg/hm²时，蛋白质含量增加0.5个百分点，达到5%显著水平，蛋白质产量增加53.1kg/hm²，达到1%显著水平；施氮量进一步增加，蛋白质含量和蛋白质产量增加不显著，继续增施氮肥的效果不明显。综合前面分析，强筋小麦协调籽粒产量、蛋白质产量与蛋白质含量的适宜施氮量不宜超过225kg/hm²。

表4　不同施氮水平对蛋白质含量和蛋白质产量影响差异比较

施氮量（kg/hm²）	蛋白质含量（%）	蛋白质产量（kg/hm²）
0	11.84cC	883.5cC

（续表）

施氮量（kg/hm²）	蛋白质含量（%）	蛋白质产量（kg/hm²）
150	12.87bB	1 114.3bB
225	13.37aAB	1 167.4aA
300	13.43aA	1 183.5aA

注：蛋白质含量差异比较标准$LSD_{0.05}$=0.35，$LSD_{0.01}$=0.53；蛋白质产量差异比较标准$LSD_{0.05}$=31.9，$LSD_{0.01}$=48.3。

2.2.2 不同品种蛋白质含量和蛋白质产量差异比较

由表5看出，在施氮处理相同的情况下，7个强筋小麦品种之间蛋白质含量和蛋白质产量差异较大。在本试验中，蛋白质含量以藁8901和陕253较高，济麦20和烟农19较低，豫麦34、皖麦38和临145居中；蛋白质产量以济麦20和藁8901较高，与其他品种达到1%显著水平，豫麦34和陕253最低，其他品种居中。可见，蛋白质含量高的品种，产量不一定高，如陕253；相反，济麦20蛋白质含量较低，但蛋白质产量却处于较高水平。施氮量与品种的互作对蛋白质含量的影响达到1%显著水平。

表5　不同品种蛋白质含量和蛋白质产量差异比较

品种	蛋白质含量（%）	蛋白质产量（kg/hm²）
济麦20	12.48cC	1 121.5abA
豫麦34	12.53bcC	1 028.2dD
烟农19	12.49cC	1 071.4cC
藁8901	13.36aA	1 138.9aA
皖麦38	12.87bBC	1 077.9cBC
陕253	13.24aAB	1 064.3cCD
临145	13.17abAB	1 107.8bAB

注：蛋白质含量差异比较标准$LSD_{0.05}$=0.33，$LSD_{0.01}$=0.44；蛋白质产量差异比较标准$LSD_{0.05}$=27.2，$LSD_{0.01}$=36.2。

2.2.3 不同施氮水平对不同强筋小麦品种蛋白质含量的影响

由表6看出，济麦20和藁8901两个品种，3个施氮水平之间蛋白质含量差异不显著。豫麦34、陕253和临145 3个品种在225kg/hm²施氮水平下蛋白质含量最高，且比

150kg/hm²增加达5%显著水平。在0～300kg/hm²范围内，烟农19和皖麦38随施氮量的增加蛋白质含量增加，其中烟农19在300kg/hm²施氮水平下蛋白质含量比225kg/hm²增加达5%显著水平。

表6　不同施氮水平对不同强筋小麦品种蛋白质含量（%）的影响

施氮水平（kg/hm²）	济麦20	豫麦34	烟农19	藁8901	皖麦38	陕253	临145
0	11.59bB	11.71cB	11.20cC	12.48bB	12.02cC	12.22cB	11.66cC
150	12.65aA	12.42bAB	12.53bB	13.61aA	12.72bBC	13.12bA	13.07bB
225	12.86aA	13.01aA	12.84bAB	13.86aA	13.14abAB	13.83aA	14.08aA
300	12.85aA	12.97aA	13.42aA	13.51aA	13.60aA	13.80aA	13.89aA

注：蛋白质含量差异比较标准$LSD_{0.05}$=0.55，$LSD_{0.01}$=0.77。

2.3　施氮量对不同强筋小麦主要加工品质性状的影响

2.3.1　不同施氮水平对强筋小麦主要加工品质性状的影响

表7的数据为7个品种的平均值，可以看出，施氮水平对各项加工品质指标的影响是不一致的。其中，吸水率受施氮量的影响最小，变异系数仅为0.29%，是很稳定的性状；形成时间和稳定时间受施氮量的影响较大，变异系数分别达到19.71%和14.08%；降落数值、沉降值、面包体积和面包评分变异系数在2%～5.8%，受施氮量的影响居中。在施氮量0～300kg/hm²范围内，沉降值和面包评分随施氮水平的提高而增加，降落数值、形成时间、稳定时间和面包体积则在225kg/hm²施氮水平最高，施氮量继续增加，反而呈下降趋势或趋于稳定。

表7　不同施氮处理加工品质性状差异比较

变因水平	降落数值（S）	沉降值（mL）	吸水率（%）	形成时间（min）	稳定时间（min）	面包体积（m³）	面包评分
A1	378.0	36.1	63.9	3.1	6.8	688.6	74
A2	395.4	38.7	63.6	4.7	8.2	729.0	79
A3	396.6	39.9	63.5	4.9	9.6	749.6	80
A4	385.6	41.4	63.5	4.9	8.1	734.3	81
极差	18.6	5.3	0.4	1.8	2.8	61.0	7
CV（%）	2.24	5.81	0.29	19.71	14.08	3.59	3.98

2.3.2 不同强筋小麦品种主要加工品质性状的比较

表8的数据为4个施氮处理的平均值，可以看出，不同品种间主要加工品质性状有较大的差异。7个品种中，藁8901的降落数值、沉降值最低，稳定时间最长，面包体积最大，综合面包评分最高，表明不能仅凭某一项或两项指标的高低来判断品种的烘焙品质，制作质量优良的面包需要各项品质指标的综合协调。

表8　不同品种主要加工品质性状差异比较

变因	降落数值（S）	沉降值（mL）	吸水率（%）	形成时间（min）	稳定时间（min）	面包体积（m^3）	面包评分
济麦20	437.5	38.2	62.2	4.3	8.7	713.8	82
豫麦34	358.0	40.5	63.6	5.8	8.3	757.5	86
烟农19	431.0	37.6	64.9	3.5	3.5	668.0	65
藁8901	333.0	35.8	64.9	4.6	11.9	768.8	89
皖麦38	440.5	37.5	66.0	3.9	4.4	712.5	72
陕253	322.5	38.4	62.9	4.3	10.4	703.3	76
临145	399.3	45.3	61.3	4.5	10.1	753.8	81
极差	18.0	9.2	4.7	2.3	8.4	100.8	24
CV（%）	13.03	7.91	2.57	15.79	38.35	4.97	10.67

由表7和表8看出，除降落数值和形成时间外，品种间主要加工品质性状的变异系数和极差都大于施氮处理间变异系数和极差，而且品种间降落数值和形成时间的变异系数也较高，说明强筋小麦各项主要加工品质性状受品种遗传因素的影响大于施氮处理，生产上首先应选择适于本地种植的强筋专用品种，然后针对品种的特征特性，采用相配套的栽培措施，才能达到优质高产的目标。

3 小结与讨论

许多研究表明，增加施氮量对籽粒产量的影响表现为，在一定范围内籽粒产量随施氮量的增加而提高，超过一定限度后再增加施氮量籽粒产量增加不显著，甚至降低[5]。本试验结果与上述观点基本一致。总起来分析，7个强筋小麦品种高产栽培适宜的施氮量是150～225kg/hm^2，超过225kg/hm^2，会造成氮肥浪费，增加成本。

对于施氮量与小麦籽粒蛋白质含量的关系，国内外的研究基本得出了一致的结论，即蛋白质含量随施氮量的增加而不断提高，两者呈极显著正相关。本试验表明，在0～300kg/hm^{2}范围内，随施氮量的增加，蛋白质含量和蛋白质产量逐渐增加，但相邻水平间增加幅度逐渐减小。总体分析，强筋小麦协调籽粒产量、蛋白质产量与蛋白质含量的适宜施氮量不宜超过225kg/hm^2。

在一定范围内，强筋小麦的主要加工品质性状均随施氮量的增加而改善[2]。有研究认为[8]，随施氮量的增加，沉降值提高，面团稳定时间延长，本试验与以上结果基本一致。但不同品种间主要加工品质性状有较大的差异，不能仅凭某一项或两项指标的高低来判断品种的烘焙品质，制作质量优良的面包需要各项品质指标的综合协调。各项加工品质指标的相关性变化很大，有待进一步研究。

本试验表明，强筋小麦各项主要加工品质性状受品种遗传因素的影响大于施氮处理，生产上首先应选择适于本地种植的强筋专用品种，然后采用相配套的栽培措施，才能达到优质高产的目标。当然，在实际生产中，影响小麦高产优质的因素很多，如地力条件和磷、钾肥的施用等，要形成一套完整的高产优质生产技术体系，还需要做进一步探讨和研究。

参考文献

[1] 赵广才，万富世，常旭虹，等. 不同试点氮肥水平对强筋小麦加工品质及其稳定性的影响[J]. 作物学报，2006，32（10）：1498-1502.

[2] 赵广才，常旭虹，刘利华，等. 施氮量对不同强筋小麦产量和加工品质的影响[J]. 作物学报，2006，32（5）：723-727.

[3] 徐恒永，赵振东，张存良，等. 氮肥对优质专用小麦产量和品质的影响[J]. 山东农业科学，2001（2）：13-17.

[4] 杨延兵，高荣岐，尹燕枰，等. 氮素与品种对小麦产量和品质性状的效应[J]. 麦类作物学报，2005，25（6）：78-81.

[5] 冯波，王法宏，刘延忠，等. 氮肥运筹对小麦氮素利用效率及产量影响的研究进展[J]. 山东农业科学，2006（6）：103-107.

[6] 王月福，姜东，于振文，等. 氮素水平对小麦籽粒产量和蛋白质含量的影响及生理基础[J]. 中国农业科学，2003，36（5）：513-520.

[7] 黄正来，姚大年，马传喜，等. 氮素供应对不同类型小麦品种籽粒产量和品质性状的影响[J]. 安徽农业大学学报，1999，26（4）：414-418.

[8] 申丽霞，王璞. 氮素供应对优质专用小麦产量和品质的影响[J]. 作物杂志，2003（3）：24-26.

[9] 王月福，于振文，李尚霞，等. 不同土壤肥力下强筋小麦适宜施氮量的研究[J]. 山东农业科学，2001（5）：14-15.

[10] 徐阳春，蒋廷惠，张春兰，等. 不同面包小麦品种的产量及蛋白质含量对氮肥用量的反应[J]. 作物学报，1998，24（6）：731-737.

[11] 康立宁，魏益民，欧阳韶晖，等. 基因型与环境对小麦品种粉质参数的影响[J]. 西北植物学报，2003，23（1）：91-95.

鲁西南地区济麦22号小麦适宜播期和密度研究

摘　要：采用单因素随机区组排列试验设计，通过比较不同播期和种植密度对济麦22号生育期变化、群体动态、产量结构及单产水平等的影响，总结提出鲁西南地区济麦22号适宜的播期在10月5—10日，适宜的种植密度是基本苗12万株/亩左右。

关键词：鲁西南；济麦22号；播期；播量

济麦22号是山东省农业科学院作物研究所选育的高产中筋小麦品种，2006年和2007年分别通过山东省和国家黄淮北片审定。近年来，在高产创建项目实施过程中，选用济麦22号进行了高产攻关和示范，取得了明显成效[1]，显示出较强的适应性和较高的增产潜力，已作为主推品种在当地进行示范推广。为明确济麦22号在当地生态气候条件下适宜的播期和种植密度，给大田生产提供科学依据，进行了本项试验研究。

1　材料与方法

试验于2008年10月至2009年6月在兖州市农业科学研究所二十里铺试验地进行，试验田属潮褐土，土质重壤，肥力均匀，耕层土壤有机质含量12.6g/kg，碱解氮74.37mg/kg，速效磷28.06mg/kg，速效钾91.05mg/kg。前茬夏玉米，秸秆直接还田。

1.1　试验设计

供试小麦材料为济麦22号，设播期、播量两个因素。播期试验设5个水平：10月5日、10月10日、10月15日、10月20日和10月25日，小区面积为0.1亩，重复3次，基本苗12万株/亩，随机区组设计。播量试验设4个水平：亩基本苗8万株、12万株、16万株和20万株，小区面积为0.1亩，重复3次，播期为10月10日。每小区按试验要求人工条播。

1.2　田间管理

2008年10月1日耕地，耕前亩施入尿素15kg、磷酸二铵20kg、硫酸钾15kg作底肥，12月1日浇越冬水，2009年4月1日拔节期追施尿素20kg/亩并浇水，5月7日浇灌浆水。其他栽培管理措施同一般高产田。

1.3　测定内容与方法

小麦三叶期在每个处理内选择$1m^2$固定样点，用于群体动态调查和成熟期考种。

小麦成熟时，每处理分别实收30m^{2}计产，并取代表性植株10株进行室内考种。

2 结果与分析

2.1 不同播期对济麦22号生育期的影响

由表1看出，随着播期推迟，济麦22号春季起身期之后生育时期有所推迟，但影响不大，10月5—15日播种在同一天成熟，10月20日之后播种成熟期推迟1～2d。

表1 济麦22号不同播期的生育期

播期(月/日)	出苗（月/日）	返青(月/日)	起身(月/日)	拔节(月/日)	抽穗(月/日)	成熟(月/日)
10/5	10/12	2/24	3/17	3/29	4/24	6/4
10/10	10/17	2/24	3/17	3/29	4/24	6/4
10/15	10/22	2/24	3/19	3/30	4/24	6/4
10/20	10/28	2/24	3/21	3/31	4/25	6/5
10/25	11/5	2/25	3/22	4/1	4/26	6/6

2.2 不同播期济麦22号群体动态变化

试验表明（表2），相同播量条件下，随着播期的推迟，济麦22号冬前群体、拔节期群体和亩穗数均逐渐减少，分蘖成穗率逐渐增加。10月5—10日播种，冬前群体适宜，个体健壮，冬前分蘖成穗率高，能达到壮苗的标准；10月10日之后播种，冬前群体明显减少，特别播期推迟到10月15日之后，麦苗冬前生长时间短，个体发育弱，冬前群体严重不足，单位面积穗数减少，而且主要靠春季分蘖成穗；10月25日播种处理冬前群体和基本苗相当，冬前几乎没有分蘖。

表2 济麦22号不同播期处理群体动态变化

播期（月/日）	冬前群体（万株/亩）	拔节期群体（万株/亩）	穗数（万穗/亩）	成穗率（%）
10/5	69.9	112.2	46.59	41.4
10/10	65.1	107.4	45.67	42.7
10/15	46.8	99.5	44.50	44.8
10/20	23.1	88.8	41.68	47.1
10/25	15.2	68.6	37.07	54.1

用山东省苗情分类标准衡量，10月15日以后播种的小区冬前群体太小，属于二类、三类苗。10月5日和10日播种的小区冬前群体适中，属于一类壮苗。

2.3　不同播期对济麦22号株高影响

由表3看出，播期对济麦22号株高影响较大。随着播期的推迟，株高逐渐变矮，相邻播期株高相差2cm左右。

表3　济麦22号不同播期处理株高统计

播期（月/日）	10/5	10/10	10/15	10/20	10/25
株高（cm）	75.7	74.4	72.7	70.8	68.7

2.4　不同播期对济麦22号产量和产量结构影响

由表4看出，10月5—10日播种，济麦22号产量和产量结构变化不明显。10月10日之后播种，随着播期推迟，穗数、穗粒数和千粒重显著减少，产量也显著降低。特别10月15日之后播种，冬前分蘖不足，靠春季分蘖成穗，穗粒数显著减少，粒重显著降低，造成显著减产。因此，当地济麦22号适宜的播种时期是10月5—10日，最迟不宜晚于10月15日。

表4　济麦22号不同播期处理产量和产量结构

播期（月/日）	穗数（万穗/亩）	穗粒数（粒）	千粒重（g）	产量（kg/亩）
10/5	46.59aA	34.6bA	47.8aAB	646.06aA
10/10	45.67bAB	35.7aA	48.3aA	658.65aA
10/15	44.50cB	34.3bAB	47.4aAB	598.18bB
10/20	41.68dD	33.1cB	46.2bBC	515.84cC
10/25	37.07eE	31.3dC	44.9cC	425.74dD

注：表中小写字母表示5%差异水平，大写字母表示1%差异水平，下同。

2.5　不同种植密度对济麦22号群体动态变化影响

由表5看出，随着基本苗增加，济麦22号冬前群体苗量、春季拔节期最大群体苗量和单位面积穗数显著增加，分蘖成穗率则逐渐下降。基本苗在8万～12万株/亩范围内，济麦22号整个生育期群体结构合理，个体生长健壮。基本苗超过16万株/亩尤其达到20万株/亩，小麦春季无效分蘖过度增生，起身、拔节期群体偏大，个体发育弱，小穗、小花退化严重，导致穗粒数减少。田间通风通光性差，造成后期倒伏，千粒重下降而减产。

表5　济麦22号不同种植密度群体动态变化

基本苗（万株/亩）	冬前群体（万株/亩）	拔节期群体（万株/亩）	穗数（万穗/亩）	分蘖成穗率（%）
8	53.1	89.3	40.17	45.0
12	63.9	108.8	45.58	41.9
16	68.8	121.2	47.93	39.5
20	79.5	133.7	49.89	37.3

2.6　不同种植密度对济麦22号株高影响

从表6看出，随着基本苗量增加，济麦22号株高呈增长趋势，特别基本苗超过16万/亩，植株基部节间徒长，株高显著增长，抗倒性明显下降，容易发生后期倒伏。本试验中，基本苗20万株/亩处理小区倒伏面积达到85%，造成显著减产。

表6　济麦22号不同种植密度株高统计

处理（万株/亩）	8	12	16	20
株高（cm）	72.18	73.49	75.75	77.30

2.7　不同种植密度对济麦22号产量和产量结构影响

从表7看出，基本苗在8万～20万株/亩范围内，随着播量的增加，济麦22号穗数显著增加、穗粒数显著减少、千粒重显著降低，产量呈先增加后减少的趋势，基本苗12万株/亩处理产量结构协调、产量最高，分别比8万株/亩、16万株/亩和20万株/亩处理增产4.9%、8.9%和23.5%，达到极显著水平。

表7　不同种植密度下济麦22号产量和产量结构

基本苗（万株/亩）	穗数（万穗/亩）	穗粒数（粒）	千粒重（g）	产量（kg/亩）
8	40.17dD	36.7aA	49.4aA	608.81bB

（续表）

基本苗（万株/亩）	穗数（万穗/亩）	穗粒数（粒）	千粒重（g）	产量（kg/亩）
12	45.58cC	34.6bB	48.3bA	638.55aA
16	47.93bB	32.2cC	45.8cB	586.54cC
20	49.89aA	29.3dD	43.7dC	516.92dD

3　结论与讨论

在鲁西南生态气候条件下，济麦22号适宜的播种时期是10月5—10日，最迟不宜晚于10月15日，过晚播种不能形成冬前壮苗，使穗数不足、穗粒数减少、千粒重降低。在适期播种条件下，济麦22号适宜的种植密度应掌握基本苗12万株/亩左右，采用精量播种技术，建立合理的群体结构，获得适宜的产量结构，穗数45万穗/亩、穗粒数35粒、千粒重48g左右，达到高产目标。

参考文献

[1]　王立功，闫振强，张娟，等. 冬小麦超高产栽培技术[J]. 农业科技通讯，2009（7）：45-46.

不同氮肥底追比例对公顷产10 000kg小麦光合特性和干物质积累与分配的影响

摘　要：为给小麦超高产栽培中氮肥合理运筹提供依据，于2009—2010年小麦生长季，以济麦22为试验材料，在超高产栽培条件下设置4个试验处理：N0（不施氮）；在总施氮270kg/hm^{2}的条件下，底施70%、拔节期追施30%（N1），底施50%、拔节期追施50%（N2），底施30%、拔节期追施70%（N3），研究了不同氮肥底追比例对小麦光合特性和干物质积累与分配的影响。结果表明，在总施氮量相同的条件下，随氮肥追施比例增加，旗叶净光合速率和气孔导度升高，细胞间隙CO_2浓度降低；小麦群体净光合速率先升高后降低；N2处理提高了开花后干物质的积累量及对籽粒的贡献率、成熟期干物质向籽粒的分配比例，籽粒产量最高，达到11 698.94kg/hm^2，氮肥生产效率和氮肥农学利用率也最高；氮肥追施比例过多（N3），开花后干物质的积累量及对籽粒的贡献率、成熟期干物质向籽粒的分配比例、籽粒产量和氮肥利用率均降低。在本试验条件下，底追比例为5：5的处理是兼顾高产和高氮肥利用效率的运筹方式。

关键词：冬小麦；光合特性；氮肥底追比例；干物质积累与分配；产量

合理运筹氮肥是实现小麦高产的主要技术措施。人们在不同产量水平下进行了氮肥底追比例的研究，以寻求最大产投比[1-4]。在4 087.5～5 832kg/hm^{2}产量水平下，氮肥底追比例以8：2或7：3为宜[1]；在5 925～6 570kg/hm^{2}产量水平下，氮肥底追比例以3：7和4：6产量最高[2]；在7 325.57～8 177.21kg/hm^{2}产量水平下，氮肥底追比例以1：2产量最高[3]；在8 845.5～9 045kg/hm^{2}产量水平下，氮肥底追比例以5：5为宜[4]。前人的研究是在9 000kg/hm^{2}及以下产量水平进行的，在10 000kg/hm^{2}超高产条件下，不同氮肥底追比例对生育后期旗叶和群体光合特性的调控作用以及对干物质积累与分配影响的研究鲜见报道。鉴于此，本试验在前人研究基础上，以济麦22品种为供试材料，在公顷产10 000kg的地力条件下，研究了氮肥不同底追比例对小麦开花后光合特性及干物质积累与分配的影响，以期为小麦超高产栽培中氮肥的合理运筹提供理论依据。

1　材料与方法

1.1　供试品种与试验设计

试验于2009—2010年小麦生长季在山东省兖州市小孟镇陈家王子村大田（北纬

35°67′，东经116°67′）进行，以中筋小麦品种济麦22为供试材料。试验地为潮褐土，播种前0～20cm土层土壤含有机质17.2g/kg，碱解氮112.9mg/kg，速效磷50.1mg/kg，速效钾148.8mg/kg。

试验设4个处理，即全生育期不施氮（N0）；在总施氮量270kg/hm^{2}的条件下，底施70%、拔节期追施30%（N1），底施50%、拔节期追施50%（N2），底施30%、拔节期追施70%（N3）。各处理底施P_2O_5和K_2O各180kg/hm^2，氮肥为尿素（含氮46.4%），磷肥为过磷酸钙（含P_2O_5 12%），钾肥为硫酸钾（含K_2O 50%）。试验采用随机区组设计，小区面积4m×4m=16m^2，3次重复。2009年10月10日播种，2010年6月17日收获，四叶期定苗，基本苗为180株/m^2，其他管理措施同高产田。

1.2　测定项目与方法

1.2.1　旗叶净光合速率（P_n）、气孔导度（G_s）、细胞间隙CO_2浓度（C_i）测定

用英国产CIRAS-2型光合作用测定系统，分别于灌浆前期（5月24日）、灌浆中期（6月7日）和灌浆后期（6月14日）9—11时在自然光照下测定。

1.2.2　群体光合速率（CAP）测定

于小麦开花后选择晴天上午，参照郭庆法[5]的方法，采用GXH-3051型红外线CO_2测定，分析仪同化箱为70cm×70cm×120cm铁框架，聚酯薄膜密封（透光率95%），内置1个直径30cm小型风扇，用来混匀空气和平衡温度。每个小区在9—11时自然光照条件下测定，同步在试验小区旁空白土地处测土壤呼吸。

1.2.3　干物质测定

于冬前、返青、拔节、开花和成熟期进行群体调查和取样，其中冬前、返青和拔节期取整株样品（不包括根），开花期植株样品分为叶片、茎秆+叶鞘、穗3部分，成熟期植株样品分为籽粒、叶片、茎秆+叶鞘、颖壳+穗轴4部分。于烘箱中70℃烘至恒重，测定干物重，干物质分配计算公式[6]如下。

营养器官开花前贮藏干物质转运量=开花期干重-成熟期干重

营养器官开花前贮藏干物质转运率（%）=（开花期干重-成熟期干重）/开花期干重×100

开花后干物质输入籽粒量=成熟期籽粒干重-营养器官花前贮藏干物质转运量

对籽粒产量的贡献率（%）=开花前营养器官贮藏干物质转运量/成熟期籽粒干重×100

1.2.4 氮素指标

计算公式如下。

氮肥生产效率=籽粒产量/施氮量[7]

氮肥农学利用率=（施氮区小麦产量-空白区小麦产量）/施氮量[8]

1.3 数据分析

用Microsoft Excel 2003软件进行数据计算和绘图，用DPS 7.05软件对数据进行统计分析。

2 结果与分析

2.1 不同处理对旗叶净光合速率、气孔导度和细胞间隙CO_2浓度的影响

各处理开花后旗叶净光合速率逐渐降低，开花后14d为N3>N2>N1、N0，N1处理与N0处理无显著差异，开花后28d和35d均为N3>N2>N1>N0（图1A）；旗叶气孔导度在开花后14d、28d和35d均为N3>N2>N2>N0（图1B），表明在总施氮量相同的条件下，增加追施氮肥的比例有利于提高灌浆中后期的旗叶光合速率和气孔导度。

细胞间隙CO_2浓度的变化与气孔导度的变化趋势相反，开花后14d为N0、N1>N2、N3，N0与N1处理、N3与N2处理无显著差异；开花后28d和35d为N0>N1>N2>N3（图1C），表明增加追施氮肥的比例对细胞间隙CO_2利用率高，余留较少。

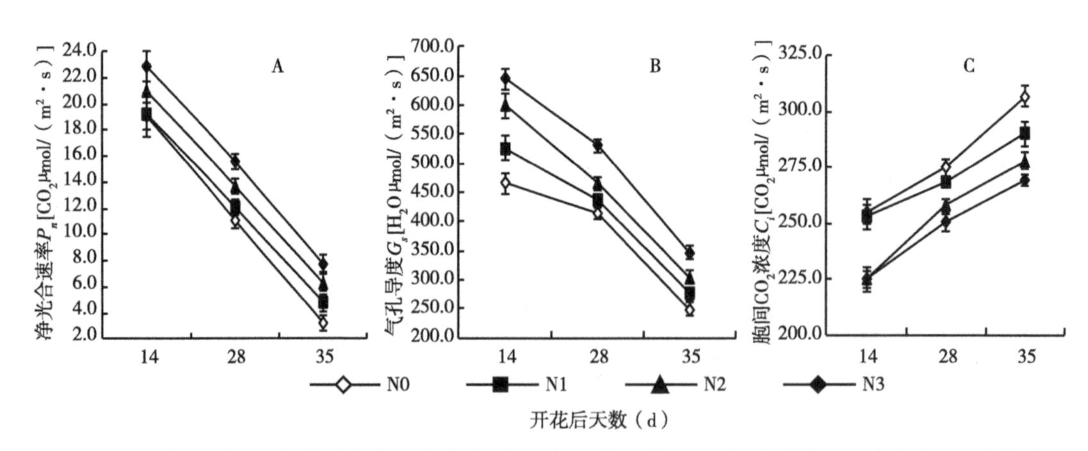

图1 不同处理对冬小麦旗叶净光合速率（A）、气孔导度（B）、细胞间隙CO_2浓度（C）的影响

2.2 不同处理对小麦开花后群体净光合速率的影响

由表1可以看出，各处理的群体净光合速率开花期为N1、N2、N3>N0，N1、N2

和N3处理无显著差异；开花后8d和16d为N2、N3>N1>N0，N2和N3处理无显著差异；开花后22d和30d为N2、N3>N1、N0，N2和N3处理、N1和N0处理无显著差异，表明随追施氮肥比例的增加，群体净光合速率先增高后降低，N2处理有利于提高小麦群体净光合速率，为小麦生物产量的提高奠定基础。

表1　不同处理对小麦开花后群体净光合速率的影响 [$\mu molCO_2/(m^2 \cdot s)$]

处理	开花后天数（d）				
	0	8	16	22	30
N0	27.78b	23.65c	21.03c	18.40c	11.78c
N1	34.18a	28.85b	24.11b	20.05bc	13.15bc
N2	33.90a	32.73a	28.09a	25.54a	15.59a
N3	34.18a	32.18a	27.55a	22.79ab	14.80ab

注：各列数据后相同字母表示在0.05水平差异不显著，下同。

2.3　不同处理对干物质积累与分配的影响

2.3.1　对不同生育时期干物质积累量的影响

各处理的干物质积累量随生育进程逐渐增加（图2），冬前期、返青期和拔节期干物质积累量均为N1处理最高、N2和N3处理次之，N0处理最低；开花期和成熟期为N1、N2、N3>N0，N1、N2、N3处理无显著差异。表明总施氮量相同的条件下，增加底施氮肥的比例有利于植株拔节前干物质积累；增加追施氮肥的比例有利于植株拔节后干物质积累，至成熟期干物质积累量无显著差异。

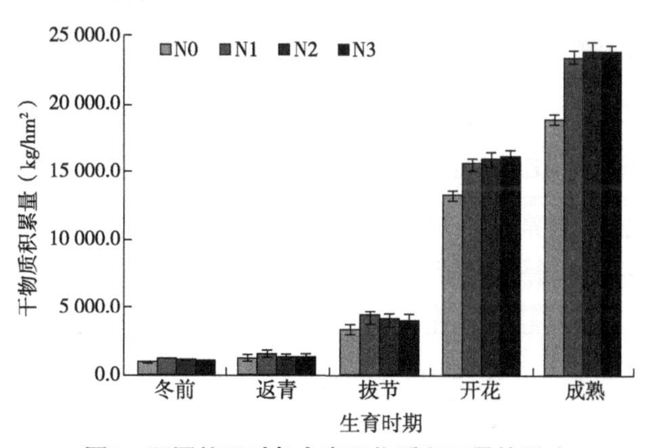

图2　不同处理对冬小麦干物质积累量的影响

2.3.2 成熟期干物质在不同器官中的分配

由表2可知，成熟期相同施氮处理的干物质积累量和分配比例为籽粒>茎秆+叶鞘+叶片>穗轴+颖壳。N1、N2和N3处理与N0处理比较，降低了茎秆+叶鞘+叶片和穗轴+颖壳的干物质分配比例，提高了籽粒的干物质分配量和比例。N1、N2和N3处理比较，籽粒干物质积累量为N2、N3>N1，N2和N3处理无显著差异，分配比例为N1、N2>N3，N1和N2处理无显著差异；茎秆+叶鞘+叶片干物质积累量和分配比例处理间无显著差异；穗轴+颖壳干物质积累量和分配比例为N3>N2>N1。表明N2处理有利于干物质向籽粒的分配，在N2处理的基础上提高追施氮肥比例使成熟期干物质较多的分配在营养器官中。

表2 不同处理对成熟期干物质在不同器官中的积累和分配的影响

处理	单茎干物质积累量（g）			分配比例（%）		
	籽粒	茎秆+叶鞘+叶片	穗轴+颖壳	籽粒	茎秆+叶鞘+叶片	穗轴+颖壳
N0	1.296c	1.256b	0.247d	46.30c	44.87a	8.83d
N1	1.499b	1.342a	0.285c	47.96ab	42.93b	9.11c
N2	1.517a	1.343a	0.295b	48.09a	42.57b	9.34b
N3	1.509ab	1.359a	0.302a	47.60b	42.87b	9.53a

2.3.3 开花后营养器官干物质再分配及其对籽粒贡献率

由表3可知，营养器官开花前贮藏干物质向籽粒的转运量为N2、N3>N1>N0，N2、N3处理无显著差异；转运率为N0>N1、N2和N3，N1、N2和N3处理无显著差异；对籽粒的贡献率为N0>N3>N1、N2，N1、N2处理无显著差异；开花后干物质积累量和对籽粒的贡献率为N1、N2>N3>N0。表明N2处理提高了营养器官开花前贮藏干物质向籽粒的转运量、开花后干物质的积累量和对籽粒的贡献率，这是N2处理获得高产的生理基础。

表3 不同处理对冬小麦成熟期干物质在不同器官中的分配的影响

处理	营养器官开花前贮藏干物质转运量（kg/hm^2）	营养器官开花前贮藏干物质转运率（%）	开花前贮藏干物质转运量对籽粒的贡献率（%）	开花后干物质积累量（kg/hm^2）	开花后干物质积累量对籽粒的贡献率（%）
N0	3 318.01c	24.73a	38.14a	5 383.78c	61.86c
N1	3 588.92b	22.78b	32.00bc	7 625.18ab	68.00ab

（续表）

处理	营养器官开花前贮藏干物质转运量（kg/hm^2）	营养器官开花前贮藏干物质转运率（%）	开花前贮藏干物质转运量对籽粒的贡献率（%）	开花后干物质积累量（kg/hm^2）	开花后干物质积累量对籽粒的贡献率（%）
N2	3 653.13ab	22.68b	31.67c	7 871.43a	68.33a
N3	3 849.43a	23.51b	33.84b	7 524.84b	66.16b

注：各列数据后相同字母表示在0.05水平差异不显著。

2.4　不同处理对籽粒产量和氮肥利用效率的影响

由表4可知，N0处理的每公顷穗数和穗粒数均显著低于施氮处理，籽粒产量也最低。N2处理籽粒产量最高，为11 698.94kg/hm^2，N1和N3处理产量居中，氮肥生产效率为N2、N3>N1，氮肥农学利用率为N2>N3>N1。以上结果表明，在施氮量相同的条件下，氮肥底追比例5：5的运筹方式能协调产量构成三因素均衡发展，实现高产和高氮肥利用效率，在此基础上进一步提高追施氮肥的比例，籽粒产量和氮肥农学利用效率显著降低。

表4　不同处理对籽粒产量和氮肥利用效率的影响

处理	穗数（万穗/hm^2）	穗粒数（粒）	千粒重（g）	籽粒产量（kg/hm^2）	氮肥生产效率（%）	氮肥农学利用率（kg/kg）
N0	671.25b	30.60c	44.44a	8 909.34c	—	—
N1	748.20a	34.10b	44.12ab	11 409.27b	42.26b	9.26b
N2	759.75a	35.78a	43.54bc	11 698.94a	43.33a	10.33a
N3	753.75a	34.67b	43.34c	11 478.49b	42.51ab	9.51b

3　讨论

有研究指出，小麦籽粒中的干物质20%～30%来自旗叶的光合作用[9]。氮素营养是调控作物生长及光合生产率的重要手段之一[10-15]。在7 899.0～8 749.0kg/hm^{2}的产量水平下，拔节期追施氮肥有利于旗叶光合速率的增加，在底施氮120kg/hm^{2}的基础上，追氮量不宜多于120kg/hm^2[15]。在7 171.7～9 866.7kg/hm^{2}的超高产条件下研究[16]结果表明，有利于旗叶光合速率提高的施氮量范围是0～270kg/hm^2。本试验在10 000kg/hm^{2}的产量水平下研究表明，在施氮量相同的条件下，随着氮肥追施比例的增加，旗叶光合速率增加，以底追比3：7处理最高。关于氮肥对小麦群体净光合速率的影响，有研究[17]认为，氮肥对小麦群体光合速率的调节作用主要表现在生育后期，后期适量施氮可以提高抽穗开花后作物群体光合生产能力，增加后期干物质积累，对提高产量有重要作用。本试验研究表明，底追比例5：5的处理可明显提高小麦开花后群体光合速率，在此基础上提高追施氮肥比例，群体光合速率下降。

有研究[18]指出，在8 412.50 ~ 9 175.75kg/hm^{2}产量水平下，总施氮量270kg/hm^2，底追比3：7处理可促进光合产物的形成、积累以及由营养器官向籽粒进行转运和分配，对小麦籽粒产量有一定的促进作用。蒋家慧[19]指出，在土壤肥力较高，施足有机肥和氮磷钾合理配比的前提下，拔节期追施氮肥促进营养器官贮存性同化物向籽粒中的转运，增加占穗粒重的比例，进而增加穗粒重，提高产量，底追比以1：1或1：2为宜。戴廷波等[20]也指出，在较高肥力的土壤和提高作物施氮量的基础上，底追比34：66籽粒产量最高，达6 365.1kg/hm^2。本试验在公顷产10 000kg/hm^{2}产量水平下研究表明，氮肥底追比例5：5提高了开花后干物质的积累量，促进了成熟期干物质向籽粒的分配，实现高产和高氮肥利用率。本试验是以中穗型品种济麦22号为材料得出的结果，不同穗型品种获得超高产氮肥底施与追施比例有待于进一步研究。

参考文献

[1] 苗艳芳，常爱芬，张会民，等. 氮肥分配比例对小麦产量及群体质量的影响[J]. 麦类作物学报，1999，19（4）：42-44.

[2] 赵广才，刘利华，杨玉双，等. 不同追肥比例对小麦产量和品质的影响[J]. 北京农业科学，2000，18（5）：7-9.

[3] 石玉，于振文. 施氮量和氮肥底追比例对济麦20产量、品质及氮肥利用率的影响[J]. 麦类作物学报，2010，30（4）：710-714.

[4] 王晨阳，朱云集，夏国军. 氮肥后移对超高产小麦产量及生理特性的影响[J]. 作物学报，1998，24（6）：978-983.

[5] 郭庆法，王庆成，汪黎明. 中国玉米栽培学[M]. 上海：上海科学技术出版社，2004：771-773.

[6] 姜东，谢祝捷，曹卫星，等. 花后干旱和渍水对冬小麦光合特性和物质运转的影响[J]. 作物学报，2004，30（2）：175-182.

[7] STEVENS W B，HOEFT R G，MULVANEY R L. Fate of nitrogen-15 in a long-term nitrogen rate study：Ⅱ. Nitrogen uptake efficiency[J]. Agronomy Journal，

2005，97（4）：1046-1053.

[8] 张铭，蒋达，缪瑞林. 不同土壤肥力条件下施氮量对稻茬小麦氮素吸收利用及产量的影响[J]. 麦类作物学报，2010，30（1）：135-140.

[9] 徐恒永，赵君实. 高产冬小麦的冠层光合能力及不同器官的贡献[J]. 作物学报，1995，21（2）：204-209.

[10] 肖凯，张荣铣，钱维朴. 氮素营养对小麦群体光合碳同化作用的影响及其调控机制[J]. 植物营养与肥料学报，1999，5（3）：235-243.

[11] 孙旭生，林琪，李玲燕，等. 氮素对超高产小麦生育后期光合特性及产量的影响[J]. 植物营养与肥料学报，2008，14（5）：840-844.

[12] HIKOSAKA K. Interspecific difference in the photosynthesis nitrogen relationship：patterns，physiological causes，and ecological importance [J]. Journal of Plant Research，2004，117（6）：481-494.

[13] PAL M，RAO L S，JAIN V，et al. Effect of elevated CO_2 and nitrogen on wheat growth and photosynthesis[J]. Biologia Plantarum，2005，49（3）：467-470.

[14] 郭天财，宋晓，马东云，等. 施氮水平对冬小麦旗叶光合特性的调控效应[J]. 作物学报，2007，33（12）：1977-1981.

[15] 蒿宝珍，张英华，姜丽娜，等. 限水灌溉下追氮水平对冬小麦旗叶光合特性及物质运转的影响[J]. 麦类作物学报，2010，30（5）：863-869.

[16] 郝代成，高国华，朱云集，等. 施氮量对超高产冬小麦花后光合特性及产量的影响[J]. 麦类作物学报，2010，30（2）：346-352.

[17] 赵会杰，邹琦，郭天财，等. 密度和追肥时期对重穗型冬小麦品种L906群体辐射和光合特性的调控效应[J]. 作物学报，2002，28（2）：270-277.

[18] 姜丽娜，郑冬云，王言景，等. 氮肥施用时期及基追比对豫中地区小麦叶片生理及产量的影响[J]. 麦类作物学报，2010，30（1）：149-153.

[19] 蒋家慧. 氮肥运筹对小麦碳素同化、运转和产量的影响[J]. 麦类作物学报，2004，24（3）：69-72.

[20] 戴廷波，孙传范，荆奇，等. 不同施氮水平和基追比对小麦籽粒品质形成的调控[J]. 作物学报，2005，31（2）：248-253.

施氮量和底追比例
对济麦22产量和品质的影响

摘　要：为确定小麦超高产栽培中氮肥的合理运筹方式，于2009—2010年小麦生长季，在连续3年小麦公顷产10 000kg以上的地块上，选用高产小麦品种济麦22，研究了施氮量和底追比例对小麦产量和品质的影响。试验采用裂区设计，主区为施氮量，设置3个处理：每公顷施纯氮210kg、270kg和330kg，分别用N210、N270和N330表示；副区为氮肥底追比例，设置3个处理：7∶3、5∶5和3∶7，分别用N1、N2和N3表示。以全生育期不施氮（N0）为对照，于小麦拔节期进行追肥。结果如下：同一施氮量下，随氮肥追施比例增加，直链淀粉、支链淀粉和总淀粉含量呈降低趋势；N2处理支/直比、籽粒蛋白质含量、面团形成时间和稳定时间显著高于N1处理，与N3无显著差异；同一底追比例下，N270处理直链淀粉、支链淀粉和总淀粉含量显著高于N210和N330处理，支/直比显著低于N210，与N330无显著差异。N270处理籽粒产量、蛋白质含量、面团形成时间和稳定时间显著高于N210处理，在此基础上增加施氮量，蛋白质含量提高，籽粒产量、面团形成时间和稳定时间无显著提高。在每公顷施氮量210kg条件下，N2和N3籽粒产量显著高于N1处理；在每公顷施氮量270kg和330kg条件下，N2籽粒产量显著高于N1和N3处理。综合考虑籽粒产量、品质，在超高产水平下，每公顷施氮量270kg，底追比例以5∶5为宜。

关键词：小麦；氮肥基追比例；产量；品质

小麦籽粒品质不仅受遗传特性影响，更与栽培措施和生态环境密切相关。施氮是重要的栽培措施之一，施氮量和基追比例均会对小麦产量和品质产生一定的影响。有研究表明，增加氮肥的追施比例能改善小麦品质[1-6]。在不同生产条件下实现优质高产的最佳氮肥运筹方式并不完全一致[1-9]，如姜丽娜等[5]认为，在豫中地区以氮肥30%基施、70%拔节期追施处理的小麦产量最高。杜世州等[6]提出，淮北地区小麦实现超高产栽培的氮素运筹方式为氮肥40%～50%基施、50%～60%拔节期追施。前人对氮肥的施用量和基追比例单方面研究较多，且多侧重产量效应，本试验设置了不同施氮量和基追比例，以超高产小麦品种济麦22号为材料，研究了施氮量和基追比例对超高产小麦产量和品质的影响，为小麦超高产栽培中氮肥的合理运筹方式提供理论依据。

1　材料与方法

1.1　供试材料与试验设计

试验于2009—2010年小麦生长季在兖州小孟镇陈王村大田（北纬35°67′，东经116°67′）进行，以高产中筋小麦品种济麦22为供试材料。试验地为潮褐土，播种前0～20cm土层土壤含有机质17.2g/kg，全氮1.3%，碱解氮112.9mg/kg，速效磷50.1mg/kg，速效钾148.8mg/kg。

试验为裂区设计，施氮量为主区，设3个处理：每公顷施纯氮210kg、270kg、330kg，分别用N210、N270、N330表示；副区为氮肥底追比例，设3个处理：7∶3、5∶5和3∶7，分别用N1、N2、N3表示。以全生育期不施氮为对照，用N0表示。小区面积4m×4m=16m^2，3次重复。

各处理底施P_2O_5和K_2O各180kg/hm^2，氮肥为尿素（含N46.4%），磷肥为过磷酸钙（含P_2O_5 12%），钾肥为硫酸钾（含K_2O 50%）。追肥于小麦拔节期进行。2009年10月10日播种，2010年6月17日收获，四叶期定苗，基本苗为180株/m^2，其他管理措施同高产田。

1.2　测定项目与方法

1.2.1　籽粒淀粉含量测定

参照何照范（1985）《粮油籽粒品质及其分析技术》，测定直链淀粉和支链淀粉的含量。直链和支链淀粉含量之和为总淀粉含量。

1.2.2　籽粒蛋白质含量测定

采用GB 2905—1982半微量凯氏定氮法，含氮量乘以系数5.7为蛋白质含量（何照范，1985）。

1.2.3　湿面筋含量测定

用瑞典Perten公司产2200型洗面筋仪，参照GB/T 14608—1993测定。

1.2.4　面团流变学参数测定

用德国Brabender公司生产的810106002型粉质仪测定面团形成时间、面团稳定时间及吸水率。

1.3 数据分析

用Microsoft Excel 2003软件进行数据计算和绘图，用DPS 7.05软件对数据进行统计分析。

2 结果与分析

2.1 对成熟期直链淀粉、支链淀粉、总淀粉含量及直/支链淀粉含量比值的影响

由表1可以看出，成熟期N0处理直链淀粉、支链淀粉和总淀粉含量均显著高于施氮处理。

表1 不同处理对成熟期直链淀粉、支链淀粉、总淀粉含量及支/直比的影响

处理		直链淀粉含量（%）	支链淀粉含量（%）	总淀粉含量（%）	支/直
N210	N0	10.99a	58.23a	69.22a	5.30d
	N1	9.14f	53.97d	63.11d	5.91b
	N2	8.38h	52.31e	60.69e	6.24a
	N3	8.09i	51.01f	59.09f	6.31a
N270	N1	10.38b	56.08b	66.46b	5.40d
	N2	10.02c	55.40c	65.42c	5.53cd
	N3	9.74d	54.08d	63.81d	5.55c
N330	N1	9.92cd	54.09d	64.01d	5.45d
	N2	9.61e	54.02d	63.63d	5.62c
	N3	8.82g	49.26g	58.08g	5.59c

注：不同小写字母表示处理间差异达5%显著水平。

N210条件下，成熟期直链淀粉、支链淀粉和总淀粉含量均为N1>N2>N3，支/直比为N2、N3>N1，N2和N3无显著差异；N270条件下，成熟期直链淀粉、支链淀粉和总淀粉含量均为N1>N2>N3，支/直比为N3显著大于N1，N2和N3无显著差异；N330条件下，成熟期直链淀粉为N1>N2>N3；支链淀粉和总淀粉含量为N1、N2>N3，N1和N2无显著差异；支/直比为N2、N3>N1。以上结果表明，同一施氮量下，随着氮肥底追比例的增加，直链淀粉、支链淀粉和总淀粉含量呈降低趋势；氮肥底追比例由7：3调节为5：5水平时，支/直比提高，有利于改善籽粒淀粉品质，在此基础上进一步追加氮肥底追比例，支/直比无显著变化。

同一氮肥底追比例下，直链淀粉含量均为N270>N330>N210，支/直比为N210>N270、N330，N270和N330无显著差异。N1下，支链淀粉和总淀粉含量为N270>N330、N210，N330和N210无显著差异；N2下，支链淀粉和总淀粉含量为N270>N330>N210；N3下，支链淀粉和总淀粉含量为N270>N210>N330。表明随着施氮量的增加，直链淀粉含量、支链淀粉含量和总淀粉含量均呈先增加后降低的趋势，每公顷施氮量为270kg时，直链淀粉含量、支链淀粉含量和总淀粉含量最高，在此基础上增加施氮量，直链淀粉含量、支链淀粉含量和总淀粉含量均降低，支/直比无显著改变。

2.2　施氮量和底追比例对籽粒蛋白质含量、湿面筋含量和粉质仪参数的影响

由表2可以看出，N0处理蛋白质含量、湿面筋含量、面团形成时间和稳定时间均最低；各施氮处理间吸水率无显著差异。

表2　不同处理对小麦籽粒湿面筋含量、蛋白质含量和粉质仪参数的影响

处理		湿面筋含量（%）	蛋白质含量（%）	吸水率（mg/100g）	面团形成时间（min）	面团稳定时间（min）
N210	N0	37.30e	11.81e	64.20b	2.3c	1.5c
	N1	37.90d	11.85e	64.40ab	2.4c	1.5c
	N2	38.50cd	12.23c	64.60ab	2.7b	1.7b
	N3	38.80cd	12.24c	65.00ab	2.8ab	1.8b
N270	N1	38.00d	12.07d	64.40ab	2.7b	1.8b
	N2	38.80cd	12.24c	64.70ab	3.0a	2.3a
	N3	39.50b	12.72b	65.30a	2.9ab	2.2a
N330	N1	38.20d	12.35c	64.80ab	2.7b	1.8b
	N2	38.90c	12.85b	65.00a	3.0a	2.4a
	N3	40.60a	13.16a	65.50a	2.8ab	2.2a

注：不同小写字母表示处理间差异达5%显著水平。

N210条件下，湿面筋含量处理间无显著差异，蛋白质含量、面团形成时间和稳定时间均为N2、N3>N1，N2、N3无显著差异。N270条件下，蛋白质含量为N3>N2>N1；湿面筋含量为N3>N1、N2，N1和N2无显著差异；面团形成时间为N2处理显著大于N1处理，N2和N3处理无显著差异；稳定时间为N2、N3>N1，N2和N3无

显著差异。N330条件下，蛋白质含量和湿面筋含量为N3>N2>N1，面团形成时间为N2处理显著大于N1处理，N2和N3处理无显著差异，稳定时间为N2、N3>N1，N2和N3无显著差异。表明同一底追比例条件下，当底追比例由7：3调节为5：5时，可显著提高蛋白质含量，延长面团形成时间和稳定时间，在5：5的基础上增加追施氮肥的比例，面团形成时间和稳定时间无显著改善。

N1条件下，湿面筋含量施氮处理间无显著差异，蛋白质含量为N330>N270>N210，面团形成时间和稳定时间均为N270、N330>N210，N270和N330无显著差异。N2条件下，蛋白质含量为N330>N270、N210，N210和N270无显著差异；湿面筋含量处理间无显著差异；面团形成时间和稳定时间均为N270、N330>N210，N270和N330无显著差异。N3条件下，蛋白质含量和湿面筋含量为N330>N270>N210；面团形成时间处理间无显著差异；稳定时间为N270、N330>N210，N270和N330无显著差异。综合考虑各品质指标，每公顷施氮量为270kg时小麦籽粒蛋白质品质较好，在此基础上增加施氮量，不利于延长面团形成时间和稳定时间。

2.3 施氮量和底追比例对小麦籽粒产量和蛋白质产量的影响

由表3可以看出，N0处理每公顷穗数、穗粒数和籽粒产量均显著低于施氮处理，但千粒重显著高于施氮处理。表明不施氮降低了公顷穗数和穗粒数，导致籽粒产量降低。

表3 不同处理对籽粒产量、产量结构和蛋白质产量的影响

处理		穗数（万穗/hm^2）	穗粒数（粒）	千粒重（g）	籽粒产量（kg/hm^2）	蛋白质产量（kg/hm^2）
N210	N0	671.26d	30.60f	44.44a	8 909.40e	1 027.58e
	N1	739.65c	33.45c	43.30b	10 598.70d	1 264.14d
	N2	758.10b	33.98bc	43.18b	11 005.50c	1 351.47c
	N3	754.76b	33.43c	43.09b	10 985.55c	1 333.45c
N270	N1	748.20bc	34.10b	44.12a	11 409.30b	1 353.27c
	N2	759.75b	35.78a	43.54ab	11 698.95a	1 395.38b
	N3	753.75b	34.67b	43.34ab	11 478.49b	1 378.89b
N330	N1	778.71a	32.83d	43.81ab	11 457.75b	1 383.06b
	N2	780.53a	34.47b	43.34b	11 719.65a	1 488.27a
	N3	782.33a	33.27c	42.32c	11 427.45b	1 490.78a

注：不同小写字母表示处理间差异达5%显著水平。

同一施氮量下不同底追比例比较：N210条件下，N1的千粒重和穗粒数与N2和N3无显著差异，公顷穗数和籽粒产量均显著低于N2和N3处理；N2和N3的产量构成三因素和籽粒产量均无显著差异。N270条件下，N1、N2和N3的公顷穗数和千粒重无显著差异，N1和N3的穗粒数和籽粒产量无显著差异，显著低于N2处理。N330条件下，N1、N2和N3的公顷穗数无显著差异，穗粒数为N2>N3>N1，千粒重为N1和N2无显著差异，均显著大于N3处理，籽粒产量为N2显著高于N1和N3处理。蛋白质产量为N2、N3>N1，N2和N3无显著差异。表明在每公顷施氮量210kg条件下，底追比例为5：5和3：7均可获得较高的籽粒产量和蛋白质产量；在每公顷施氮量270kg和330kg条件下，底追比例为5：5可获得较高的籽粒产量和蛋白质产量。在5：5的基础上增加追施氮肥的比例，不利于籽粒产量和蛋白质产量的进一步提高。

同一底追比例不同施氮量比较：N1条件下，公顷穗数为N330显著高于N270和N210，穗粒数和千粒重均以N270最高，籽粒产量N270和N330无显著差异，均显著高于N210。N2条件下，N210的公顷穗数与N270无显著差异，均显著低于N330；穗粒数与N330无显著差异，均显著高于N270；千粒重各处理间无显著差异，籽粒产量N270与N330无显著差异，均显著高于N210。N3条件下，N210的公顷穗数和千粒重与N270无显著差异，穗粒数和籽粒产量均低于N270；N270的公顷穗数低于N330，穗粒数和千粒重高于N330，籽粒产量两处理间无显著差异。蛋白质产量为N330>N270>N210。表明各个底追比例下，均以每公顷施氮量270kg获得较高的籽粒产量，施氮量增至330kg籽粒产量无显著提高，蛋白质产量显著提高。

3　讨论

许多研究指出，在一定范围内增加施氮量或于小麦生育中后期追施氮肥，均能提高小麦籽粒产量。但在不同产量水平下实现高产的施氮量和氮肥运筹比例并不完全一致。在中产条件下，施氮量为0～300kg/hm^{2}时，小麦产量为2 918.4～5 401.8kg/hm^2，随施氮量增加产量逐渐提高[10]；施氮量为105～210kg/hm^{2}时，小麦产量可达到6 378～6 771kg/hm^2[11]。在基追比方面，苗艳芳[12]在河南洛阳试验条件下，产量水平为4 087.5～5 832kg/hm^{2}时，氮肥底追比例以8：2或7：3为宜。赵广才[13]在河北任丘试验条件下，产量水平为5 925～6 570kg/hm^{2}时，氮肥底追比例以3：7和4：6产量最高。刘凤楼[14]在关中地区小麦产量水平为6 151.7～8 573.5kg/hm^{2}时，基肥：拔节肥：孕穗肥为5：3：2的处理增产幅度最大。本试验研究认为，在超高产条件下，施氮量为270kg/hm^2，氮肥底追比例以5：5时，获得了较高的籽粒产量，在此基础上增加施氮量，籽粒产量不显著提高。

小麦籽粒中蛋白质和淀粉成分约占80%，其含量及积累状况决定小麦产量的高低和品质优劣。研究认为，在一定范围内增加施氮量能改善植株光合功能，增强干物质合成并提高向籽粒的运转效率，促进籽粒淀粉的合成与积累，实现籽粒产量品质的同步提高。氮肥不足抑制小麦光合产物的生产、运输和转化，导致小麦产量显著降低，品质也相应劣化，增施氮肥可显著提高小麦湿面筋含量和沉降值，延长面团形成时间和稳定时间[10]。但不同研究者得出的实现优质高产高效的氮肥运筹比例并不完全一致。赵淑章[15]研究认为强筋小麦实现高产优质的最佳施氮量为每公顷180～240kg，施氮比例为底肥：起身拔节肥：孕穗肥为3：5：2。朱新开[4]研究认为强筋、中筋小麦在施氮量180～240kg/hm^{2}范围内，氮肥施用以基肥：平衡肥：拔节肥：孕穗肥为3：1：3：3的处理最优。石玉[16]研究认为施氮量为168kg/hm^{2}及底追比例为1：2的处理是兼顾产量、品质高效的合理氮肥运筹方式。本试验在超高产条件下研究认为，当施氮量270kg/hm^2，氮肥底追比为5：5时，品质最优，在此基础上增加施氮量和氮肥追施比例，蛋白质含量增加，面团形成时间和稳定时间无显著改变。

综合考虑产量和品质，对超高产品种济麦22来说，以每公顷施氮量270kg、底追比例为5：5为宜。

参考文献

［1］ 刘凤楼，宋美丽，冯毅，等. 施肥量与氮肥基追比对西农979产量和品质的效应[J]. 麦类作物学报，2010，30（3）：482-487.

［2］ 戴廷波，孙传范，荆奇，等. 不同施氮水平和基追比对小麦籽粒品质形成的调控[J]. 作物学报，2005，31（2）：248-253.

［3］ 贺明荣，杨雯玉，王晓英，等. 不同氮肥运筹模式对冬小麦籽粒产量品质和氮肥利用率的影响[J]. 作物学报，2005，31（8）：1047-1051.

［4］ 朱新开，郭文善，周君良，等. 氮素对不同类型专用小麦营养和加工品质调控效应[J]. 中国农业科学，2003，36（6）：640-645.

［5］ 姜丽娜，郑冬云，王言景，等. 氮肥施用时期及基追比对豫中地区小麦叶片生理及产量的影响[J]. 麦类作物学报，2010，30（1）：149-153.

［6］ 杜世州，曹承富，张耀兰，等. 氮肥基追比对淮北地区超高产小麦产量和品质的影响[J]. 麦类作物学报，2009，29（6）：1027-1033.

［7］ 赵广才，张保明，王崇义. 应用^{15}N研究小麦各部位氮素分配利用及施肥效应[J]. 作物学报，1998，24（6）：854-858.

[8] 张许，王宜伦，韩燕来，等. 氮肥基追比对高产冬小麦产量及氮素吸收利用的影响[J]. 华北农学报，2010，25（5）：193-197.

[9] 武际，郭熙盛，杨晓虎，等. 氮肥施用时期及基追比例对土壤矿质氮含量时空变化及小麦产量和品质的影响[J]. 应用生态学报，2008，19（11）：2382-2387.

[10] 赵广才，万富世，常旭虹，等. 不同试点氮肥水平对强筋小麦加工品质性状及其稳定性的影响[J]. 作物学报，2006，32（10）：1498-1502.

[11] 同延安，赵营，赵护兵，等. 施氮量对冬小麦氮素吸收转运及产量的影响[J]. 植物营养与肥料学报，2007，13（1）：64-69.

[12] 苗艳芳，常爱芬，张会民，等. 氮肥分配比例对小麦产量及群体质量的影响[J]. 麦类作物学报，1999，19（4）：43-45.

[13] 赵广才，刘利华，杨玉双，等. 不同追肥比例对小麦产量和品质的影响[J]. 北京农业科学，2000，18（5）：7-9.

[14] 刘凤楼，宋美丽，冯毅，等. 施肥量与氮肥基追比对西农979产量和品质的效应[J]. 麦类作物学报，2010，30（3）：482-487.

[15] 赵淑章，季书勤，王绍中，等. 不同施氮量和底追比例对强筋小麦产量和品质的影响[J]. 河南农业科学，2004（7）：57-59.

[16] 石玉，于振文，王东，等. 施氮量和氮肥底追比例对济麦20产量、品质和氮肥利用率的影响[J]. 麦类作物学报，2010，30（4）：710-714.

兖州市小麦公顷产10 000kg栽培技术研究初探

摘　要：经多年试验研究发现，公顷产10 000kg的土壤基础养分指标；小麦稳产超高产的安全播种期；中多穗型和中大穗型品种产量突破10 000kg/hm^{2}的限制因子；依据群体动态变化和叶龄指数相结合的追肥策略；小麦公顷产10 000kg的关键技术指标；兖州小麦超高产栽培技术。

关键词：小麦；超高产；安全播种期；技术指标

小麦是我国主要的粮食作物，实现小麦超高产对保证我国粮食安全具有重要意义。近年来，在国家粮食丰产科技工程、小麦高产创建等项目实施和带动下，兖州超高产攻关田连续6年单产稳定在10 000kg/hm^{2}以上，高产面积不断扩大，高产栽培技术趋于成熟。总结小麦超高产栽培技术对指导当地小麦持续稳定增产具有重要意义。

1　研究方法

以具有超高产潜力的优良小麦品种为供试材料，在地力基础较高的地块上，设计不同的小区试验，从超高产小麦的群体动态、群体和个体质量等诸多方面进行研究，通过小区试验与实验室分析测定，研究小麦高产栽培应用基础理论和配套技术，建立超高产样板田和示范田，应用于生产实践，取得了以下创新成果。

2　研究成果

2.1　公顷产10 000kg的土壤基础养分指标

由表1可以看出，6处实打公顷产10 000kg的地块均具有较好的土壤肥力条件，土壤有机质含量为1.4%～1.7%，平均为1.5%；碱解氮92.4～102.8mg/kg，平均为95.8mg/kg；速效磷27.2～49.3mg/kg，平均为32.0mg/kg；速效钾122.7～129.2mg/kg，平均为127.1mg/kg。与公顷产90 000kg的肥力状况相比，超高产地块的土壤有机质、碱解氮、速效磷、速效钾含量明显增高。同样的品种种植在不同肥力地块上，同样的栽培管理条件，产量水平也有较大差距，表明较好的土壤肥力条件是实现小麦公顷产10 000kg产量突破的主要决定因子之一。

表1　小麦10 000kg/hm²和9 000kg/hm²的土壤肥力指标

	年份	品种	产量（kg/hm²）	地块	有机质（%）	碱解氮（mg/kg）	速效磷（mg/kg）	速效钾（mg/kg）
10 000kg/hm²以上土壤养分含量	2004—2005	泰山23	11 034.90	小孟王海	1.4	92.6	27.2	122.7
	2005—2006	济麦22	10 911.45	小孟陈王	1.5	92.4	28.4	128.5
	2007—2008	泰农18	11 060.70	小孟陈王	1.5	93.5	29.2	127.3
	2008—2009	泰农18	11 399.25	小孟陈王	1.5	93.2	28.7	128.1
	2009—2010	济麦22	11 470.50	小孟陈王	1.5	102.8	29.2	129.2
	2009—2010	泰农18	11 310.90	小孟史王	1.6	100.1	49.3	127.0
	平均		11 197.95		1.5	95.8	32.0	127.1
9 000～10 000kg/hm²土壤养分含量	2004—2005	泰山23	10 228.80	小孟王海	1.3	93.4	26.7	119.2
	2005—2006	济麦22	9 800.40	小孟史王	1.3	90.5	25.4	104.9
	2007—2008	泰农18	9 550.95	小孟苏户	1.2	92.8	25.7	102.2
	平均		9 860.05		1.3	92.2	25.9	108.8

2.2　小麦稳产超高产的安全播种期

近年来，随着全球气候变暖，秋季与冬季平均气温有升高的趋势，出现暖秋和暖冬气候的概率在增加[1]，小麦播期势必作出适当调整，本研究对兖州近38年（1971—2008年）气象资料进行了统计分析（表2），2001—2008年平均小麦越冬前0℃以上积温相比20世纪70年代明显增加，小麦越冬始期也由1971—1980年平均12月12日推迟到2001—2008年平均12月21日，理论上，小麦最佳播期也由20世纪70—80年代10月2—6日，推迟到目前（2001—2008年平均）10月7—12日。小麦越冬起始时间和理论最佳播期比20世纪70—80年代推迟5～8d。

表2　兖州1971—2008年每10年平均小麦越冬始期及最佳播期变化

年份	平均越冬始期（月/日）	理论最佳播期	最佳播期内冬前≥0℃积温（℃）
1971—1980	12/12	10月2—6日	645.1～579.3
1981—1990	12/15	10月4—8日	640.5～570.6
1991—2000	12/20	10月5—9日	645.4～574.6
2001—2008	12/21	10月7—12日	653.7～571.1

注：小麦冬前达到壮苗的标准为主茎叶龄6～7片。播种至出苗需大于0℃积温120℃，冬前每生长一片叶需大于0℃积温按75℃计算，由此推算出小麦冬前达到壮苗标准需要大于0℃积温为570～645℃。

超高产实践进一步表明（表3），将兖州小麦播种时期调整到10月7—12日，即日平均气温下降到16℃左右时进行小麦播种，在正常年份下可达到冬前壮苗标准，在暖秋暖冬（2006年）或干旱（2009年）极端气候条件下，配以防旺措施或促壮措施，也可保证安全越冬。

表3　兖州1971—2008年每10年最佳播期与日平均气温

年份	最佳播期	最佳播期内日平均气温（℃）	最佳播期内最低日平均气温（℃）	最佳播期内最高日平均气温（℃）
1971—1980	10月2—6日	16.9	16.2	18.5
1981—1990	10月4—8日	17.4	16.9	18.0
1991—2000	10月5—9日	16.5	15.4	17.3
2001—2008	10月7—12日	16.5	16.0	17.1

2.3　发现中多穗型和中大穗型品种产量突破10 000kg/hm^{2}的限制因子

小麦的单位面积产量是由单位面积穗数、每穗粒数和粒重构成的。在一定范围内，产量随着单位面积穗数的增加而提高。穗数过多，每穗粒数减少，粒重下降，产量也降低，因此，只有在三者相互协调的情况下，才能获得高产[2-8]。本研究以中大穗型品种泰农18和中多穗型品种济麦22为研究材料，探明了两种穗型小麦产量突破10 000kg/hm^{2}的限制因子，中大穗型超高产品种在稳定穗粒数和千粒重的基础上，提高穗数来实现超高产；多穗型超高产品种则在足够多的穗数和稳定千粒重的基础上通过提高穗粒数来实现超高产，使三者同步协调增加。

2.4　依据群体动态变化和叶龄指数相结合的追肥策略

以往人们在大田生产中，只是单纯依据叶龄进行春季追肥，但在公顷产10 000kg产量突破上，这一追肥方法已具有局限性，这是由于对于不同穗型的超高产品种，其限制产量提高的因子不同。肥水管理时间偏早，不利于分蘖两极分化，造成拔节期间群体过大，个体发育弱，小穗、小花退化严重，基部节间不充实，容易导致后期倒伏；肥水管理时间偏晚，不利于分蘖成穗，特别对中大穗型品种分蘖成穗率显著降低，不能获得足够的穗数，达不到超高产目标。以群体动态变化和叶龄指数相结合追肥的策略可有效解决这一问题。研究发现（表4），对于中多穗型品种，当春季群体发展到1 050万～1 200万株/hm^2，为计划亩穗数的1.3～1.5倍时，即拔节中后期（倒二叶露尖至旗叶露尖期）进行肥水管理，可打破穗粒数的限制作用，实现高产。对于中大穗型品种，当春季群体发展到975万～1 050万株/hm²，为计划亩穗数的1.3～1.5倍时，即拔节中前期（倒二叶露尖至旗叶露尖期）进行肥水管理，可打破穗数的限制作用，实现高产。

表4　小麦超高产攻关田春季第一次肥水管理时间

年份	品种	管理时间（月/日）	对应群体苗量（万株/hm²）	对应叶龄时期
2004—2005	泰山23	4/8	1 197.0	倒二叶露尖
2005—2006	济麦22	4/8	1 180.5	旗叶露尖
2006—2007	济麦22	4/14	1 084.5	旗叶露尖
2007—2008	泰农18	4/8	942.0	倒二叶露尖
2008—2009	济麦22	4/10	1 066.5	旗叶露尖
	泰农18	4/2	1 018.5	倒二叶露尖
2009—2010	济麦22	4/11	1 203.0	倒二叶伸长1/2
	泰农18	4/7	1 045.5	倒三叶伸长1/2

2.5　小麦公顷产10 000kg的关键技术指标

根据对超高产小麦群体结构和群体质量的研究，提出如下指标。

2.5.1　产量技术指标

中多穗型品种公顷产10 000kg产量结构是穗数780万～810万穗/hm²、穗粒数33～37粒、千粒重46～48g；中大穗型品种公顷产10 000kg产量结构是穗数600万～660万穗/hm²、穗粒数45～48粒、千粒重42～45g。

2.5.2　冬前单株生长指标

越冬期小麦主茎叶龄5～7叶一心，单株分蘖5.1～7.0个，三叶大蘖3.0～3.9个，次生根5.3～9.6条。

2.5.3　群体动态指标

中多穗型品种基本苗165万～180万株/hm²，冬前苗量1 260万株/hm²左右，拔节期最大苗量1 725万株/hm²左右，倒二叶露尖期群体下降到1 230万株/hm²左右，挑旗期群体下降到930万株/hm²左右，单株成穗4～5个，穗数达到795万穗/hm²左右。中大穗型品种基本苗225万～240万株/hm^2，冬前苗量1 290万株/hm^2左右，拔节期最大苗量1 770万株/hm^2左右，倒二叶露尖期群体下降到975万株/hm^2左右，挑旗期群体下降到720万株/hm^2左右，单株成穗2.7个，穗数达到630万穗/hm^2左右。

2.5.4 干物质生产指标

干物质的动态变化表现为：拔节期平均生物量为3 843.89～4 387.93kg/hm^2，开花期在15 756.18～16 372.79kg/hm^2，收获期在23 500.00～23 965.33kg/hm^2，花前贮藏干物质转运量在3 588.92～3 849.43kg/hm^2，转运率在22%左右，经济系数在0.47～0.48。不同品种之间会有一定的差异。

3 技术成果

在上述研究基础上，总结出兖州小麦超高产栽培技术。

3.1 播前准备

3.1.1 施足基肥，培肥地力

耕地前亩施厩肥4 000kg以上，实行玉米秸秆还田。亩施尿素10kg、磷酸二铵25～30kg、硫酸钾12～15kg、硫酸锌1kg。

3.1.2 精细整地

整地质量达到“深、细、透、平、实、足”的标准。

3.2 播种技术

3.2.1 适期适量播种

在最佳播种期10月7—12日播种。中多穗型品种如济麦22号，每亩播种5～6kg，基本苗10万～12万株/亩。中大穗型品种如泰农18，每亩播种7～8kg，基本苗15万株/亩。

3.2.2 提高播种质量

采用2BJM型小麦精播机播种，精确调整播种量，严格掌握播种行进速度，适宜每小时5km，播种深度为3～5cm。要求播量精确，行距一致，下种均匀，深浅一致，不漏播，不重播，地头地边播种整齐。

3.3　冬前管理技术

3.3.1　查苗补苗

小麦出苗后及时查苗补苗，于缺苗处浇底水、补种催芽的种子。小麦三叶一心期，疏密补稀，剔除疙瘩苗，确保苗齐、苗匀。

3.3.2　浇冬水

一般在11月底12月初、日平均气温下降到5℃左右浇越冬水。浇过冬水后，墒情适宜时，及时划锄，破除板结。

3.3.3　冬前控制旺长

如果遇到异常暖秋或暖冬气候，麦苗发生旺长或超过合理群体，应及时采取镇压、深耘断根或喷施壮丰安（每亩20～30mL，兑水20～30kg喷雾）控制旺长。

3.4　春季管理技术

3.4.1　返青期划锄

攻关田小麦返青期应控制肥水，主要管理措施是人工划锄，要求划锄1～2遍，促进麦苗早返青、早生长。

3.4.2　起身期化控防倒伏

小麦起身期采用壮丰安40mL/亩，兑水20～30kg均匀喷雾，控制基部节间徒长，防止后期倒伏。

3.4.3　适期追肥

视群体动态和苗情长势把握好春季第一次肥水管理的时间，在超高产地块，中多穗型品种可推迟到拔节中后期追肥；对中大穗型品种可在拔节中前期追肥，利于提高分蘖成穗率。

3.5　后期管理技术

3.5.1　浇好开花水和灌浆水

多年超高产攻关实践表明，挑旗至开花期是小麦需水临界期，浇好这一水有利于减少小花退化，促进小花的发育，增加穗粒数，并增加土壤深层蓄水，供后期吸收利用。开花灌浆期浇水应视降水情况和土壤墒情灵活掌握。

3.5.2 综合防治病虫害

小麦高产攻关田病虫害应以预防为主，在小麦起身、拔节、挑旗、抽穗、灌浆等各个关键生育时期，根据预测预报，及时采用杀虫剂、杀菌剂和叶面肥混合喷雾，达到综合防治病虫害和叶面追肥防早衰的目标。

3.6 蜡熟末期适时收获

蜡熟末期的长相为植株叶片枯黄、茎秆尚有弹性、籽粒色泽接近本品种固有光泽。采用联合收割机收获，麦秸还田。

参考文献

[1] 白洪立，孟淑华，王立功，等. 积温变迁对冬小麦夏玉米一年两熟播期的影响[J]. 作物杂志，2009（3）：55-57.

[2] 于振文. 作物栽培学各论（北方本）[M]. 北京：中国农业出版社，2003：44-45.

[3] 赵广才. 小麦优势蘖利用超高产栽培技术研究[J]. 中国农业科技导报，2007，9（2）：44-48.

[4] 单玉珊. 小麦超高产研究浅见[J]. 麦类作物学报，2006，26（1）：138-140.

[5] 杨建昌，杜永，刘辉. 长江下游稻麦周年超高产栽培途径与技术[J]. 中国农业科学，2008，41（6）：1611-1621.

[6] 余松烈，于振文，董庆裕，等. 小麦亩产789.19kg高产栽培技术思路[J]. 山东农业科学，2010（4）：11-12.

[7] 于振文，田奇卓，潘庆民，等. 黄淮麦区冬小麦超高产栽培的理论与实践[J]. 作物学报，2002，28（5）：577-585.

[8] 王志芬，吴科，宋良增，等. 山东省不同穗型超高产小麦产量构成因素分析与选择思路[J]. 山东农业科学，2001（4）：6-8.

喷施小麦专用调节剂对小麦生长和干物质转运和分配的影响

摘　要：为给在小麦生产上小麦专用调节剂的使用提供理论依据，进行了喷施小麦专用调节剂对济麦22生长和产量影响的试验。结果表明，拔节初期喷施小麦专用调节剂可降低小麦株高和基部第一至第二节间的长度，有效降低小麦发生倒伏的概率；提高小麦总小穗数，并降低不孕小穗的个数，为穗粒数的提高提供保证；增加开花后干物质积累量及对籽粒的贡献率，降低开花前贮藏干物质转运量及转运率，产量不显著提高。

关键词：小麦；专用调节剂；倒伏

小麦专用调节剂具有壮秆防倒、增强抗逆性和提高产量的作用[1-4]。但在兖州生态气候下，小麦专用调节剂对特定品种的抗倒伏和增产作用鲜见报道。济麦22是兖州小麦良种推广项目的品种之一，种植面积占兖州小麦面积的60%以上。2010—2011年，进行了喷施小麦专用调节剂对济麦22生长和产量影响的试验，为指导兖州小麦生产提供理论依据。

1　材料与方法

1.1　供试品种与试验设计

试验采用简单对比法，选取了品种、群体、个体、田间管理措施等一致的超高产地块（兖州新兖镇徐营村），试验地为潮褐土，播种前0～20cm土层土壤含有机质12.6g/kg，全氮1.3%，碱解氮82.9mg/kg，速效磷30.1mg/kg，速效钾90.8mg/kg。常年产量在8 250kg/hm^2左右。1.67hm^2地块用小麦专用调节剂喷药处理，具体为在小麦拔节初期3月25日按每公顷450mL兑水225kg喷施，1.67hm^2地块喷施清水作对照。

本试验以济麦22为供试材料，小麦播种前前茬玉米的秸秆全部粉碎翻压还田。基肥用量为N 135.0kg/hm^2，P_2O_5 112.5kg/hm^2，K_2O 112.5kg/hm^2，拔节期追施N 135.0kg/hm^2，所施肥料为尿素（含N 46.4%）、磷酸二铵（含P_2O_5 46%，含N 18%）和硫酸钾（含K_2O 52%）。2010年10月8日播种，2011年6月11日收获。四叶期定苗，基本苗为180株/m^2，其他管理措施同丰产田。

1.2　测定项目与方法

1.2.1　小麦株高和各节间长度的测量

于成熟期选取代表性单茎20个，测量株高及各节间长度，并调查穗部性状（穗长、不孕小穗数、结实小穗数和穗粒数）。

1.2.2 干物质积累与分配

于开花期和成熟期，按叶、茎+叶鞘、穗轴+颖壳和籽粒分别取样，并称取鲜重，80℃烘至恒重，称干重。相关计算公式如下。

营养器官开花前贮藏干物质转运量=开花期干重-成熟期干重

营养器官开花前贮藏干物质转运率（%）=（开花期干重-成熟期干重）/开花期干重×100

开花后干物质输入籽粒量=成熟期籽粒干重-营养器官花前贮藏干物质转运量

对籽粒产量的贡献率（%）=开花前营养器官贮藏干物质转运量/成熟期籽粒干重×100

1.2.3 产量三因素及产量比较

小麦收获前，分别调查处理区和对照区产量三因素。小麦收获时，处理区和对照区各收割3m^{2}以上面积取样计产，重复3次。

1.3 数据处理与分析方法

用Microsoft Excel 2003软件进行数据计算，采用DPS数据处理系统进行统计分析。

2 结果与分析

由表1可以看出，与对照相比，喷施小麦专用调节剂可显著降低株高。喷施小麦专用调节剂处理小麦基部第一节间和基部第二节间长度显著低于对照处理，而基部第三至第五节间长度处理间无显著差异，这表明基部第一至第二节间长度的降低是其株高显著降低的原因。

表1 不同处理对株高及各节间长度的影响

	株高（cm）	基部第一节间（cm）	基部第二节间（cm）	基部第三节间（cm）	基部第四节间（cm）	穗下节间（cm）
喷施调节剂	67.33b	4.17b	5.83b	10.33a	16.17a	22.00a
对照	73.00a	6.33a	7.93a	10.50a	17.40a	23.00a

注：表中小写字母表示5%差异水平，下同。

由表2可以看出，与对照相比，喷施小麦专用调节剂处理对小麦穗部发育有显著影响。喷施小麦专用调节剂后，穗长增加1cm，总小穗数增加1个，不孕小穗数降低0.5个，穗粒数增加1.8个，上述指标均达显著水平。

表2　不同处理对穗部发育的影响

	穗长（cm）	总小穗数（个）	不孕小穗数（个）	穗粒数（粒）
喷施调节剂	9.00a	20.00a	1.30b	30.9a
对照	8.00b	19.00b	1.80a	29.1b

由表3可以看出，喷施小麦专用调节剂后，小麦成熟期籽粒、茎秆+叶鞘+叶片干物质积累量均显著高于对照，穗轴+颖壳干物质积累量无显著差异，干物质积累量在籽粒、茎秆+叶鞘+叶片和穗轴+颖壳的分配比例无显著影响。

表3　不同处理对小麦成熟期干物质在不同器官中的积累与分配

	单茎干物质积累量（g）			分配比例（%）		
	茎秆+叶鞘+叶片	籽粒	穗轴+颖壳	茎秆+叶鞘+叶片	籽粒	穗轴+颖壳
喷施调节剂	0.975a	1.243a	0.316a	38.48a	49.05a	12.47a
对照	0.967b	1.235b	0.315a	38.43a	49.08a	12.50a

由表4可以看出，喷施小麦专用调节剂后，小麦营养器官开花前贮藏干物质转运量显著低于对照处理，开花后干物质积累量显著高于对照处理；喷施小麦专用调节剂显著降低了营养器官开花前贮藏干物质转运率，开花后干物质积累量对籽粒的贡献率显著高于对照处理。

表4　不同处理对冬小麦开花后营养器官干物质积累量和干物质再分配量的影响

	营养器官开花前贮藏干物质转运量（kg/hm^2）	营养器官开花前贮藏干物质转运率（%）	营养器官开花前贮藏干物质转运量对籽粒的贡献率（%）	开花后干物质积累量（kg/hm^2）	开花后干物质积累量对籽粒的贡献率（%）
喷施调节剂	2 919.33b	23.06b	31.13b	6 457.24a	68.87a
对照	3 064.81a	24.13a	33.00a	6 223.63b	67.00b

由表5可以看出，喷施小麦专用调节剂与对照处理相比，亩穗数无显著差异，穗粒数显著提高，千粒重显著降低，最终产量比对照高7.70kg/亩，未达显著水平。

表5　不同处理对产量结构及籽粒产量的影响

	亩穗数（万穗）	穗粒数（粒）	千粒重（g）	理论产量（kg/亩）	实际产量（kg/亩）
喷施调节剂	50.29a	30.9a	43.61b	576.03	570.50a
对照	50.14a	29.1b	44.79a	555.49	562.80a

3 结论

由以上分析可知，拔节初期喷施小麦专用调节剂可降低小麦株高和基部第一至第二节间的长度，可有效降低小麦发生倒伏的概率。

拔节初期喷施小麦专用调节剂可提高小麦总小穗数，并降低不孕小穗的个数，为穗粒数的提高提供保证。

拔节初期喷施小麦专用调节剂可增加开花后干物质积累量及对籽粒的贡献率，但降低了开花前贮藏干物质转运量及转运率，这是其产量不显著提高的生理原因。

本试验中，拔节初期喷施小麦专用调节剂处理比不喷施的处理产量提高了7.7kg/亩，增产幅度1.37%，差异不显著，表明在小麦没有发生倒伏的情况下，对小麦喷施专用调节剂增产作用不显著。本试验仅局限于一年试验结果，在小麦发生倒伏的年份下，其是否增产有待于进一步研究。

参考文献

[1] 拓秀丽，郑险峰，周建斌. 不同化学及营养调控措施配合对旱地冬小麦生长及产量的影响[J]. 干旱地区农业研究，2008，26（3）：63-67.

[2] 董静，杨艳斌，许甫超，等. 植物生长调节剂和密度对小麦主要性状的调控效应[J]. 湖北农业科学，2008，47（12）：1403-1406.

[3] 李建民，于运华. 冬小麦分阶段化学调控技术的研究[J]. 麦类作物学报，2000，20（4）：37-41.

[4] 胡柯. 植物生长调节剂“立多”对小麦产量构成因子的影响[J]. 安徽农业科学，2007，35（25）：7803.

小麦抗逆应变高产栽培技术研究

摘　要：经多年试验研究，针对兖州温冻（冷）害、后期倒伏和干热风3项当地主要的自然气候灾害，进行了播期、播量和喷施植物生长调节剂3个抗灾增产的试验研究，组装集成了小麦抗逆应变关键高产栽培技术：一是适期播种，培育冬前壮苗，打好抗逆高产的基础。二是适量播种，建立合理群体结构，预防后期倒伏。三是适时喷施植物生长调节剂。

关键词：小麦；抗逆应变；适期播种；适量播种

小麦是我国北方的主要粮食作物之一，其播种面积和产量均占粮食作物的25%以上，在国民经济中具有重要的作用[1]。近年来，随着地球气温逐年变暖和极端天气的频发，我国农业生产面临严峻挑战，据统计全国平均每年受灾面积占作物播种面积的31.1%。因此，研究极端气候下的农业抗逆应变栽培技术对我国小麦持续高产稳产具有重要的战略意义。

2001—2011近11年来，兖州小麦生产有8年遭到异常气象灾害的影响。2001年3月28日和2007年4月13日小麦拔节后遭遇倒春寒冻害，2005年和2007年暖秋和暖冬气候，造成小麦冬前旺长，越冬后叶片受冻枯死、部分地块主茎和大分蘖冻死；2005年5月11日和2006年5月4日小麦抽穗开花期遭遇大风降雨天气，造成大面积倒伏减产；2003年和2008年秋季持续阴雨，迫使小麦播期推迟，2009年10月31日和11月12日遭遇强寒潮，使小麦越冬期提前30d左右，这3个年份小麦冬前生长期缩短，造成冬前弱苗；2009年和2010年秋冬连旱，分别遭遇30年和200年一遇的特大干旱。此外，每年5月下旬“干热风”和“杀麦雨”气候不同程度地影响了兖州小麦的正常灌浆成熟，造成青干减产，再加上异常气候条件带来的各种病虫害不规律性的发生，使小麦生产每年都要克服各种各样自然灾害的影响。因此，分析总结各种气象灾害发生发展的条件和规律，认真研究各类自然灾害的应对措施，是一项十分紧迫而重要的课题。

本研究系统分析了影响兖州小麦生产中的各种不利气候因素，针对低温冻（冷）害、后期倒伏[2]和干热风3项当地主要的自然气候灾害，进行了试验研究，以期为兖州乃至同生态气候下小麦区抗灾增产提供理论依据。

1　适期播种，培育冬前壮苗，打好抗逆高产的基础

“早播旺，晚播弱，适时播种麦苗壮”。播种早了，麦苗徒长，形成冬前旺苗，

易受冻害；播种晚了，麦苗瘦弱，冬前群体小、个体弱，不能形成足够的穗数。适期播种，才能充分利用秋冬期间比较适宜的气候条件，形成冬前壮苗，提高抗冻性，确保麦苗安全越冬。

根据兖州近38年（1971—2008年）气象资料分析[3，4]（表1），随着年代推移，气候有逐渐变暖趋势。2001—2008年平均小麦越冬前0℃以上积温比20世纪70年代明显增加，小麦越冬始期由1971—1980年平均12月12日推迟到2001—2008年平均12月21日，小麦理论最佳播期也由20世纪70—80年代10月2—6日，推迟到目前（2001—2008年平均）10月7—12日。小麦越冬起始时间和理论最佳播期比20世纪70—80年代推迟5～8d。

表1　兖州1971—2008年每10年平均小麦越冬始期及最佳播期变化

年份	平均越冬始期（月/日）	理论最佳播期	最佳播期内冬前≥0℃积温（℃）
1971—1980	12/12	10月2—6日	645.1～579.3
1981—1990	12/15	10月4—8日	640.5～570.6
1991—2000	12/20	10月5—9日	645.4～574.6
2001—2008	12/21	10月7—12日	653.7～571.1

注：小麦冬前达到壮苗的标准为主茎叶龄6～7片。播种至出苗需大于0℃积温120℃，冬前每生长一片叶需大于0℃积温按75℃计算，由此推算出小麦冬前达到壮苗标准需要大于0℃积温为570～645℃。

2　适量播种，建立合理群体结构，预防后期倒伏

2008年，进行了不同种植密度对济麦22产量影响的试验。由表2看出，随着种植密度的增加，济麦22的株高显著增加，基部节间长度显著增加。基本苗由12万株/亩增加到15万株/亩以上时，由于春季无效分蘖大量滋生，致使小麦起身拔节期群体苗量显著增加，田间通风透光条件变差，造成基部节间徒长，植株抗倒性变差，基本苗15万株/亩处理田间倒伏率为30%，基本苗增加到18万株/亩以上时田间倒伏率达到100%。

表2　不同密度对济麦22植株性状及抗倒性的影响

基本苗（万株/亩）	株高（cm）	基部第一节长（cm）	基部第二节长（cm）	基部第三节长（cm）	倒伏率（%）
9	71.1	3.5	6.3	7.7	0
12	73.9	4.2	7.4	8.5	0
15	77.8	5.6	8.2	9.9	30

（续表）

基本苗（万株/亩）	株高（cm）	基部第一节长（cm）	基部第二节长（cm）	基部第三节长（cm）	倒伏率（%）
18	81.5	8.4	11.2	15.2	100
21	83.7	10.9	14.4	18.5	100

由表3看出，基本苗在9万～21万株/亩范围内，随密度增加，济麦22各生育期群体苗量显著增加，亩穗数增加、穗粒数减少、千粒重降低，特别是基本苗增加到18万株/亩以上时，由于严重倒伏，致使穗粒数显著减少、千粒重显著降低。基本苗12万株/亩处理产量结构协调，产量最高达682.64kg/亩，比其他处理增产达显著水平。

表3　不同密度对济麦22群体动态及产量的影响

基本苗（万株/亩）	冬前苗（万株/亩）	春季最大苗（万株/亩）	亩穗数（万穗）	穗粒数（粒）	千粒重（g）	产量（kg/亩）
9	63.1	87.5	46.35d	36.8a	48.2a	654.37b
12	76.9	107.2	51.86c	35.4b	46.4b	682.64a
15	84.8	118.6	52.62bc	34.2b	45.2b	628.37b
18	91.5	129.4	53.91ab	30.6c	43.3c	553.76c
21	98.7	136.9	54.68a	29.4d	41.4d	516.81d

注：表中小写字母表示5%差异水平，下同。

多年试验和生产实践表明，适期播种条件下，按照品种的分蘖成穗特性，确定适宜的基本苗量，是建立合理群体结构，充分发挥品种的增产潜力夺取高产的关键。高产条件下中多穗型品种如济麦22最佳的种植密度是基本苗11万～12万株/亩。

3　适时喷施植物生长调节剂

3.1　冬前拌种和喷施植物生长调节剂，增强植株的抗冻性

2006—2007年，进行了植物生长调节剂拌种对济麦20产量影响的试验。由表4看出，2006年11月23日小麦分蘖初期调查，采用植物生长调节剂拌种的处理比对照株高降低0.2cm，平均单株分蘖增加0.2个，次生根增加0.5条；12月17日小麦越冬始期调查，采用天达2116拌种的处理比对照株高降低1.8cm，平均单株分蘖增加0.4个，三叶大蘖增加0.3个，次生根增加0.6条。2006年，由于异常暖秋天气，造成兖州小麦发生不同程度的冬前旺长现象，致使越冬期间冻害较重，本试验中也有部分大分蘖冻死，

2007年2月26日小麦返青后对越冬冻害调查，采用植物生长调节剂拌种的处理比对照越冬存活率平均提高5%，达到显著水平。试验表明，用植物生长调节剂拌种，能增加小麦冬前分蘖数量，促进根系生长，抑制地上部徒长，在暖秋、暖冬年份一定程度上能够防止冬前旺长，利于小麦安全越冬。

表4　天达2116拌种对小麦分蘖生长的影响

处理	11月23日			12月17日				2月26日	
	单株分蘖（个）	苗高（cm）	次生根（条）	苗高（cm）	单株分蘖（个）	三叶大蘖（个）	次生根（条）	越冬冻害（级）	越冬存活率（%）
拌种	1.8	12.3	1.7	12.8	7.6	3.7	8.9	3	96
对照（CK）	1.6	12.5	1.2	14.6	7.2	3.4	8.3	3	91

2010—2011年连续两年进行的植物抗逆剂吨田宝对济麦22生长影响的试验表明（表5），小麦冬前3～5叶期喷施吨田宝能显著提高冬前分蘖数和次生根条数，2010年，喷施吨田宝的处理比对照单株分蘖、三叶大蘖和次生根分别增加0.5个、0.2个和0.4条；2011年，喷施吨田宝的处理比对照单株分蘖、三叶大蘖和次生根分别增加0.7个、0.4个和0.9条。由此可见，冬前喷施吨田宝能促进小麦形成冬前壮苗，增强植株抗冻性，利于安全越冬。

表5　冬前喷施吨田宝对济麦22越冬前个体生长的影响

年份	处理	主茎叶龄	单株分蘖（个）	三叶大蘖（个）	次生根（条）
2010	吨田宝	5叶1心	5.7	3.2	6.6
	清水（CK）	5叶1心	5.2	3.0	6.2
2011	吨田宝	6叶1心	7.2	3.7	8.8
	清水（CK）	6叶1心	6.5	3.3	7.9

3.2　起身期喷施植物生长调节剂，预防早春倒春寒冻害

2007年4月3日，受强寒潮侵袭影响，兖州小麦遭受了严重倒春寒冻害，最低气温降至-0.8℃，因为在3月下旬全市小麦已经拔节，致使造成大分蘖不同程度的冻死现象。2007年，进行的小麦施用抗逆剂天达2116试验表明（表6），在采用天达2116拌种的基础上，3月23日小麦起身期喷施天达2116的处理受冻死蘖率比对照平均减少

7.8%，达到显著水平；施用天达2116的处理最终亩穗数比对照增加2.93万穗，穗粒数增加1.1粒，千粒重提高1.07g，产量增加16.9%。试验表明，小麦起身期喷施天达2116，能增强小麦抗御倒春寒冻害的能力，减轻冻害损失。

表6　天达2116对济麦20遭受倒春寒冻害的影响

重复	受冻死蘖率（%）		比对照增减（%）
	天达2116	喷清水（CK）	
Ⅰ	11	19	-8
Ⅱ	9	16	-7
Ⅲ	7	17	-10
Ⅳ	8	14	-6
Ⅴ	9	17	-8
平均	8.8	16.6	-7.8

3.3　小麦起身期喷施植物生长调节剂，抑制基部节间徒长，增强抗倒性

2010—2011年，进行了植物生长调节剂吨田宝和天达2116对济麦22生长影响的试验。试验表明（表7），在小麦起身期喷施吨田宝或天达2116，能够抑制基部节间徒长，使基部1、2、3节间长度分别平均比对照缩短2cm左右，有效地降低株高，增强小麦的抗倒性。

表7　喷施吨田宝或天达2116对济麦22株高及基部节间长度的影响

处理	株高（cm）	基部第一节（cm）	基部第二节（cm）	基部第三节（cm）
吨田宝	68.2	4.1	6.3	8.5
天达2116	68.6	4.2	6.6	8.4
对照（CK）	73.2	6.2	8.4	10.4

3.4　小麦灌浆期喷施生物调节剂，减轻干热风危害

2011年，进行了小麦灌浆期喷施吨田宝对济麦22生长影响的试验，结果表明（表8），灌浆期（花后15d）喷施植物调节剂吨田宝，花后30d调查喷施吨田宝的处理比对照叶面积系数增加73.93%，可见，灌浆期喷施吨田宝能有效增强小麦抗干热风的能力，延缓后

期叶片衰老，延长绿叶功能期，促进光合物质的生产和运转，提高千粒重，增加产量。

表8　灌浆期喷施吨田宝对小麦叶面积系数的影响

处理	花后10d	花后20d	花后30d
吨田宝	6.12	4.98	3.67
对照（CK）	6.23	4.17	2.11
比对照增减（%）	-1.76	19.42	73.93

由表9看出，灌浆期喷施吨田宝，能够改善小麦穗部性状，减少不孕小穗数，增加结实小穗数，穗粒数比对照增加1.8粒，千粒重增加2.4g，亩产增加45.6kg，增产7.8%。

表9　灌浆期喷施吨田宝对小麦穗部的影响

处理	穗长(cm)	不孕小穗数(个)	结实小穗数(个)	穗粒数(粒)	千粒重(g)	产量(kg/亩)
灌浆期喷施	10.06	2.15	15.9	35.2a	46.9a	633.2a
对照（CK）	8.84	2.52	14.1	33.4b	44.5b	587.6b

参考文献

[1] 王福玉，王冠英，江涛，等. 济宁市优质小麦生产现状及发展对策[J]. 山东农业科学，2011（8）：121-124.

[2] 李天龙. 浅论影响小麦高产的原因及防治措施[J]. 黑龙江科技信息，2011（21）：245.

[3] 白洪立，孟淑华，王立功，等. 积温变迁对冬小麦夏玉米一年两熟播期的影响[J]. 作物杂志，2009（3）：55-57.

[4] 张娟，武同华，王西芝，等. 兖州市小麦超高产栽培技术研究[J]. 山东农业科学，2011（6）：52-54.

种植密度和施氮水平对小麦吸收利用土壤氮素的影响

摘　要：2011—2013年小麦季，在大田条件下设置2个氮肥水平（240kg/hm^{2}和180kg/hm^2）和3个种植密度（135万株/hm^2、270万株/hm^{2}和405万株/hm^2），并将^{15}N-尿素分别标记在20cm、60cm和100cm土层处，研究种植密度和施氮互作对小麦吸收、利用土壤氮素及硝态氮残留量的影响。结果表明，种植密度从135万株/hm^{2}增加至405万株/hm^2，小麦在20cm、60cm和100cm土层的^{15}N吸收量分别增加1.86kg/hm^2、2.28kg/hm^{2}和2.51kg/hm^2，地上部氮素积累量和吸收效率分别提高12.6%和12.6%，氮素利用效率降低5.4%；施氮量由240kg/hm^{2}降至180kg/hm^2，小麦在20cm、60cm土层的^{15}N吸收量分别降低4.11kg/hm^{2}和1.21kg/hm^2，在100cm土层的^{15}N吸收量增加1.02kg/hm^2；地上部氮素积累量平均降低13.5%，氮素吸收效率和利用效率分别提高9.4%和12.2%。施氮180kg/hm^2+种植密度为405万株/hm^{2}处理与施氮240kg/hm^2+种植密度为270万株/hm^{2}或405万株/hm^{2}处理相比，其籽粒产量无显著差异，深层土壤氮素的吸收量显著提高，氮素吸收效率和氮素利用效率两生育季平均分别提高13.4%和11.9%，0～200cm土层的硝态氮积累量及100～200cm土层硝态氮分布比例降低。在适当降低氮肥用量条件下，通过增加种植密度可以促进小麦吸收深层土壤氮素，减少土壤氮素残留，并保持较高的产量水平。

关键词：小麦；^{15}N标记；种植密度；氮肥水平；硝态氮

氮素是影响小麦产量的重要矿质元素[1]，合理施用氮肥可以有效地提高小麦产量。但是在目前的小麦生产中，氮素利用率明显偏低，平均为33%左右[2]。面临着人口、资源和环境等多方面压力，协同提高小麦产量和氮素吸收利用效率是小麦生产中亟须解决的难题[3，4]。小麦的产量和氮素吸收利用受氮肥水平和种植密度等栽培措施的影响[5，6]，合理施氮有利于提高小麦产量；而过量施氮导致氮素利用效率降低，土壤氮素残留和淋洗增加，导致环境污染的可能性提高[7-9]。石祖梁[8]研究表明，随着种植密度的增加，籽粒产量和氮素积累量呈先增后降的趋势，以种植密度为225万株/hm^{2}最高。Arduini等[10]研究表明，播种量从200万粒/hm^{2}增至400万粒/hm^{2}时，地上部氮素积累量和氮素吸收效率均呈逐渐升高趋势。

前人的研究主要侧重于氮肥水平和种植密度对小麦氮素吸收利用和籽粒产量的影响[7-10]，而有关氮肥和密度互作对小麦吸收利用不同土壤层次氮素的影响，以及其与小麦氮素吸收效率、利用效率的关系等方面的报道相对较少。因此，本试验将大田试验与^{15}N微区标记技术相结合，将^{15}N-尿素分别标记在20cm、60cm和100cm土层，探讨种植密度和氮肥水平互作对小麦吸收土壤氮素、氮素利用效率及土壤氮素残留的影响，以期为实现小麦产量和氮素利用效率同步提高提供理论依据和技术支撑。

1 材料与方法

1.1 试验区概况

试验于2011—2013年在兖州新兖镇杨庄村（35°33′N，116°44′E）进行。该地区属温带大陆性季风气候，年均温13.6℃，年均降水量658.5mm，降雨集中在7—8月，小麦季平均为184.5mm，全年无霜期225d。试验地土壤类型为黏壤土，试验前0～20cm土层土壤含有机质15.45g/kg、全氮1.25g/kg、速效磷23.64mg/kg、速效钾104.94mg/kg。供试品种为泰农18，前茬作物为夏玉米。

1.2 试验设计

1.2.1 大田试验

采用裂区设计，主区为氮肥水平，裂区为种植密度。氮肥处理设2个水平：240kg/hm^2（大田农民习惯施肥）和180kg/hm^2（施氮量降低25%），分别用N_{240}和N_{180}表示；种植密度设置3个水平：135万株/hm^2、270万株/hm^{2}和405万株/hm^2，分别用D_{135}、D_{270}和D_{405}表示。每个处理设置3次重复，每个小区长20m、宽2m，畦内播8行小麦。氮、磷、钾肥分别以尿素（含N 46%）、过磷酸钙（含P_2O_5 12%）和硫酸钾（含K_2O 50%）形式施入土壤，氮肥基肥和追肥施比例为1∶1，追肥时期为拔节期。磷、钾肥折合施用量为每公顷150kg P_2O_5和150kg K_2O，全部作为基施施用。

两个生长季小麦的播种日期均为10月8日，收获日期分别为2012年6月13日和2013年6月10日，其他管理措施同高产田。

1.2.2 ^{15}N微区试验

每个处理分别设置3个微区，面积为0.562 5m^2，每个微区对某一土层（20cm、60cm和100cm）的氮素进行标记，各微区间距≥2m。标记方法参考文献[11]，于小麦出苗后10d，在某一微区内用土钻取土至标记深度，将10mL溶解了^{15}N-尿素（46.6%N，10.30%丰度，上海化工研究院生产）的去离子水溶液随PVC管注射至所需土层，再用30mL去离子水分3次冲洗容器及PVC管，然后将之前所取土壤按原有层次回填，轻微压实（图1）。为确保成熟期植株样品中的同位素测定，参考张丽娟

等[12，13]标记用量，每次标记的各个孔中的^{15}N-尿素用量均为0.92g。该试验各个微区内的肥料、灌水等田间管理均与大田试验一致。

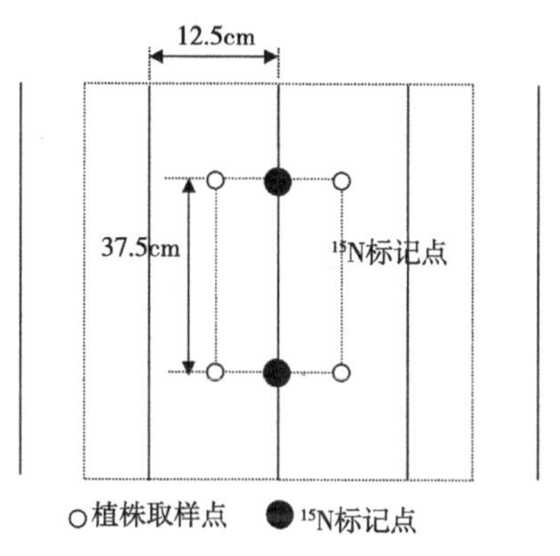

图1　^{15}N微区种植、标记和取样示意图

1.3　测定项目及方法

1.3.1　土壤硝态氮和铵态氮含量测定

在小麦播种前和收获后，用土钻取0～200cm土层土样，每20cm为一层，各层土壤混匀后取一部分置于铝盒，称鲜质量，在110℃下烘干至恒量，称干质量，计算土壤质量含水量；另一部分立即装入自封袋中，置于-20℃冰冻保存，用于测定土壤无机态氮含量。测定时将土壤样品解冻、混匀，称取12g土样，加入50mL 1mol/L的KCl溶液浸提，振荡30min后过滤，制成浸提液。用德国BRAN+LUEBBE公司生产的AA3连续流动分析仪测定土壤硝态氮和铵态氮含量（mg/kg）。土壤硝态氮（铵态氮）积累量（kg/hm^2）=土层厚度（cm）×单位面积（hm^2）×土壤容重（g/cm^3）×土壤硝态氮（铵态氮）含量（mg/kg）/10。播种前0～100cm土层硝态氮和铵态氮积累量之和作为土壤供氮量[14]，2011—2012年生育季土壤供氮量为103.65kg/hm^2，2012—2013年生育季施氮量分别为180kg/hm^{2}和240kg/hm^2，各处理土壤供氮量分别为139.92kg/hm^{2}和181.38kg/hm^2，同一施氮水平下各密度处理之间的土壤供氮量并无差异。

1.3.2　植株氮素含量测定

于小麦成熟期进行群体调查和取样，将植株样品分为籽粒、颖壳+穗轴、叶片和茎鞘4部分，70℃烘至恒量，测定其干质量；然后用植物粉碎机粉碎，采用凯氏定氮法测定植株各器官含氮量。

地上部氮素积累量（kg/hm^2）=∑［植株各器官干质量（kg/hm^2）×含氮量（%）］

1.3.3 ^{15}N微区取样及测定

于小麦成熟期，在各微区内垂直于小麦行种植方向的两个标记孔中间长5cm区域小麦行上，将所有植株沿地表剪断、取样（图1），将两个取样点的样品混匀后计取样数。将植株样品分为籽粒、颖壳+穗轴、叶片和茎鞘4部分，70℃烘至恒量，测定干质量，然后用植物粉碎机和球磨仪粉碎样品，用Isoprime 100型质谱仪（Cheadle，英国）测定植株^{15}N丰度。

^{15}N占总吸氮量的比例（%）=［（器官中^{15}N丰度−0.375 3）×100%］/（^{15}N-尿素中^{15}N丰度−0.375 3）

^{15}N吸收量（kg/hm^2）=∑各器官^{15}N占总吸收量的比例（%）×氮素吸收量（kg/hm^2）

1.3.4 产量测定

于小麦成熟期，在各小区内选取植株长势均匀，面积为1.5m长×8行（共计$3m^2$）的样地，用于测定籽粒产量。将样地内所有的小麦穗人工剪下后，采用QKT-320A型小型种子脱粒机脱粒，风干后即为含水量为12%的籽粒产量。

1.3.5 氮素利用效率计算公式参照文献[14]的方法计算

氮素吸收效率（%）=地上部氮素积累量/供氮量（0～100cm土层无机氮+肥料氮）

氮素利用效率（kg/kg）=籽粒产量/地上部氮素积累量

1.4 数据处理

运用Excel 2003和DPS 7.05软件进行数据整理和统计分析，采用双因素裂区试验设计方法进行方差分析，采用LSD法进行差异显著性检验，显著性水平设定为α=0.05。采用Sigmaplot 10.0软件作图。

2 结果与分析

2.1 种植密度和氮肥水平下小麦的籽粒产量及氮素积累量

由图2可以看出，在氮肥水平为180kg/hm^2（N_{180}）条件下，当种植密度由135万株/hm^2（D_{135}）增加到405万株/hm^2（D_{405}）时，小麦的籽粒产量和地上部氮素积累量分别提高了9.8%和13.7%。在氮肥水平为240kg/hm^2（N_{240}）条件下，当种植密度由D_{135}增加到270万株/hm^2（D_{270}），小麦籽粒产量和地上部氮素积累量分别提高了3.3%和5.5%。当种植密度由D_{270}增加到D_{405}时，籽粒产量无明显增加，地上部氮素积累量

平均增加5.8%。当施氮量由N_{240}减至N_{180}，种植密度为D_{135}和D_{270}时，小麦籽粒产量分别降低5.5%和3.7%，地上部氮素积累量分别降低14.3%和13.4%；在种植密度为D_{405}时，籽粒产量无显著下降，地上部氮素积累量降低12.8%。N_{180}+D_{405}的籽粒产量与N_{240}+D_{270}和N_{240}+D_{405}的籽粒产量无显著差异。

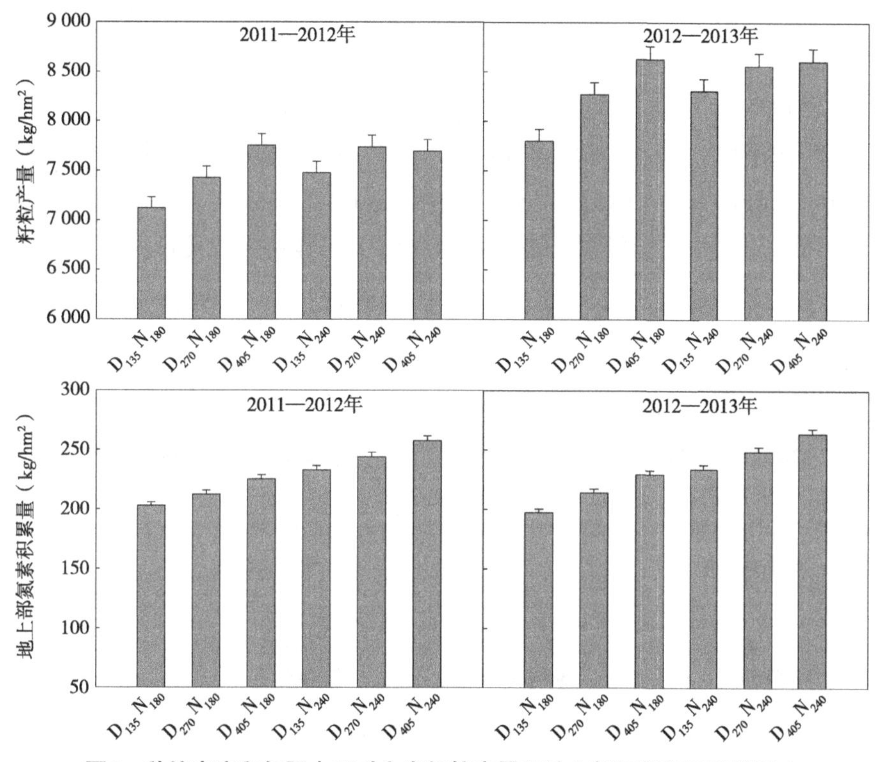

图2　种植密度和氮肥水平对小麦籽粒产量和地上部氮素积累量的影响

2.2　种植密度和氮肥水平下小麦对不同土层氮素的吸收

在相同氮肥和密度组合下，20cm、60cm和100cm的土层标记的^{15}N-尿素处理间，小麦的地上部生物量、籽粒产量和氮素积累量均无显著差异，表明各土层外源标记的^{15}N-尿素对小麦生长并未产生显著影响，可以将其作为相应土层中原有的氮素进行分析。各处理小麦植株对土壤不同层次标记氮素的吸收量均以20cm最高，60cm次之，100cm最低（图3），表明小麦对氮素的吸收利用能力随着土层深度的增加而降低。氮肥水平为N_{180}时，与D_{135}相比，D_{270}对20cm、60cm和100cm处标记的^{15}N吸收量分别增加了1.37kg/hm^2、1.70kg/hm^{2}和2.24kg/hm^2，D_{405}分别增加了2.30kg/hm^2、2.69kg/hm^{2}和3.02kg/hm^2；氮肥水平为N_{240}时，与D_{135}相比，D_{270}对20cm、60cm和100cm处标记的^{15}N吸收量分别增加了0.98kg/hm^2、1.52kg/hm^{2}和1.75kg/hm^2，D_{405}分别增加了1.41kg/hm^2、1.86kg/hm^{2}和1.99kg/hm^2。

当种植密度为D_{135}时，与N_{240}相比，N_{180}对20cm和60cm标记处的^{15}N吸收量分别降低了4.54kg/hm^{2}和1.55kg/hm^2，对100cm处标记的^{15}N吸收量增加了0.51kg/hm^2；当种植密度为D_{270}时，与N_{240}相比，N_{180}对20cm和60cm标记处的^{15}N吸收量分别降低了4.15kg/hm^{2}和1.37kg/hm^2，对100cm处标记的^{15}N吸收量增加了1.00kg/hm^2；当种植密度为405万株/hm^{2}时，与施氮240kg/hm^{2}处理相比较，施氮180kg/hm^{2}处理在20cm和60cm处标记的^{15}N吸收量两生育季平均降低了3.64kg/hm^{2}和0.72kg/hm^2，降低比例为14.02%和4.50%，在100cm处标记的^{15}N吸收量增加了1.55kg/hm^2，增加比例为19.73%。当种植密度为D_{405}时，与N_{240}相比，N_{180}对20cm和60cm标记处的^{15}N吸收量分别降低了3.64kg/hm^{2}和0.72kg/hm^2，对100cm处标记的^{15}N吸收量增加了1.55kg/hm^2。这表明适当增加小麦种植密度或降低施氮量，均可以提高作物对深层次土壤氮素的吸收。

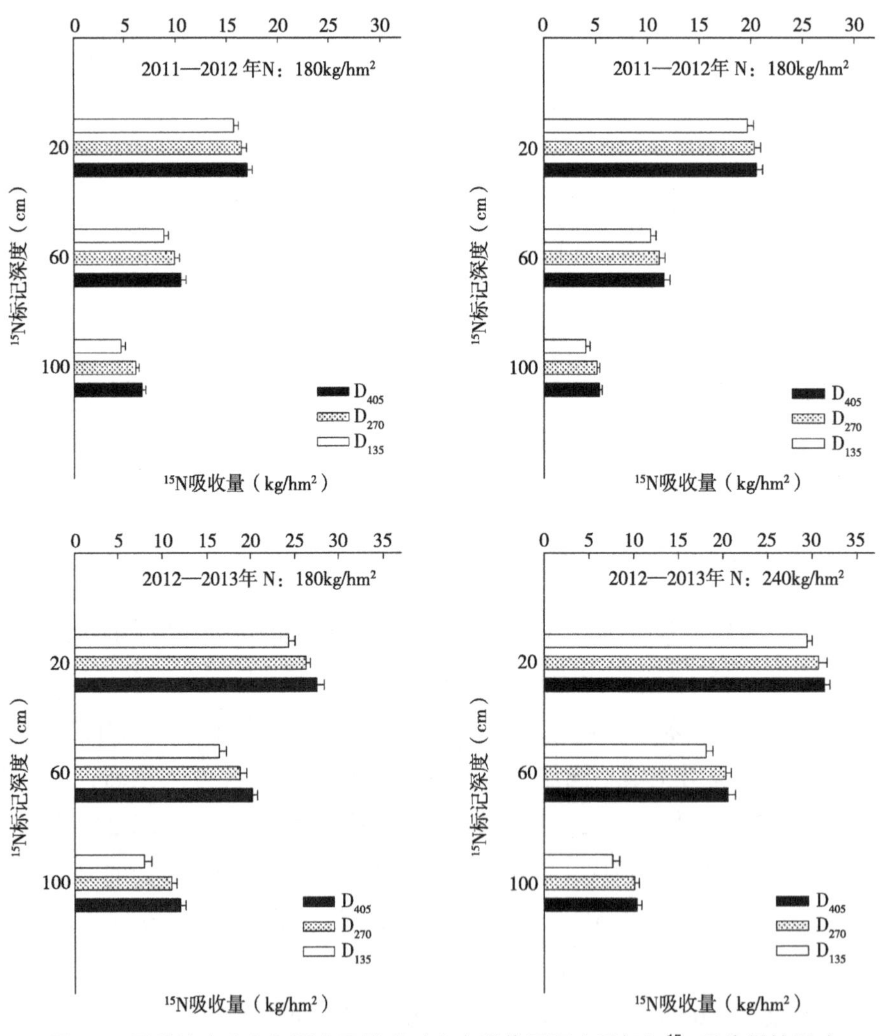

图3 不同种植密度和氮肥水平处理对小麦吸收不同土层标记^{15}N吸收量的影响

2.3　种植密度和氮肥水平下小麦对氮素的吸收效率和利用效率

由图4可以看出，施氮量为N_{180}时，随种植密度增加，小麦的氮素吸收效率显著提高，利用效率无显著差异；施氮量为240kg/hm^{2}时，氮素吸收效率随种植密度增加而显著提高；D_{270}和D_{135}间氮素利用效率无显著差异，但均显著高于D_{450}。N_{180}处理的小麦氮素吸收效率和利用效率均显著高于N_{240}处理。小麦地上部氮素积累量与20cm处和60cm标记处的^{15}N吸收量呈显著正相关，与小麦在100cm处的^{15}N吸收量无显著相关，而氮素吸收效率与20cm处和60cm处的^{15}N吸收量无显著相关，与100cm标记处的^{15}N吸收量呈显著正相关（图5），这表明减施氮肥措施虽然降低了小麦对中上层土壤的氮素吸收，但提高了对深层土壤氮素的吸收，进而提高了氮素吸收效率。增加种植密度有利于提高小麦对各土层，尤其是深层土壤的氮素吸收，从而有利于在低氮投入条件下实现小麦氮素积累量和吸收效率的同步提高。

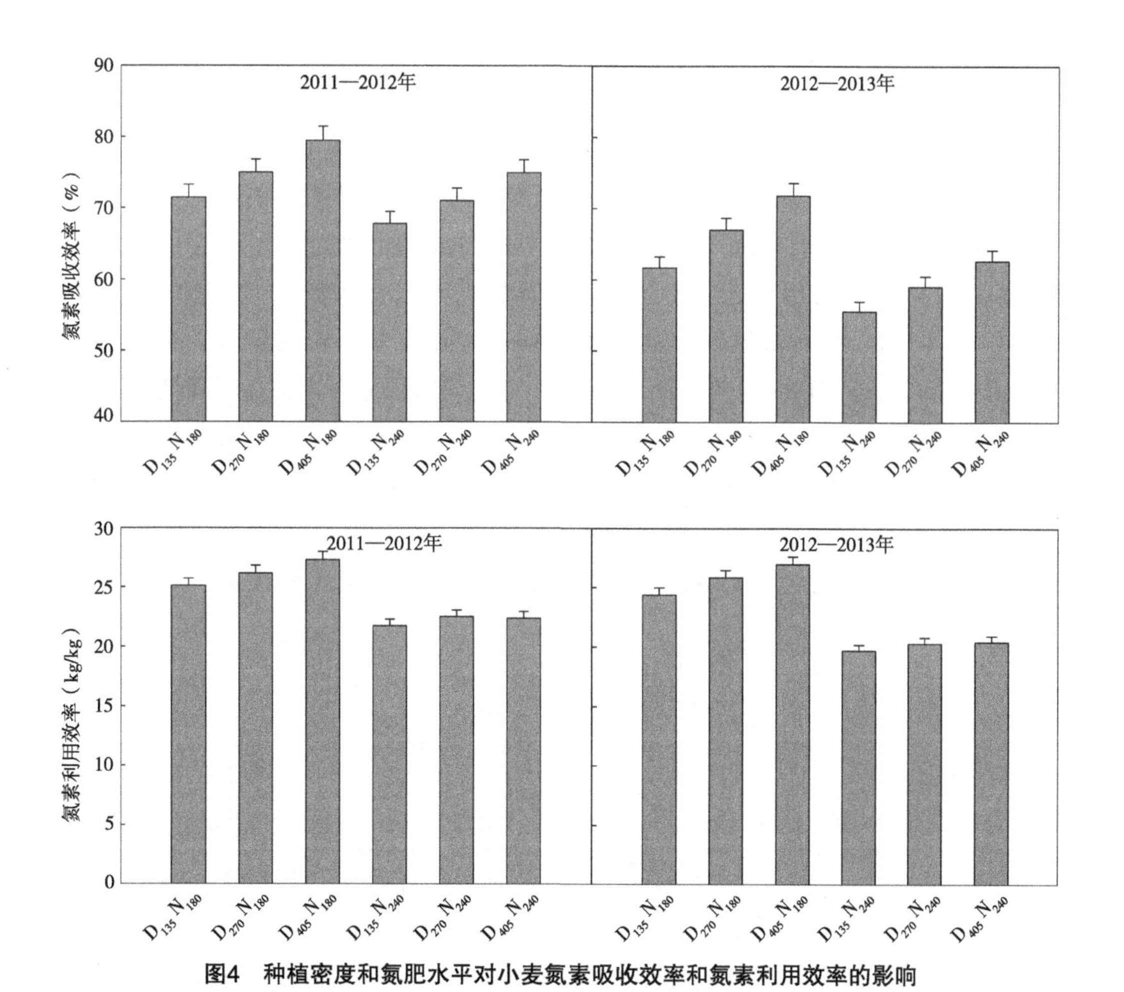

图4　种植密度和氮肥水平对小麦氮素吸收效率和氮素利用效率的影响

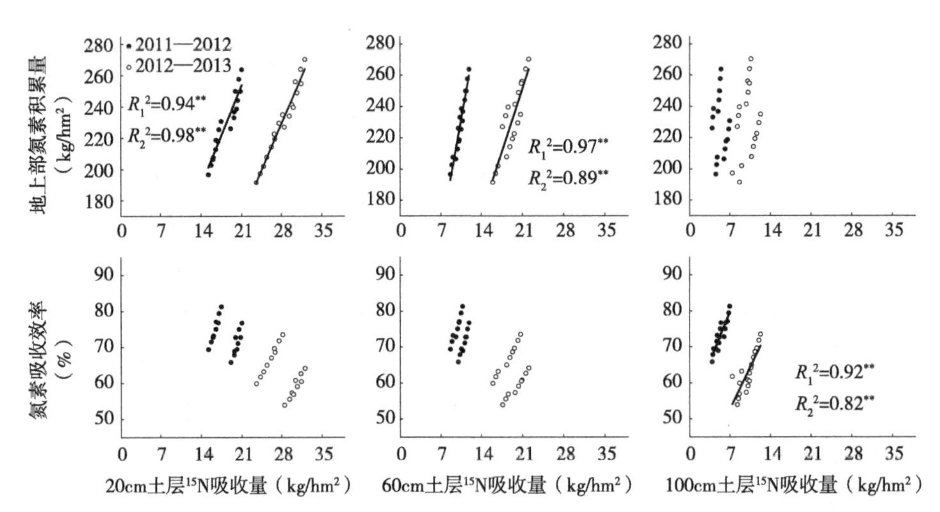

图5　小麦对不同土层标记的^{15}N吸收量和地上部氮素积累量、氮素吸收效率的相关关系

2.4　收获后0～200cm土层硝态氮含量的变化

由图6可以看出，2011—2012年生育季，收获后0～20cm土层硝态氮积累量最高，随土层加深各处理土壤硝态氮积累量表现为先减少后增加的变化趋势，以80～120cm土层硝态氮含量最低。同一密度处理下，N_{180}处理各土层的硝态氮积累量及0～200cm土层硝态氮总积累量显著低于N_{240}处理，并且0～100cm土层硝态氮分布比例显著升高，100～200cm土层硝态氮分布比例显著降低（表1）；施氮水平相同时，随种植密度增加，各土层硝态氮积累量及0～200cm土层硝态氮总积累量均呈降低趋势，0～100cm硝态氮分布比例显著升高，100～200cm硝态氮分布比例显著降低。2012—2013年各处理的变化规律与2011—2012年一致，与上一年度相比，0～100cm土层硝态氮积累量和分布比例降低，100～200cm硝态氮积累量和分布比例上升。这表明减少施氮量和增加种植密度不仅降低了硝态氮在各土层的积累，而且显著降低了100～200cm土层的硝态氮积累的比例，从而有利于降低硝态氮向深层土壤淋溶的风险。

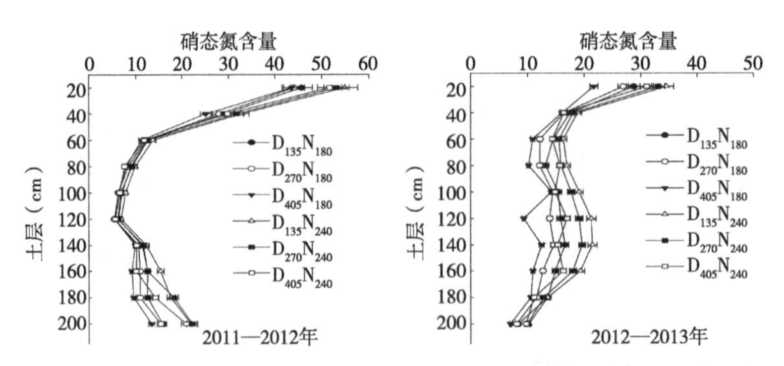

图6　种植密度和氮肥水平对小麦0～200cm各土层硝态氮积累量的影响

表1　收获后不同处理土壤硝态氮积累量

年份	处理		0～100cm		100～200cm		0～200cm
	施氮量（kg/hm^2）	密度（株/m^2）	积累量（kg/hm^2）	%	积累量（kg/hm^2）	%	积累量(kg/hm^2)
2012	180	135	103.12d	63.86c	58.35d	36.14b	161.47d
		270	98.87e	65.07b	53.07e	34.93c	151.94e
		405	94.24f	66.55a	47.37f	33.45d	141.60f
	240	135	118.92a	61.68d	73.87a	38.32a	192.79a
		270	113.33b	61.58d	70.70b	38.42a	184.02b
		405	107.40c	63.85c	60.81c	36.15b	168.20c
2013	180	135	89.23d	56.37cd	69.06c	43.63b	158.29d
		270	81.98e	57.43b	60.77d	42.57c	142.75e
		405	73.05f	59.26a	50.21e	40.74d	123.26f
	240	135	105.65a	55.23e	85.64a	44.77a	191.29a
		270	100.20b	55.78de	79.42b	44.22ab	179.62b
		405	92.24c	57.10bc	69.30c	42.90c	161.54c

注：同一列不同字母表示差异达到0.05显著水平（LSD检验）

3 讨论

氮肥水平和种植密度是影响小麦产量的重要指标，且二者之间存在显著的互作效应[15-17]。前人研究发现，氮肥、密度与小麦产量均呈现抛物线关系[15]，适宜的氮肥水平和种植密度组合有利于小麦获得高产[16，17]。本试验表明，施氮量180kg/hm^2+种植密度为405万株/hm^{2}处理的籽粒产量与施氮量240kg/hm^2+种植密度为270万株/hm^{2}和405万株/hm^{2}处理的籽粒产量均无显著差异。这表明在适当减施氮肥条件下，可以通过增加种植密度获得与高氮投入相同水平的籽粒产量。这主要归因于增加种植密度有利于氮素吸收效率的提高，而减施氮肥有利于氮素利用效率的改善。其中，通过增加种植密度提高的氮素吸收能力在一定程度上弥补了氮肥施用量降低导致的小麦氮素积累量的减少，而较低氮肥投入下氮素利用效率的提高可增强小麦利用已经吸收的氮素进行籽粒生产的能力，从而在较低地上部氮素积累量的基础上获得较高的籽粒产量。

作物对土壤中的氮素吸收存在空间差异[13]。在本试验条件下，氮肥水平和种植密度均显著影响小麦对不同土层的氮素吸收。在相同供氮水平下，增加种植密度不仅提高了小麦对各土层的氮素吸收，并且对下层土壤中氮素吸收的增加量高于中上层土壤。减施氮肥以后，虽然降低了小麦对中上层土壤中氮素的吸收，但更有利于吸收深层土壤中的氮素。相关分析表明，小麦氮素积累量与20cm和60cm土层氮素吸收量呈显著正相关，而氮素吸收效率只与100cm土层氮素吸收量呈显著正相关。因此，提高小麦对深层土壤氮素吸收是减施氮肥和增加种植密度后氮素吸收效率提高的主要原因。张丽娟等[13]研究表明，不同层次土层标记氮素的利用率与相应土层的根长密度和根干质量呈显著的正相关关系。因此，本研究中小麦对不同土层氮素吸收的差异可能是根群结构的差异造成的。也有研究认为，氮素的吸收不仅与根长密度密切相关，还受地上部生物量的反馈调节[18]。关于不同土层的氮素吸收与根系生长和地上部生长的关系还有待于进一步研究。

氮素残留和硝态氮淋溶损失是农田生态系统中氮素损失的主要途径之一[19，20]。氮肥施用量越高，硝态氮残留量越高，向深层土层淋洗的可能性越大[21]。周顺利等[22]研究表明，即使在低氮肥（90kg/hm^2）的水平下，土壤深层硝态氮仍存在淋洗出2m土体的可能性。这表明仅仅减氮并不能完全阻止小麦生产中的氮素残留与淋洗，有时还会造成籽粒产量的降低。因此，如何将氮肥投入与其他栽培措施相配套，提高植株的氮素吸收能力，是降低小麦生产中氮素损失和环境污染危险的关键所在。种植密度对土壤硝态氮残留有显著影响。王树丽等[23]研究表明，在高氮肥（240kg/hm^2）水平下，高密度处理的氮素残留量显著低于中、低密度处理。本研究连续两年度的试验表明，减施氮肥和增加种植密度不仅降低了0～200cm各土层的硝态氮残留量，而且降低了硝态氮在100～200cm土层的分布比例，表明将适当减少氮肥用量与提高种植密度相结合，既提高了小麦对深层土壤氮素的吸收，同时也降低了硝态氮向更深层次土层淋溶的可能性，从而实现小麦的生态、安全栽培。

4 结论

适当增加种植密度可促进小麦对各土层，尤其是下层土壤中的氮素吸收，从而提高地上部氮素积累量和氮素吸收效率；在低氮条件下，植株对中上层土壤中的氮素吸收量略有降低，但通过促进小麦对深层土壤的氮素吸收，可以提高氮素吸收效率，降低土壤氮素残留量。降低氮素投入条件下，通过增加种植密度可显著提高小麦氮素吸收效率和利用效率，从而获得与高氮投入相当水平的籽粒产量。因此，适当减氮增密可以实现小麦的高产、高效和安全栽培。

参考文献

［1］ BERTHELOOT J，Martre P，Andrieu B. Dynamics of light and nitrogen distribution during grain filling within wheat canopy[J]. Plant Physiology，2008，148（3）：1707-1720.

［2］ RAUN W R，SOLIE J B，JOHNSON G V，et al. Improving nitrogen use efficiency in cereal grain production with optical sensing and variable rate application[J]. Agronomy Journal，2002，94（4）：815-820.

［3］ FOULKES M J，HAWKESFORD M J，BARRACLOUGH P B，et al. Identifying traits to improve the nitrogen economy of wheat：Recent advances and future prospects[J]. Field Crops Research，2009，114（3）：329-342.

［4］ HIREL B，LE GOUIS J，NEY B，et al. The challenge of improving nitrogen use efficiency in crop plants：towards a more central role for genetic variability and quantitative genetics within integrated approaches[J]. Journal of Experimental Botany，2007，58（9）：2369-2387.

［5］ BARRACLOUGH P B，HOWARTH J R，JONES J，et al. Nitrogen efficiency of wheat：genotypic and environmental variation and prospects for improvement[J]. European Journal of Agronomy，2010，33（1）：1-11.

［6］ FANG Y，XU B C，TURNER N C，et al. Grain yield，dry matter accumulation and remobilization，and root respiration in winter wheat as affected by seeding rate

and root pruning[J]. European Journal of Agronomy，2010，33（4）：257-266.
[7] 段文学，于振文，张永丽，等. 施氮量对旱地小麦氮素吸收转运和土壤硝态氮含量的影响[J]. 中国农业科学，2012，45（15）：3040-3048.
[8] 石祖梁. 土壤—小麦植株系统氮素运移及高效利用的生态基础[D]. 南京：南京农业大学，2011.
[9] JU X T，XING G X，CHEN X P，et al. Reducing environmental risk by improving N management in intensive Chinese agricultural systems[J]. Proceedings of the National Academy of Sciences，2009，106（9）：3041-3046.
[10] ARDUINI I，MASONI A，ERCOLI L，et al. Grain yield，and dry matter and nitrogen accumulation and remobilization in durum wheat as affected by variety and seeding rate[J]. European Journal of Agronomy，2006，25（4）：309-318.
[11] KRISTENSEN H L，THORUP-KRISTENSEN K. Root growth and nitrate uptake of three different catch crops in deep soil layers[J]. Soil Science Society of America Journal，2004，68（2）：529-537.
[12] 张丽娟，巨晓棠，文宏达，等. 土壤剖面不同土层硝态氮植物利用及运移规律研究[J]. 植物营养与肥料学报，2010，16（1）：82-91.
[13] 张丽娟，巨晓棠，张福锁，等. 小麦各生育期对土壤不同深度标记硝态氮的利用[J]. 中国农业科学，2005，38（11）：2261-2267.
[14] DHUGGA K S，WAINES J G. Analysis of nitrogen accumulation and use in bread and durum wheat[J]. Crop Science，1989，29（5）：1232-1239.
[15] 曹倩，贺明荣，代兴龙，等. 密度、氮肥互作对小麦产量及氮素利用效率的影响[J]. 植物营养与肥料学报，2011，17（4）：815-822.
[16] 周江明，赵琳，董越勇，等. 氮肥和栽植密度对水稻产量及氮肥利用率的影响[J]. 植物营养与肥料学报，2010，16（2）：274-281.
[17] 程晟，刘晋荣. 简析氮素营养对超高产小麦的调控[J]. 山西农业科学，2011，39（3）：291-294.
[18] MUURINEN S，SLAFER G A，PELTONEN-SAINIO P. Breeding effects on nitrogen use efficiency of spring cereals under northern conditions[J]. Crop Science，2006，46（2）：561-568.
[19] VAN SANFORD D A，MACKOWN C T. Variation in nitrogen use efficiency among soft red winter wheat genotypes[J]. Theoretical and Applied Genetics，1986，72（2）：158-163.
[20] 郑成岩，于振文，王西芝，等. 灌水量和时期对高产小麦氮素积累、分配和转运

及土壤硝态氮含量的影响[J]. 植物营养与肥料学报，2009，15（6）：1324-1332.

［21］靳立斌，崔海岩，李波，等. 综合农艺管理对夏玉米氮效率和土壤硝态氮的影响[J]. 作物学报，2013，39（11）：2009-2015.

［22］周顺利，张福锁，王兴仁. 土壤硝态氮时空变异与土壤氮素表观盈亏研究 I . 冬小麦[J]. 生态学报，2001，21（11）：1782-1789.

［23］王树丽，贺明荣，代兴龙，等. 种植密度对冬小麦根系时空分布和氮素利用效率的影响[J]. 应用生态学报，2012，23（7）：1839-1845.

秸秆还田条件下适量施氮对冬小麦氮素利用及产量的影响

摘　要：2011—2012年和2012—2013年两个生长季，通过田间定位试验，研究了秸秆还田配施氮肥对冬小麦干物质积累、氮效率、土壤硝态氮积累及产量的影响。与单施氮肥（对照）相比，秸秆还田显著提高冬小麦全生育期干物质积累总量，降低开花前干物质积累量及其占全生育期比例；秸秆还田配施纯氮225kg/hm^{2}处理的氮肥偏生产力、氮素利用效率、氮素收获指数分别提高7.5%、6.4%和5.2%。秸秆还田显著降低了不同土层硝态氮积累量，尤其是0～30cm和30～60cm土层。秸秆还田配施纯氮225kg/hm^{2}的产量最高，且显著高于其他处理，增产幅度最大，因此可作为当地秸秆还田模式下适宜推荐的施氮量。

关键词：冬小麦；秸秆还田；氮肥；氮效率；硝态氮

秸秆还田是合理利用生物质资源和促进农业可持续发展的重要途径，能有效地改善土壤理化性状，实现土壤—作物系统矿质营养循环平衡[1-5]。秸秆还田主要通过两种途径影响作物的生长发育，一是通过自身分解释放的营养成分、化学物质等直接影响作物的成长；二是通过影响作物生长的环境因子间接影响作物的生长[6]。已有大量研究报道表明，秸秆还田能促进土壤有机质的积累，改善土壤结构，减缓地力衰竭，增加作物产量[1-7]。施用氮肥对作物产量和品质影响显著，但单一增施氮肥不仅造成氮肥利用率降低，经济效益下降，而且长期大量施用会导致土壤硝态氮的过度积累，增加水体和大气污染及生态恶化的风险[8-10]。近年来，随着人们对秸秆还田认识的深入，我国尤其是华北平原小麦—玉米一年两熟制的地区农作物秸秆还田规模越来越大，农田养分资源综合管理技术的改进已经迫在眉睫，尤其是长期大量秸秆还田后化学氮肥如何合理施用的问题日趋突出[5]。前人的研究主要侧重于秸秆还田和施氮对土壤理化性质[3, 11]、温室气体排放[12-15]、土壤微生物活动[15, 16]的影响，但对在秸秆还田条件下施用化学氮肥对冬小麦氮素吸收转移与利用、土壤硝态氮含量影响的研究较少。本试验研究了秸秆还田下不同施氮量对冬小麦氮素吸收转移与利用、产量以及土壤硝态氮积累的影响，为秸秆还田模式下小麦氮肥的合理施用提供理论依据。

1　材料与方法

1.1　试验设计

试验于2011—2012年和2012—2013年生长季在兖州新兖镇杨庄村进行，前茬

玉米收获后，秸秆保留田间。试验地耕层（0～20cm）土壤含有机质12.3g/kg、全氮0.91g/kg、硝态氮16.93mg/kg、铵态氮5.64mg/kg、速效磷8.6mg/kg、速效钾57.5mg/kg。

供试品种为济麦22，种植密度为2.25×10^6株/hm^2，行距为25cm。裂区试验设计，主区因素为秸秆还田（田间玉米秸秆全量粉碎，深耕翻埋还田）和无秸秆还田（玉米收获后将秸秆移出地块，深耕），副区为4个不同纯氮施量，分别为适氮（225kg/hm^2）、减氮（165kg/hm^2）、增氮（300kg/hm^2）和超氮（360kg/hm^2）处理，随机排列，3次重复。耕地时施入50%氮肥、P_2O_5 105kg/hm^2和K_2O 75kg/hm^2，拔节期追施其余氮肥。小区面积为4m×15m=60m^2，小区间隔1m。

1.2　测定项目与方法

1.2.1　氮效率

分别在开花期、成熟期取生长一致植株，每处理10株，将样品按照叶、茎+叶鞘、颖壳+穗轴、籽粒分开，于105℃下杀青30min，70℃烘干至恒重后称重并粉碎混匀，以H_2SO_4-H_2O_2联合消煮，半微量凯氏定氮法测定植株全氮含量。氮肥偏生产力（PFPN，kg/kg）=施氮小区产量/施氮量；氮素利用效率（NUE，kg/kg）=籽粒产量/植株吸氮量；氮素收获指数（NHI，kg/kg）=籽粒吸氮量/植株吸氮量。

1.2.2　土壤硝态氮含量

从每副区于播种前、拔节期、成熟期取0～120cm土壤样品，每30cm分一层，3次重复。称取10.0g新鲜土样，用1mol/L KCl溶液50mL浸提，振荡1h后过滤，用AA3连续流动分析仪（SFA CAF FIA BRAN+LUEBBEⅢ）测定土壤硝态氮含量。

1.3　统计分析

用Microsoft Excel 2003处理数据并作图；在DPS 7.05中完成统计分析，用LSD法进行多重比较。

2　结果与分析

2.1　不同处理地上部干物质积累特征

除减氮处理外，相同施氮量下秸秆还田的干物质积累量高于无秸秆还田，适氮、增氮和超氮处理分别提高9.6%、10.2%和8.2%（图1）。与无秸秆还田相比，秸秆还田显著提高了花后干物质积累比例，增幅达43.5%～61.7%。

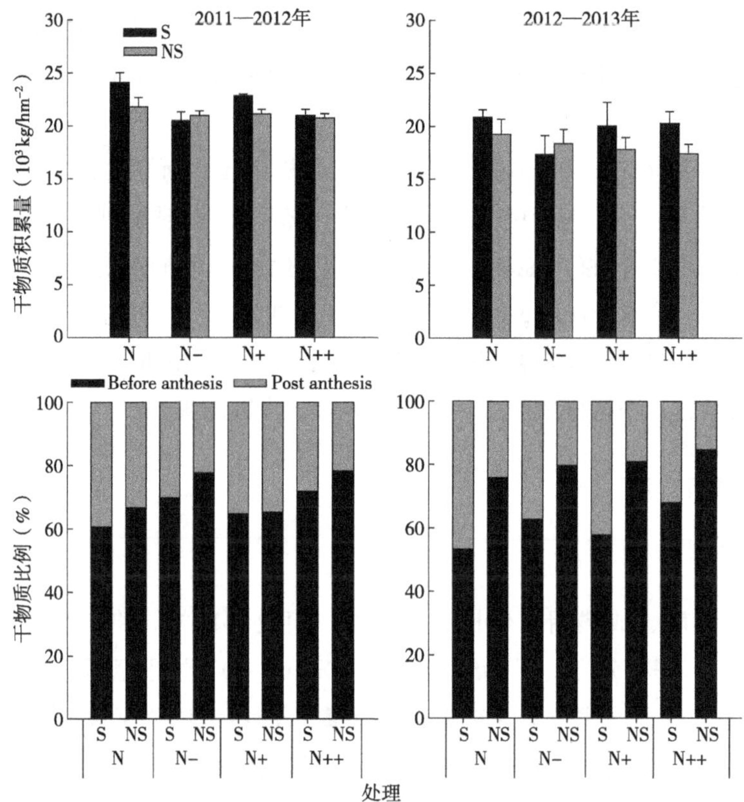

S：秸秆还田；NS：无秸秆还田；N：适氮；N−：减氮；N+：增氮；N++：超氮

图1　秸秆还田条件下不同施氮处理对冬小麦地上部干物质积累的影响

2.2　不同器官氮素再利用特征及其对施氮量的响应

氮素再转运量及再转运氮素对籽粒的贡献率均表现为叶片>茎+鞘>穗轴+颖壳（表1）。减氮处理显著降低了花后各器官氮素向籽粒的转运量、贡献率以及营养器官氮素转移对籽粒的总贡献率。相对于颖壳+穗轴与茎+叶鞘，叶片氮素再转运对籽粒的贡献率受施氮量影响更大。营养器官氮素转运对籽粒氮的贡献率为73%～86%，可见花后营养器官氮素再转运是籽粒氮素的主要来源。除减氮处理外，秸秆还田提高了营养器官氮素再转运的总贡献率，尤以适氮处理的增幅最大（3.7%）。

2.3　不同处理对氮效率的影响

随着施氮量的增加，氮肥偏生产力、氮素利用效率表现递减趋势，且差异显著。适氮条件下，秸秆还田提高氮肥偏生产力7.5%、氮素利用效率6.4%和氮素收获指数5.2%，与无秸秆还田处理差异显著；减氮条件下，秸秆还田的氮肥偏生产力、氮素利用效率表现降低趋势，且氮素利用效率显著低于无秸秆还田处理；增氮条件下，秸秆还田的氮素收获指数有所降低；超氮条件下，秸秆还田的氮素利用效率也有所降低（表2）。

表1　秸秆还田及氮肥用量对冬小麦不同器官氮素再转运及其对籽粒氮素贡献率的影响

处理		氮素再转运量（kg/hm²）			再转运氮素对籽粒的贡献率			
		叶片	茎+叶鞘	穗轴+颖壳	叶片	茎+叶鞘	穗轴+颖壳	总和
2011—2012								
无秸秆还田	N	77.19bc	52.91b	51.14a	0.35ab	0.24a	0.23a	0.82a
2011—2012								
无秸秆还田	N−	58.18d	37.45d	34.76d	0.33b	0.21b	0.20b	0.74bc
	N+	75.04bc	47.48c	47.40ab	0.36ab	0.23a	0.23a	0.82a
	N++	77.34bc	43.87c	38.74c	0.38a	1.23a	0.19b	0.80ab
秸秆还田	N	74.11c	48.20c	46.46ab	0.37a	1.24a	0.23a	0.84a
	N−	61.64d	38.69d	37.99cd	0.33b	0.20b	0.20b	0.73c
	N+	82.29ab	55.03ab	51.75a	0.36ab	0.24a	0.23a	0.83a
	N++	86.34a	57.85a	52.29a	0.36ab	0.24a	0.22a	0.82a
2012—2013								
无秸秆还田	N	73.36b	56.47c	49.60cd	0.34a	0.25bc	0.23b	0.82ab
	N−	62.58d	45.14e	39.88e	0.33ab	0.24c	0.21c	0.78b
	N+	71.41bc	63.23b	53.03bc	0.31bcd	0.28ab	0.23b	0.82ab
	N++	64.98cd	62.03bc	44.12d	0.30cd	0.28ab	0.20c	0.78b
秸秆还田	N	78.80a	71.48a	60.61a	0.32abc	0.29a	0.25a	0.86a
	N−	61.19d	50.54d	45.15d	0.29d	0.24c	0.21c	0.73c
	N+	65.77cd	64.77b	57.23ab	0.29d	0.29a	0.25a	0.83a
	N++	66.44cd	57.25c	47.95d	0.30c	0.26bc	0.21c	0.77b

注：同一年度中，每列数据后不同字母表示处理间有显著差异（P<0.05，LSD法）。

表2 秸秆还田及氮肥用量对冬小麦氮效率的影响

处理		2011—2012			2012—2013		
		氮素利用效率（kg/kg）	氮素收获指数（kg/kg）	氮肥偏生产力（kg/kg）	氮素利用效率（kg/kg）	氮素收获指数（kg/kg）	氮肥偏生产力（kg/kg）
无秸秆还田	N	31.93c	25.02c	0.79a	33.37c	27.78c	0.76b
	N-	45.10a	31.81a	0.74b	46.96a	32.69a	0.80ab
	N+	25.04d	25.59cd	0.79a	26.48d	27.24c	0.78b
	N++	21.23e	24.80d	0.75b	22.11e	28.32bc	0.78b
秸秆还田	N	34.14b	26.82c	0.81a	36.05b	29.33b	0.82a
	N-	44.75a	28.92b	0.78ab	46.26a	29.69b	0.83a
	N+	25.61d	23.94d	0.78ab	27.19d	27.77c	0.77b
	N++	21.86e	22.81d	0.78ab	22.41e	27.50c	0.76b

注：同一年度中，每列数据后不同字母表示处理间有显著差异（$P<0.05$，LSD法）。

2.4 不同处理对土壤硝态氮积累的影响

2011—2012年播种前试验田地力均匀一致，随机取6个点测定0～120cm土壤硝态氮含量。各土层硝态氮含量均随施氮量的增加而升高。收获后，秸秆还田各土层硝态氮累积量均低于无秸秆还田处理，尤其是0～30cm和30～60cm土层，其硝态氮累积量分别下降47.3%和54.2%（2011—2012年）及54.1%和68.3%（2012—2013年）。而无秸秆还田条件下，2012—2013年除减氮外的其他处理的各土层硝态氮含量均较上一年度有所增加，在60～90cm和90～120cm土层的增幅随施氮量的增多加大。2012—2013年收获后，秸秆还田各处理60～120cm土层硝态氮含量稳定在较低水平（表3）。说明秸秆还田显著降低了不同土层的硝态氮累积量，而连续单施氮肥或过量施氮易导致土壤尤其是深层土壤硝态氮的过度积累，增加地下水污染的风险。

表3 秸秆还田及氮肥用量对0～120cm各土层土壤硝态氮积累的影响

土层（cm）	处理		2011—2012			2012—2013		
			播种前（mg/kg）	拔节期（mg/kg）	收获后（mg/kg）	播种前（mg/kg）	拔节期（mg/kg）	收获后（mg/kg）
0～30	适氮	NS	13.73	7.33c	23.47b	10.46b	14.41d	24.75b
		S	13.73	4.23e	12.37e	8.94b	11.78e	8.69e

（续表）

土层（cm）	处理		2011—2012			2012—2013		
			播种前（mg/kg）	拔节期（mg/kg）	收获后（mg/kg）	播种前（mg/kg）	拔节期（mg/kg）	收获后（mg/kg）
0～30	减氮	NS	13.73	6.55d	21.05c	13.82a	13.86d	20.27c
		S	13.73	3.88f	9.64f	5.93c	9.91f	7.98f
	增氮	NS	13.73	9.66b	24.98ab	9.31b	15.91c	27.47a
		S	13.73	4.47e	15.84d	8.73b	14.21d	9.39d
	超氮	NS	13.73	12.25a	26.63a	12.67a	21.05a	29.08a
		S	13.73	5.14d	21.69c	12.04a	18.39b	21.08c
30～60	适氮	NS	11.11	5.92b	18.22b	10.25b	11.88b	18.64b
		S	11.11	2.44e	8.36e	8.82c	11.58b	7.39f
	减氮	NS	11.11	4.88c	20.75a	9.80b	10.06c	17.13c
		S	11.11	2.47e	6.58e	5.52e	9.06d	6.37f
	增氮	NS	11.11	6.15b	17.95b	8.86c	11.27c	21.16a
		S	11.11	2.87d	9.08d	7.67d	12.79b	8.58e
	超氮	NS	11.11	11.10a	21.80a	12.5a	15.76a	22.94a
		S	11.11	3.34d	14.32c	9.84b	15.40a	10.69d
60～90	适氮	NS	8.39	3.29b	10.95a	9.99a	11.30b	11.70a
		S	8.39	2.65c	5.35d	7.56c	11.00b	5.22d
	减氮	NS	8.39	3.38b	9.30b	6.65c	8.90c	10.06b
		S	8.39	2.41d	4.11e	4.73d	8.24c	3.72e
	增氮	NS	8.39	3.42b	11.01a	6.94c	10.16b	12.22a
		S	8.39	2.55c	8.60b	6.17c	12.74a	7.09c
	超氮	NS	8.39	5.90a	11.56a	10.21a	13.60a	13.19a
		S	8.39	2.69c	7.14c	9.06b	12.44a	7.60c
90～120	适氮	NS	8.14	3.22b	6.05b	7.18a	10.70b	6.54c
		S	8.14	2.50c	4.57c	6.96a	10.58b	4.87e
	减氮	NS	8.14	3.28b	5.15c	5.90b	8.80c	5.06d
		S	8.14	2.26c	3.01d	4.39c	7.73d	2.62f
	增氮	NS	8.14	3.22b	7.05a	6.88a	9.41c	8.29b
		S	8.14	2.33c	5.91b	4.44c	12.62a	6.49c
	超氮	NS	8.14	5.16a	7.29a	7.45a	13.60a	9.78a
		S	8.14	2.44c	5.33c	7.01a	12.31a	5.41d

注：NS：无秸秆还田；S：秸秆还田。每列数据后不同字母表示同一土层的处理间有显著差异（$P<0.05$，LSD法）。

2.5 不同处理对产量及其构成因素的影响

在相同氮肥水平下，与无秸秆还田相比，秸秆还田显著降低穗数，提高千粒重，适氮处理增产效果显著，2011—2012年增产6.9%，2012—2013年度增产8.0%（表4）。

表4 秸秆还田及氮肥用量对冬小麦产量和产量构成的影响

处理		2011—2012				2012—2013			
		穗数（10^6/hm^2）	穗粒数（粒）	千粒重（g）	产量（kg/hm^2）	穗数（10^6/hm^2）	穗粒数（粒）	千粒重（g）	产量（kg/hm^2）
无秸秆还田	N	7.62a	31.27a	39.20bc	7 662.60bc	6.80ab	34.28ab	40.12ab	8 008.05bc
	N-	7.02b	29.03b	39.79bc	7 441.50bc	6.31cd	32.20bc	39.71ab	7 748.55bc
	N+	7.81a	30.47ab	38.96c	7 512.60bc	6.95a	32.74b	39.37b	7 943.40bc
	N++	7.61a	29.10b	38.76c	7 641.45bc	6.93ab	32.65b	39.07b	7 961.25bc
秸秆还田	N	6.88bc	32.17a	43.52a	8 193.45a	6.71abc	36.35a	41.73a	8 650.95a
	N-	6.57c	31.70a	41.94ab	7 384.05c	6.14d	35.19a	41.65a	7 633.65c
	N+	6.81bc	31.17a	42.60a	7 683.15bc	6.42cd	32.05bc	40.88ab	8 155.50b
	N++	6.63bc	32.13a	41.25abc	7 870.35ab	6.53bcd	30.26c	40.38ab	8 068.20b

注：同一年度中，每列数据后不同字母表示处理间有显著差异（P<0.05，LSD法）。

3 讨论

3.1 秸秆还田下不同施氮量对冬小麦氮效率的影响

徐国伟等[17-19]研究表明，秸秆还田提高了水稻氮素收获指数、氮肥吸收效率、氮肥农学效率，其原因是秸秆还田配施氮肥增强了水稻根系及叶片的硝酸还原酶活性，从而促进了植株对氮素的吸收，使植株总吸氮量增加，同时减少了氮素在营养器官的残留。这与本研究中秸秆还田有利于花后营养器官氮素向籽粒转运的结果相符合。本研究中，秸秆还田配施纯氮225kg/hm^{2}提高了冬小麦氮肥生产效率、氮素吸收效率、氮素利用效率，究其可能的原因，一是秸秆还田提高了土壤C/N比，提高了土壤微生物数量与活性，引发了土壤氮素矿化的正激发效应，提高了土壤氮素供应的潜力与能力，有利于作物对氮素的吸收[5]；二是相对于单施氮肥，秸秆还田减少了氮素的损失。徐新宇等[20]利用同位素示踪技术，发现秸秆还田减少了土壤氮素随渗漏水的流失。这与本试验秸秆还田能够减少硝态氮在深层土壤中积累的结果相吻合。土壤反

硝化是土壤氮素转化的重要过程，也是引起氮素损失和N_2O排放的重要途径。潘志勇等[13]和王改玲等[14]研究表明，秸秆还田条件下适量施用氮肥降低了土壤反硝化作用及N_2O的排放。

3.2　秸秆还田下不同施氮量对土壤硝态氮积累的影响

研究表明，施用氮肥可显著提高作物产量；但施氮量超过一定水平后，产量降低[21]，而且大量盈余的氮素会通过氨挥发、N_2O排放或淋溶而损失，导致资源严重浪费和环境污染[22]。Cui等[23]研究表明，与常规施氮量（180kg/hm^2）相比，施氮量300kg/hm^2以上显著提高夏玉米田土壤硝态氮含量。在本试验条件下，随着施氮量的增加，0～120cm土层硝态氮含量呈现递增趋势，且0～90cm土层差异显著。冬小麦收获后，与减氮处理相比，其他氮处理的各土层硝态氮含量均显著提高，表明增施氮肥显著提高了土壤中硝态氮的累积量；过量施氮超越了植株对氮素的吸收利用能力的极限，引起了土壤中硝态氮的大量积累。连续单施氮肥加剧了土壤硝态氮的积累，且随施氮量的增加增幅越大。秸秆还田后，为微生物提供了充足的碳源，微生物数量增加，施入的氮素在微生物的作用下被土壤固持或转化为可溶性有机氮，从而引起土壤矿质氮含量的显著下降，但应调整还田秸秆与化学氮肥的比例，协调氮素固持与作物吸收的关系[24]，否则会影响当季作物对氮素的吸收利用。秸秆还田具有保存和提高土壤肥效的作用，较单一施用化学氮肥可显著减少矿质氮的淋失[20]。本试验中，秸秆还田显著降低了各土层硝态氮含量，且适氮处理显著提高了冬小麦的氮效率。秸秆还田下合理地调节化学氮肥施用量，可以有效地协调土壤氮素的固持与供应状态，使氮素的供应与作物吸氮相吻合[25]，实现当季作物增产和培肥地力的双重目的。本试验秸秆施入量偏高，秸秆还田量与化学氮肥的适宜比例尚需进一步研究。

3.3　秸秆还田配施氮肥对冬小麦产量及其构成因素的影响

据报道，秸秆还田后冬小麦产量有增有减[5，26-29]，减产的主要原因是秸秆还田量与化学氮肥的配比不合适，导致土壤碳氮失衡。本研究结果显示，秸秆还田配施纯氮165kg/hm^2时，冬小麦产量降低。秸秆还田量过大或耕作方式不当，会导致冬小麦播种质量差，造成出苗率下降，最终影响成穗[30]。这与本试验秸秆还田穗数较未还田显著降低的结果一致。秸秆还田对产量的正向效应可能源于秸秆还田提高了冬小麦花后旗叶SOD活性及可溶性蛋白含量，降低POD活性及MDA含量，抑制花后旗叶叶绿素降解，减缓旗叶衰老，延长光合时间和增强光合能力，为提高产量奠定基础[27，31，32]。在本研究中，与单施氮肥相比，秸秆还田配施纯氮225kg/hm^2显著提高了冬小麦生物量及花后干物质积累的比例，这种干物质积累特征有利于粒重的形成，从而获得较高的经济产量。

参考文献

［1］ 田慎重，宁堂原，王瑜，等. 不同耕作方式和秸秆还田对麦田土壤有机碳含量的影响[J]. 应用生态学报，2010，21（2）：373-378.

［2］ 李娟，赵秉强，李秀英. 长期有机无机肥料配施对土壤微生物学特性及土壤肥力的影响[J]. 中国农业科学，2008，41（1）：144-152.

［3］ 慕平，张恩和，王汉宁，等. 不同年限全量玉米秸秆还田对玉米生长发育及土壤理化性状的影响[J]. 中国生态农业学报，2012，20（3）：291-296.

［4］ 汪军，王德建，张刚，等. 连续全量秸秆还田与氮肥用量对农田土壤养分的影响[J]. 水土保持学报，2010，24（5）：40-44.

［5］ 赵鹏，陈阜. 秸秆还田配施化学氮肥对冬小麦氮效率和产量的影响[J]. 作物学报，2008，34（6）：1014-1018.

［6］ 梁天锋，徐世宏，刘开强，等. 耕作方式对还田稻草氮素释放及水稻氮素利用的影响[J]. 中国农业科学，2009，42（10）：3564-3570.

［7］ EAGLEA J，BIRD J A，HORWATH W R，et al. Rice yield and nitrogen utilization efficiency under alternative straw management practices[J]. Agron J，2000，92：1096-1103.

［8］ 熊又升，袁家富，郝福新，等. 氮肥用量对不同小麦品种产量和品质的影响[J]. 华中农业大学学报，2009，28（6）：697-700.

［9］ 王宜伦，刘天学，赵鹏，等. 施氮量对超高产夏玉米产量与氮素吸收及土壤硝态氮的影响[J]. 中国农业科学，2013，46（12）：2483-2491.

［10］ BOWMAN W D，CLEVELAND C C，HALADA L，et al. Negative impact of nitrogen deposition on soil buffering capacity[J]. Nat Geosci，2008，1：767-770.

［11］ 吕雯，汪有科. 不同秸秆还田模式冬麦田土壤水分特征比较[J]. 干旱地区农业研究，2006，24（3）：68-71.

［12］ 潘志勇，吴文良，牟子平，等. 不同秸秆还田模式和施氮量对农田CO_2排放的影响[J]. 土壤肥料，2006（1）：14-16.

［13］ 潘志勇，吴文良，刘光栋，等. 不同秸秆还田模式与氮肥施用量对土壤N_2O排放的影响[J]. 土壤肥料，2004（5）：6-8.

［14］王改玲，郝明德，陈德立. 秸秆还田对灌溉玉米田土壤反硝化及N_2O排放的影响[J]. 植物营养与肥料学报，2006，12（6）：840-844.

［15］强雪彩，袁红莉，高旺盛. 秸秆还田量对土壤CO_2释放和土壤微生物量的影响[J]. 应用生态学报，2004，15（3）：469-472.

［16］张电学，韩志卿，李东坡，等. 不同促腐条件下秸秆还田对土壤微生物量碳氮磷动态变化的影响[J]. 应用生态学报，2005，16（10）：1903-1908.

［17］徐国伟，杨立年，王志琴，等. 麦秸还田与实地氮肥管理对水稻氮磷钾吸收利用的影响[J]. 作物学报，2008，34（8）：1424-1434.

［18］徐国伟，谈桂露，王志琴，等. 麦秸还田与实地氮肥管理对直播水稻生长的影响[J]. 作物学报，2009，35（4）：685-694.

［19］徐国伟，谈桂露，王志琴，等. 秸秆还田与实地氮肥管理对直播水稻产量、品质及氮肥利用的影响[J]. 中国农业科学，2009，42（8）：2736-2746.

［20］徐新宇，张玉梅，向华，等. 应用^{15}N示踪研究秸秆对保存和提高氮肥肥效的影响[J]. 中国核科技报告，1991（增刊）：588-598.

［21］吕鹏，张吉旺，刘伟，等. 施氮时期对超高产夏玉米产量及氮素吸收利用的影响[J]. 植物营养与肥料学报，2011，17（5）：1099-1107.

［22］CASSMAN K G，DOBERMAN A，WALTERS D T. Agroecosystems，nitrogen use efficiency，and nitrogen management[J]. AMBIO，2002，31（2）：132-140.

［23］CUI Z L，ZHANG F S，MAO Y X，et al. Soil nitrate-N levels re-quired for high yield maize production in North China Plain[J]. Nutr Cycl Agroecosyst，2008，82：187-196.

［24］梁斌，赵伟，杨学云，等. 氮肥及其与秸秆配施在不同肥力土壤的固持及供应[J]. 中国农业科学，2012，45（9）：1750-1757.

［25］MAKUMBA W，AKINNIFESI F K，JANSSEN B，et al. Optimiza-tion of nitrogen released and immobilization from soil-applied prunings of Sesbania sesban and maize stover[J]. Sci Res Essays，2007，2：400-407.

［26］霍竹，王璞，邵明安. 秸秆还田配施氮肥对夏玉米灌浆过程和产量的影响[J]. 干旱地区农业研究，2004，22（4）：33-38.

［27］李国清，石岩. 秸秆还田对旱地小麦旗叶衰老及产量的影响[J]. 农学学报，2012，2（7）：1-4.

［28］张静，温晓霞，廖允成，等. 不同玉米秸秆还田量对土壤肥力及冬小麦产量的影响[J]. 植物营养与肥料学报，2010，16（3）：612-619.

［29］刘巽浩，高旺盛，朱文珊. 秸秆还田机理与技术模式[M]. 北京：中国农业出版社，2001：14-15.

［30］李少昆，王克如，冯聚凯，等. 玉米秸秆还田与不同耕作方式下影响小麦出苗的因素[J]. 作物学报，2006，32（3）：463-465.

［31］刘义国，林琪，王月福，等. 秸秆还田与氮肥耦合对冬小麦光合特性及产量形成的影响[J]. 中国生态农业学报，2007，15（1）：42-44.

［32］刘阳，李吾强，温晓霞，等. 玉米秸秆还田对接茬冬小麦旗叶光合特性的影响[J]. 西北农学报，2008，17（2）：80-85.

鲁西南小麦新品种展示试验研究

摘　要：为进一步筛选适宜鲁西南生态气候条件下的高产、稳产品种，充分发挥品种增产潜力，连续3年开展了小麦新品种展示试验，从生育期、分蘖动态以及产量结构方面探讨分析，筛选出鲁原502、济麦22和山农20等适宜兖州种植的小麦超高产品种。

关键词：小麦；生育期；群体动态；产量结构

兖州是全国重要的优质商品粮生产基地，是“十五”“十一五”和“十二五”国家粮食丰产科技工程试验、示范区之一，也是小麦高产创建项目实施区域。粮食生产水平一直处在山东省乃至全国领先地位。近几年来，小麦平均亩产550kg左右，总体进入高产再高产阶段。其中，筛选优良品种是小麦获得高产的基础[1-4]。为进一步筛选适宜鲁西南生态气候条件下的高产、稳产品种，充分发挥品种增产潜力，特开展本试验研究。

1　材料与方法

1.1　试验地概况

试验于2012年10月至2015年6月连续3年在济宁市兖州区农业科学研究所杨庄试验基地进行。该试验点属温带大陆性季风气候区，年平均气温13.6°C，无霜期平均为225d，年均降水量658.5mm。降雨多集中在7—8月，小麦生产季降水量约占全年28%（表1）。试验地土壤类型为黏壤土，地势平坦，肥力中等，前茬作物为夏玉米。试验前0～20cm土壤有机质为15.54g/kg，全氮1.23g/kg，速效磷23.50g/kg，速效钾104.70g/kg。

表1　2013—2015年小麦生育期内气温和降水情况

	2012—2013		2013—2014		2014—2015	
月份	气温（℃）	降水（mm）	气温（℃）	降水（mm）	气温（℃）	降水（mm）
10	15.18	17.3	14.75	4.7	16.10	12.4
11	5.79	19.6	6.83	36.3	7.97	19.6
12	−1.15	37.3	0.02	0.0	−0.50	0.0
1	−1.75	4.3	1.45	0.0	1.00	6.3

（续表）

	2012—2013		2013—2014		2014—2015	
月份	气温（℃）	降水（mm）	气温（℃）	降水（mm）	气温（℃）	降水（mm）
2	2.25	13.2	1.99	21.0	3.00	21.9
3	9.17	8.8	11.36	0.9	9.50	3.3
4	13.92	9.0	16.34	44.5	14.10	97.9
5	21.14	167.0	21.98	51.5	21.00	41.0
6	25.48	14.0	24.40	77.6	25.00	83.7

1.2 试验设计

2013年参试品种为5个，分别为山农20、山农23、济麦20、济南17和良星77；2014年和2015年参试品种为7个，分别为山农20、山农23、济麦20、济南17、良星77、济麦22和鲁原502。每个品种为1个处理，设置3次重复，以常年种植的济麦20为对照，小区面积为80m^2。畦宽为2.7m，畦内播9行小麦，为大田生产中常用种植模式。

1.3 田间管理

2013年，试验于2012年10月9日播种，2013年6月10日收获。播种前每亩施三元复合肥100kg（N-P-K含量为15%-15%-15%），拔节期每亩追施尿素15kg。整个生育期间浇蒙头水、拔节水和灌浆水3次水。3月15日采用烟嘧磺隆100g/亩，兑水30kg/亩喷施化学除草。3月23日喷施壮丰安化控防倒伏。4月4日采用10%吡虫啉20g/亩加40%粉锈宁乳油50mL/亩，兑水30kg/亩喷施防治小麦蚜虫、白粉病等。5月3日和10日采用50%多菌灵100g/亩加吡虫啉20g/亩，兑水30kg/亩喷施防治小麦赤霉病、蚜虫等病虫害。5月17日和24日采用10%吡虫啉20g/亩加40%粉锈宁乳油50mL/亩，兑水30kg/亩喷施防治小麦蚜虫、白粉病、锈病等病虫害。

2014年，试验于2013年10月8日播种，2014年6月4日收获。播种前每亩施三元复合肥100kg（N-P-K含量为15%-15%-15%），拔节期每亩追施尿素15kg。整个生育期间浇蒙头水、拔节水、开花水和灌浆水4次。11月11—13日采用苄嘧磺隆（10%）30g/亩加氯氟吡氧乙酸25mL/亩，兑水30kg/亩喷雾化学除草。3月26日小麦拔节期采用10%吡虫啉20g/亩加40%粉锈宁乳油50mL/亩，兑水30kg/亩喷雾，防治小麦蚜虫、白粉病等。4月26日小麦开花前采用50%多菌灵100g/亩加5%高效氯氟氰菊酯40mL/亩加40%粉锈宁乳油50mL/亩，兑水30kg/亩喷雾，防治小麦蚜虫、白粉病、锈病、赤霉

病等病虫害。

2015年，试验于2014年10月16日播种，2015年6月7日收获。播种前每亩施三元复合肥100kg（N-P-K含量为15%-15%-15%），拔节期每亩追施尿素15kg。整个生育期间浇蒙头水和灌浆水2次。2014年11月10日采用3%世玛30mL/亩（甲基二磺隆悬浮剂）加15%阔佚（噻吩磺隆可湿性粉剂）30mL/亩，兑水30kg/亩喷雾化学除草。3月26日小麦拔节期采用10%吡虫啉20g/亩加40%粉锈宁乳油50mL/亩，兑水30kg/亩喷雾，防治小麦蚜虫、白粉病等；4月23日小麦孕穗期采用50%多菌灵100g/亩加5%高效氯氟氰菊酯40mL/亩加40%粉锈宁乳油50mL/亩，兑水30kg/亩喷雾，防治小麦蚜虫、锈病、赤霉病等病虫害。

1.4　测定项目

1.4.1　各生育期调查

记载播种期、越冬期、返青期、起身期、拔节期、开花期和成熟期。

1.4.2　群体调查

于小麦三叶期进行定苗，定苗面积0.9m^2，关键生育时期调查群体数量，折算亩苗量，计算单株成穗数和分蘖成穗率。

1.4.3　产量结构及产量测定

于成熟期调查亩穗数，并选取20个有代表性的单茎测定穗粒数，收获4m^2小麦脱粒计产，并测定千粒重。

1.5　数据分析

用Microsoft Excel 2003进行数据统计和计算。

2　结果与分析

2.1　不同品种生育期差异

了解作物生育期有利于合理安排播期和收获期，使作物生长期和光温资源相匹配，获得最佳籽粒产量。从近3年品种展示来看，各品种生育时期差异不大，变幅在2～3d，均适宜在兖州地区种植，但年份间差异较大，这与年度间各生育阶段气候条件有关。2014年3—4月平均温度高于2013年和2015年同期水平，导致拔节期、抽穗期、开花期和成熟期提前（表2）。

表2 2013—2015年不同小麦品种生育期差异

年份		出苗期（月/日）	拔节期（月/日）	抽穗期（月/日）	开花期（月/日）	成熟期（月/日）
2012—2013	山农20	10/16	3/29	4/26	5/4	6/5
	山农23	10/16	3/29	4/28	5/5	6/6
	济麦20	10/16	3/.29	4/28	5/5	6/8
	济南17	10/16	3/29	4/28	5/5	6/6
	良星77	10/16	3/29	4/27	5/7	6/6
2013—2014	山农20	10/15	3/29	4/21	4/26	6/2
	山农23	10/15	3/29	4/21	4/27	6/3
	济麦20	10/15	3/29	4/21	4/27	6/5
	济南17	10/15	3/29	4/21	4/29	6/3
	良星77	10/15	3/28	4/20	4/27	6/3
	济麦22	10/15	3/29	4/21	4/27	6/4
	鲁原502	10/15	3/30	4/22	4/26	6/4
2014—2015	山农20	10/24	3/26	4/25	5/2	6/5
	山农23	10/24	3/27	4/26	5/3	6/6
	济麦20	10/24	3/27	4/26	5/3	6/8
	济南17	10/24	3/27	4/26	5/6	6/6
	良星77	10/24	3/26	4/25	5/3	6/6
	济麦22	10/24	3/27	4/26	5/3	6/7
	鲁原502	10/24	3/28	4/27	5/2	6/7

2.2 不同品种群体动态变化

如表3所示，2013年，山农20和良星77冬前苗量最大，大于70万株/亩，山农23、济麦20和济南17差异不大，在60.20万～63.40万株/亩。拔节期山农23群体苗量最小，其余品种苗量均大于100万株/亩。开花期和成熟期，山农23穗数最小，济麦20穗数最大，其余品种介于两者之间。2014年，山农20、山农23、济南17和鲁原502冬前苗量在50万～60万株/亩，济麦20、良星77和济麦22在43万～50万株/亩。拔节期，山农20、济南17和良星77苗量较小，大于80万株/亩，山农23和鲁原502苗量在90万～100

万株/亩，济麦20和济麦22苗量大于100万株/亩。开花期和成熟期，山农23亩穗数最小，济麦20亩穗数最大，其余品种介于两者之间。2015年，山农23、济麦20、济麦22和鲁原502冬前苗量在60万～70万株/亩，济南17、良星77和山农20冬前苗量大于70万株/亩。拔节期，山农23群体苗量较小，低于90万株/亩，山农20和鲁原502苗量在90万～100万/亩，济麦20、济南17、良星77和济麦22苗量大于100万株/亩。开花期和成熟期，山农23亩穗数最小，良星77亩穗数最大，其次是济麦20，其余品种次之。

表3 2013—2015年不同小麦品种群体动态

年份		基本苗（万株/亩）	冬前苗（万株/亩）	拔节（万株/亩）	开花（万株/亩）	亩穗数（万穗）	单株成穗数（穗）	分蘖成穗率（%）
2012—2013	山农20	18.30	70.70	107.80	48.05	44.10	2.41	40.91
	山农23	18.40	63.40	98.40	32.07	31.90	1.73	32.42
	济麦20	14.40	60.20	105.50	58.90	51.50	3.58	48.82
	济南17	14.90	61.80	107.40	54.20	45.65	3.06	42.50
	良星77	18.10	74.40	118.60	49.00	49.00	2.71	41.32
2013—2014	山农20	15.06	59.08	82.67	30.64	29.93	1.99	36.21
	山农23	20.14	58.26	99.13	25.10	25.52	1.27	25.74
	济麦20	13.43	45.07	101.64	44.16	43.14	3.21	42.45
	济南17	12.43	57.33	80.51	33.40	32.63	2.62	40.54
	良星77	11.68	43.38	82.14	30.13	29.44	2.52	35.84
	济麦22	13.31	49.51	113.43	36.09	35.66	2.68	31.44
	鲁原502	12.49	53.48	94.46	28.53	28.88	2.31	30.57
2014—2015	山农20	12.45	71.67	92.06	46.69	45.61	3.67	49.55
	山农23	18.00	67.28	86.95	29.17	28.50	1.58	32.78
	济麦20	12.95	69.73	107.95	48.56	47.45	3.67	43.95
	济南17	12.78	70.34	101.34	43.84	42.84	3.35	42.27
	良星77	12.33	75.56	116.06	50.27	45.11	3.66	38.87
	济麦22	12.45	67.23	109.62	43.67	42.67	3.43	38.93
	鲁原502	14.56	67.34	92.23	42.20	41.22	2.83	44.70

2.3 不同品种产量及产量结构差异

如表4所示，2013年，济南17产量最高，达553.69kg/亩，济麦20产量最低，为445.46kg/亩，其余品种位于两者之间。亩穗数变幅为31.90万～51.50万穗，其中济麦20亩穗数最高，山农23亩穗数最低，其余介于两者之间。穗粒数变幅为26.50～44.00粒，山农23穗粒数最高，良星77穗粒数最低，其余介于两者之间。千粒重变幅为31.55～40.85g，其中山农20千粒重最高，济麦20千粒重最低，其余介于两者之间。

表4　2013—2015年不同小麦品种产量结构及产量差异

年份		亩穗数（万穗）	穗粒数（粒）	千粒重（g）	产量（kg/亩）	倒伏面积（%）
2012—2013	山农20	44.10	30.15	40.85	534.58	70
	山农23	31.90	44.00	39.33	550.47	44
	济麦20	51.50	29.35	31.55	445.46	98
	济南17	45.65	30.90	39.08	553.69	40
	良星77	49.00	26.50	40.15	520.80	未倒伏
2013—2014	山农20	29.93	36.49	48.02	534.19	未倒伏
	山农23	25.52	45.08	46.79	543.08	未倒伏
	济麦20	43.14	30.73	44.79	582.25	未倒伏
	济南17	32.63	36.29	44.24	534.75	未倒伏
	良星77	29.44	37.40	46.82	498.64	未倒伏
	济麦22	35.66	34.70	46.00	566.70	未倒伏
	鲁原502	28.88	41.15	46.74	551.42	未倒伏
2014—2015	山农20	45.61	30.63	42.15	580.75	未倒伏
	山农23	28.50	44.68	42.84	554.62	未倒伏
	济麦20	47.45	31.70	38.08	573.95	未倒伏
	济南17	42.84	31.70	38.89	527.09	未倒伏
	良星77	45.11	28.05	43.01	537.87	未倒伏
	济麦22	42.67	33.55	39.74	567.35	未倒伏
	鲁原502	41.22	31.30	45.86	609.67	未倒伏

2014年，济麦20产量最高，达582.25kg/亩，良星77产量最低，为498.64kg/亩，其余品种介于两者之间。亩穗数变幅为25.52万～43.14万穗，其中济麦20亩穗数最高，山农23亩穗数最低，其余介于两者之间。穗粒数变幅为30.73～45.08粒，山农23穗粒数最高，济麦20穗粒数最低，其余介于两者之间。千粒重变幅为

44.24～48.02g，其中山农20千粒重最高，济麦20和济南17千粒重最低，低于45g，其余介于两者之间。

2015年，鲁原502产量最高，达609.67kg/亩，济南17和良星77产量较低，低于540kg/亩，其余品种居中。亩穗数变幅为28.50万～47.45万穗，其中济麦20亩穗数最高，山农23亩穗数最低，其余介于两者之间。穗粒数变幅为28.08～44.68粒，山农23穗粒数最高，良星77穗粒数最低，其余介于两者之间。千粒重变幅为38.08～45.86g，其中鲁原502千粒重最高，济麦20和济南17千粒重较低，低于39g，其余介于两者之间。

3　讨论和结论

山农23属于分蘖成穗力较差的品种，单株成穗数和分蘖成穗率均较小，在生产中应适当加大播量，确保亩穗数充足。济麦20、济南17和山农20属于分蘖力较强的品种，拔节期苗量较大，单株成穗数和分蘖成穗率均较高，在生产中应适当控制播量，延迟拔节肥水时间，适当降低拔节期最大苗量，避免生育后期倒伏现象的发生。

在不发生小麦倒伏的前提下，济麦20、济麦22、山农20和鲁原502产量结构合理，产量表现较突出；济南17和良星77产量次之，但受气候影响年份间产量差异较大；山农23产量表现不是很突出，但常年稳定在550kg/亩左右，稳产性好。

综上所述，每个品种各有优缺点，应根据品种特性采取合适的栽培措施，实现良种良法配套。

参考文献

［1］　单府，赵永强，唐怀坡. 2011—2012年度小麦新品种展示试验[J]. 安徽农学通报，2013，19（10）：44-46.

［2］　王凤，杭林，林佩佩，等. 2012—2013年江苏省淮南小麦新品种展示试验总结[J]. 福建稻麦科技，2013，31（4）：84-87.

［3］　段文卿. 鹿邑县2009—2010年度小麦品种对比试验[J]. 现代农业科技，2011（4）：50-54.

［4］　吴子健. 安徽省小麦品种对比试验[J]. 现代农业科技，2010（14）：80-81.

2017年度不同地力水平下小麦品种对比试验报告

摘　要：小麦是兖州的主要种植作物，常年种植面积在30万亩以上。本试验在3个不同地力水平地块下从生育期、群体动态和产量性状等方面对兖州的小麦新品种进行比较分析，研究表明鲁原502和烟农1212在超高产地块和中高产地块均适宜种植，均有较高的增产潜力，山农29适宜在中高产地块种植。

关键词：小麦；生育期；群体动态；产量结构

兖州地处鲁西南平原，位于黄淮海强筋小麦产业带内，常年种植小麦面积30万亩以上，平均亩产550kg左右，最高小面积单产纪录805.6kg/亩，年总产在16.5万t左右，总体进入高产再高产阶段。为进一步筛选适宜鲁西南生态气候条件下的超高产品种，充分发挥品种增产潜力，特开展本试验研究。

1　材料与方法

1.1　试验地概况

试验于2016年10月至2017年6月在兖州小孟镇史王村、新兖镇大南铺村和杨庄村3个试验点进行，试验地地势平坦，前茬作物均为夏玉米。播种前史王村试验点土质为中壤，0～20cm土壤有机质为19.15g/kg，碱解氮168mg/kg，速效磷23.48mg/kg，速效钾376.34mg/kg，为超高产地块，常年小麦产量在700kg/亩左右；杨庄村试验点土质为砂姜黑土，0～20cm土壤有机质为17.21g/kg，碱解氮133mg/kg，速效磷19.7mg/kg，速效钾158.15mg/kg，常年小麦产量为650kg/亩以上，为高产地块；大南铺村试验点土质为中壤，0～20cm土壤有机质为16.2g/kg，碱解氮90.45mg/kg，速效磷16.52mg/kg，速效钾84mg/kg，常年小麦产量为550kg/亩以上，为中高产地块。

1.2　试验设计

史王村种植烟农1212和鲁原502两个品种，杨庄村种植鲁原502、山农29和济麦22 3个品种，大南铺村种植荷麦19、丰川9号、烟农999、山农20、烟农1212、山农29和鲁原502共7个品种，各品种采用大宽畦种植，畦宽5.1m，种植18行小麦，每个品种播种面积约为5亩，2018年10月13—14日播种，翌年6月8日收获。

3地块管理措施均按超高产攻关田水平进行。播种前施基肥，其中亩施磷酸二铵（N 18%，P_2O_5 46%）40kg、硫酸钾（K_2O 50%）25kg以及鸡粪500kg，越冬期每

亩追施3m³沼液，倒二叶露尖期每亩追施3m³沼液和10kg/亩尿素。播种后由于持续降雨，没有浇蒙头水。越冬期和倒二叶露尖期追施沼液时浇水。11月14日喷施除草剂（双氟·氟氯酯），3月19日喷施抗倒剂（康普4号）和己唑醇（防纹枯病），4月23日喷施醚菌酯、高氯氰菊酯、吡虫啉和己唑醇，防治赤霉病、白粉病、蚜虫和麦叶蜂等。5月2日和15日喷醚菌酯和己唑醇，防治赤霉病和条锈病。

1.3　测定项目

1.3.1　各生育时期调查

记载播种期、出苗期、越冬期、拔节期、抽穗期和成熟期。

1.3.2　群体调查

于小麦三叶期进行定苗，每个品种定点3处，定苗面积0.9m²，关键生育时期调查群体数量，折算亩苗量，并计算单株成穗数和分蘖成穗率。

1.3.3　产量结构及产量测定

于成熟期调查亩穗数，并选取30个有代表性的单茎测定穗粒数，收获10.2m²小麦脱粒计产，并测定千粒重。

1.4　数据分析

用Microsoft Excel 2003进行数据统计和计算。

2　结果与分析

2.1　不同品种生育期差异

了解作物生育期有利于合理安排播期和收获期，使作物生长期和光温资源相匹配，获得最佳籽粒产量。从品种展示结果（表1）来看，同一地块、不同品种在播种出苗相同的情况下，拔节前生育进程基本一致，春季开始拔节早晚相差不大，但拔节后生育进程逐渐拉大差距，到抽穗期则相差较大，大南铺村中高产地块上参试7个品种，鲁原502抽穗期最早4月21日，成熟期最早在6月5日，荷麦19抽穗期最晚4月25日，成熟期最晚在6月8日，比其余品种晚熟2～3d。对于同一品种来说，鲁原502和烟农1212在小孟镇史王村的抽穗期要比大南铺村的抽穗期晚1～2d，成熟期晚2～3d，表明土壤肥力水平的提高，可以延缓小麦后期衰老，延长生育期，利于拔节期间小花的分化、发育，增加穗粒数，利于开花后延长灌浆时间，提高千粒重。另外，新兖镇杨庄村土质为砂姜黑土，相比另外两个壤土地块，春季土壤增温较慢，小麦拔节期晚1～2d。

表1　不同小麦品种生育期差异

地块	品种	播期（月/日）	出苗期（月/日）	越冬期（月/日）	拔节期（月/日）	抽穗期（月/日）	成熟期（月/日）
小孟镇史王村	鲁原502	10/14	10/20	12/27	3/26	4/23	6/8
	烟农1212	10/14	10/20	12/27	3/26	4/25	6/8
新兖镇杨庄村	鲁原502	10/14	10/20	12/27	3/29	4/22	6/8
	山农29	10/14	10/20	12/27	3/28	4/22	6/8
	济麦22	10/14	10/20	12/27	3/29	4/23	6/8
新兖镇大南铺村	鲁原502	10/13	10/20	12/27	3/27	4/21	6/5
	山农29	10/13	10/20	12/27	3/27	4/22	6/6
	烟农1212	10/13	10/20	12/27	3/27	4/24	6/6
	山农20	10/13	10/20	12/27	3/26	4/23	6/6
	烟农999	10.13	10/20	12/27	3/26	4/22	6/6
	丰川9号	10/13	10/20	12/27	3/27	4/23	6/6
	菏麦19	10/13	10/20	12/27	3/27	4/25	6/8

2.2　不同品种群体动态变化

由表2可知，小孟镇史王村超高产地块，鲁原502和烟农1212冬前苗量相差不大，但拔节期最大群体苗量烟农1212大于鲁原502，鲁原502春季分蘖力比烟农1212弱，但两者亩穗数相差不大，鲁原502分蘖成穗率高于烟农1212。新兖镇杨庄村高产地块，鲁原502基本苗相对较高，越冬期苗量表现为鲁原502>济麦22>山农29，到了拔节期，苗量大小表现为济麦22>山农29>鲁原502，表明鲁原502春季分蘖力较弱，但鲁原502的分蘖成穗率较高。新兖镇大南铺村中高产地块，烟农1212基本苗较高，越冬期群体苗量最大，山农29苗量最小，其余品种介于两者之间；拔节期最大群体苗量山农29最大，烟农1212相对却较小；最终亩穗数和分蘖成穗率丰川9号最高，山农29最低，其余品种介于两者之间。综合来看，鲁原502在各类土壤肥力地块上均表现春季分蘖力较弱，主要靠冬前分蘖成穗，烟农1212在土壤肥力较低的情况下春季分蘖力较弱，在超高产肥力条件下春季分蘖力则显著提高，但两个品种在中高产和超高产壤土类型地块上，亩穗数稳定在42万穗左右。相比壤土类型，新兖镇杨庄村砂姜黑土高产地块更利于小麦春季分蘖成穗，亩穗数显著提高。

表2　不同小麦品种群体动态差异

地块	品种	基本苗（万株/亩）	冬前苗（万株/亩）	拔节期（万株/亩）	挑旗期（万株/亩）	亩穗数（万穗）	单株成穗数（穗）	分蘖成穗率（%）
小孟镇史王村	鲁原502	11.28	45.52	97.10	41.97	41.07	3.64	42.30
	烟农1212	12.23	43.98	107.79	42.62	42.32	3.20	39.26
新兖镇杨庄村	鲁原502	14.05	62.08	95.63	45.97	45.87	3.26	47.96
	山农29	12.03	46.24	106.59	50.92	50.80	4.22	47.66
	济麦22	12.77	55.26	115.74	50.93	50.80	3.98	43.89
新兖镇大南铺村	鲁原502	11.33	42.29	78.80	42.42	41.42	3.66	52.60
	山农29	11.45	36.47	93.88	40.50	39.63	3.46	42.16
	烟农1212	15.86	53.10	71.93	43.95	41.94	2.64	58.25
	山农20	13.49	47.67	72.65	49.28	48.22	3.57	66.28
	烟农999	11.81	40.48	69.68	43.03	42.11	3.56	60.35
	丰川9号	16.31	37.23	78.84	53.79	48.62	2.98	61.64
	菏麦19	12.97	41.85	91.65	42.01	41.05	3.16	44.79

2.3　不同品种产量及产量结构差异

由表3可知，小孟镇史王村超高产地块，鲁原502与烟农1212亩穗数、穗粒数以及千粒重产量均相当，产量均达到700kg/亩以上。新兖镇杨庄村高产地块，鲁原502亩产达到732.63kg/亩，发挥了超高产潜力，山农29和济麦22产量分别为660.53kg/亩和630.27kg/亩，比鲁原502分别减产72.1kg/亩和102.36kg/亩。新兖镇大南铺村中高产地块，鲁原502和烟农1212产量最高，达660kg/亩以上，山农20产量最低，为552.95kg/亩，其余品种介于两者之间；亩穗数变幅为39.63万～48.62万穗，其中丰川9号亩穗数最高，山农29亩穗数最低，其余品种介于两者之间；穗粒数变幅为31.5～38.8粒，烟农1212穗粒数最高，荷麦19穗粒数最低，其余品种介于两者之间；千粒重变幅为41.4～49.8g，其中荷麦19千粒重最高，山农20千粒重最低，其余品种介于两者之间。

综合来看，鲁原502属中穗型品种，本试验在中高产肥力条件下亩穗数41.42万穗、穗粒数37.8粒、千粒重48.4g，平均亩产661.79kg，与之相比，新兖镇杨庄村砂姜黑土高产地块上，在保持穗粒数、千粒重相对稳定的情况下，亩穗数增加4.45万穗、亩产提高到732.63kg；小孟镇史王村超高产壤土地块上，在保持亩穗数相对稳定的情况下，穗粒数增加4.3粒、千粒重提高1.2g、亩产提高到733.93kg。烟农1212在中高产肥力条件下亩穗数41.94万穗、穗粒数38.8粒、千粒重47.6g，平均亩产660.45kg，与之相比，小孟镇史王村超高产壤土地块上，在保持亩穗数相对稳定的情况下，穗粒数增加2.3粒、千粒重提高1.2g、亩产提高到730.01kg。随着土壤肥力的提高，两个品种均表现出较高的增产潜力。

表3　不同小麦品种产量结构及产量差异

地块	品种	亩穗数(万穗)	穗粒数(粒)	千粒重(g)	理论产量(kg/亩)	实际产量(kg/亩)
小孟镇史王村	鲁原502	41.07	42.1	49.6	728.97	733.93
	烟农1212	42.32	41.1	48.8	718.53	730.01
新兖镇杨庄村	鲁原502	45.87	37.9	48.6	716.27	732.63
	山农29	50.80	30.4	49.0	643.21	660.53
	济麦22	50.80	31.7	45.0	615.96	630.27
新兖镇大南铺村	鲁原502	41.42	37.8	48.4	646.47	661.79
	山农29	39.63	38.0	48.8	624.19	639.50
	烟农1212	41.94	38.8	47.6	658.39	660.45
	山农20	48.22	31.7	41.4	537.68	552.95
	烟农999	42.11	36.5	44.9	586.46	601.75
	丰川9号	48.62	32.7	44.3	598.42	612.99
	菏麦19	41.05	31.5	49.8	546.69	561.96

3　讨论和结论

研究表明，土壤肥力是影响小麦产量的关键因素之一，对小麦产量的平均贡献率为51.4%[1]。在黄淮海冬麦区，高土壤肥力处理的小麦籽粒产量比低土壤肥力处理提高40.63%[2]或48.85%[3]。土壤肥力通过影响小麦产量三要素来提高产量，但不同研究中产量三要素变化不同。有研究指出，高肥力地块主要通过提高穗数和穗粒数来提高产量[4]，也有研究表明，高土壤肥力的小麦穗粒数和千粒重提高，进而产量提高[3]。本研究表明，对于鲁原502来说，与中高产地块相比，高产地块主要通过提高亩穗数提高产量，超高产地块主要通过提高其穗粒数和千粒重提高产量，分析其原因可能与鲁原502在不用地块的播量和地力水平有关。

不同品种的产量潜力有所差别[3-5]。本研究表明，在超高产地块和高产地块，鲁原502和烟农1212均表现出突出的产量潜力，可以作为超高产攻关品种，在中高产地块，鲁原502、山农29和烟农1212生育期适宜，群体结构合理，产量表现突出，均可在兖州同等肥力条件下种植。而对于其他品种建议下一年继续观察试验。

参考文献

[1] 于振文. 作物栽培学各论[M]. 北京：中国农业出版社，2003.

[2] 单鹤翔，卢昌艾，张金涛，等. 不同肥力土壤下施氮与玉米秸秆还田对冬小麦氮素吸收利用的影响[J]. 植物营养与肥料学报，2012，18（1）：35-41.

[3] 张铭，许轲，张洪程，等. 不同地力水平上施磷量对中筋小麦产量与品质的影响[J]. 安徽农业科学，2008，36（2）：468-470，549.

[4] 徐凤娇，田奇卓，裴艳婷，等. 土壤肥力和施氮方式对冬小麦不同生育期两类氮源吸收利用的影响[J]. 麦类作物学报，2011，31（2）：257-264.

[5] 于丰鑫，石玉，赵俊晔，等. 土壤肥力对高产小麦品种烟农1212旗叶叶绿素荧光特性和产量的影响[J]. 麦类作物学报，2018，38（10）：1222-1228.

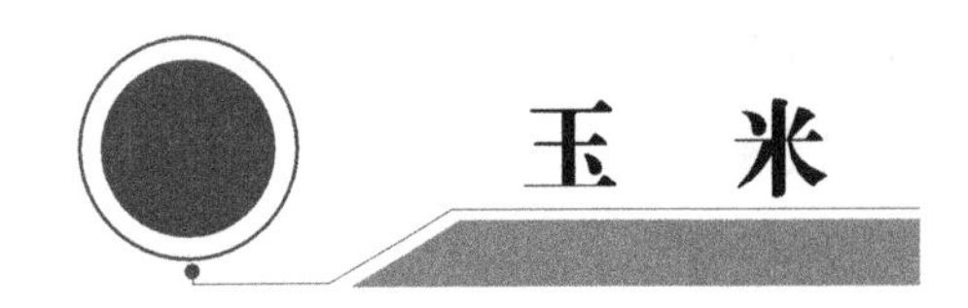

玉　米

种植密度对不同玉米品种产量和灌浆进程的影响

摘　要： 以超试1号（晚熟型）、郑单958（中熟型）两个玉米品种为材料，研究了5个种植密度对玉米产量、叶面积指数和籽粒灌浆进程的影响。结果表明，在1 500～7 500株/亩范围内，增加种植密度可提高单位面积玉米产量，但增幅越来越小，最佳种植密度为4 500～6 000株/亩。随着密度的增加，叶面积指数提高；种植密度对玉米单粒重的影响主要是通过影响前期的灌浆速率造成的，不同品种单粒重的差别是灌浆持续期和平均灌浆速率共同作用的结果。

关键词： 玉米；种植密度；产量；叶面积指数；灌浆进程

玉米产量既受遗传因素控制，又受生态环境和栽培措施的影响。合理的群体结构是玉米创造高产的一项重要措施[1]。兖州地处鲁西南平原，光热资源丰富，土壤肥沃，位于玉米优势产业带内，夏玉米平均产量$8.7 \times 10^3 kg/hm^2$，最高产量达到$1.5 \times 10^4 kg/hm^2$。但在大田生产中，人们传统的种植模式却限制了玉米产量的进一步提高，当地人们习惯在5月中下旬进行麦套播种玉米，导致玉米粗缩病发生严重，种植密度不足4 500株/亩，影响了产量的提高。另外，当前生产上应用的紧凑型玉米品种多有“假熟”现象，当地群众历来有玉米苞叶变白就开始收获的传统习惯，而此时玉米灌浆并未结束，提前收获造成了玉米的减产[2]。本试验选用当地主推品种中熟型郑单958和超高产晚熟型品种超试1号，采用夏直播种植模式，研究不同种植密度对产量性状和籽粒灌浆进程的影响，为大田高产生产提供理论依据。

1　材料与方法

1.1　试验田概况

试验于2007年在兖州市农业科学研究所试验田进行，属潮褐土，土质轻壤，耕层0～20cm土壤有机质含量12.6g/kg，碱解氮78mg/kg，速效磷27mg/kg，速效钾102mg/kg。试验田肥力均匀，前茬冬小麦，秸秆直接还田。

1.2　试验设计

供试材料为当地主推中熟型品种郑单958（生育期102d左右）和超高产晚熟型品种（生育期110d左右）超试1号，密度设置1 500株/亩（D1）、3 000株/亩（D2）、4 500株/亩（D3）、6 000株/亩（D4）和7 500株/亩（D5）5个种植密度。小区面积50m^2，重复3次，随机排列。6月13日人工点播，等行距种植，行距60cm，每品种种植11行，行长7.5m。其他的田间管理措施按玉米高产技术规程进行。

1.3　取样及测定方法

五叶期定苗时，在各小区中，选取叶龄基本一致、代表全小区情况的标准株进行叶龄标记，取样调查时作为参考。用长、宽系数法测定叶面积指数，即长×宽×系数（0.5～0.75）。

玉米吐丝期选择生长一致的代表性单株挂牌标记，自授粉后10d开始，每隔10d取样一次。取样时每小区选3个果穗，剥取籽粒混匀后，将籽粒于105℃烘箱中杀青，70℃烘干，烘干至恒重，测千粒重，每处理3个重复。各小区在生育期间调查农艺性状，成熟收获后晾晒到籽粒含水量在14%时考种、脱粒计产。

1.4　籽粒增重进程模拟

籽粒增重进程以授粉后的天数和相应的籽粒干重，用Logistic方程拟合$Y=K/(1+ae^{-bx})$，式中的Y为单粒重（mg），x为授粉后天数，K为希望最大粒重（mg），a、b均为回归参数。相应的灌浆特性参数均按常规计算推导。

2　结果与分析

2.1　种植密度对产量及产量构成因素的影响

从表1中可以看出，随着密度的增加，两品种产量越来越高，但增幅越来越小，在4 500～7 500株/亩范围内，产量并未达到显著水平。两品种表现相同的规律。可见一味地增加种植密度并不会显著提高单位面积玉米产量，合理密植才是维持行粒数、穗行数、穗粒数和千粒重平衡获得高产的前提。相同密度水平下，品种之间也存在差别，晚熟型品种超试1号的产量较高一些。

由表2可以看出，密度的增加显著降低了千粒重，两品种均表现为D1>D2>D3>D4>D5；密度对穗行数无显著影响。随着密度的增加，玉米两品种主要产量相关性状，如穗长、穗粗、轴粗、行粒数、穗粒数均呈现出降低的趋势，而秃顶长却出现相反的变化趋势，但在种植密度为6 000～7 500株/亩，这些玉米产量相关性状均未达到显著水平。表2中穗粒数与行粒数的变化规律是一致的，表明密度水平主要是通过调节行粒数而改变穗粒数的。

表1 不同种植密度对不同品种产量的影响

品种	处理	产量（kg）	5%显著水平	1%显著水平
超试1号	1 500	399.35	c	
	3 000	646.56	b	
	4 500	748.61	a	
	6 000	758.04	a	
	7 500	763.94	a	
	平均	663.30	c	
郑单958	1 500	346.34		
	3 000	539.74	b	
	4 500	659.06	a	
	6 000	681.60	a	
	7 500	683.73	a	
	平均	582.09		

注：表中不同小写字母表示在0.05水平上差异显著。

表2 不同处理的产量构成和植株性状变化

品种	处理	穗长（cm）	穗粗（cm）	轴粗（cm）	秃顶长（cm）	穗行数（行）	行粒数（粒）	穗粒数（粒）	千粒重（g）
超试1号	D1	24.00aA	5.29	3.32	0.23bB	15.18a	42.76aA	647.18aA	432.87aA
	D2	22.44aAB	5.24	3.24	0.79bB	15.18a	40.59aA	616.00aA	403.16bB
	D3	20.56bB	5.09	3.15	1.85aA	14.82a	34.76bB	514.59bB	376.41cC
	D4	17.38cC	4.85	3.00	2.02aA	14.82a	28.53cC	422.81cC	350.42dD
	D5	16.35Cc	4.71	2.79	2.20aA	14.24a	27.24cC	386.24cC	311.71eE
	平均	20.15	5.04	3.10	1.42	14.85	34.78	517.368	374.91
	CV(%)	16.15	4.96	6.77	60.72	2.59	19.99	22.19	12.48
郑单958	D1	19.63aA	5.40	3.20	0.00bB	15.6a	40.55aA	631.6aA	393.03aA
	D2	18.12bB	5.23	3.03	0.05bB	15.4a	38.15abAB	589.3abAB	353.33bB

（续表）

品种	处理	穗长（cm）	穗粗（cm）	轴粗（cm）	秃顶长（cm）	穗行数（行）	行粒数（粒）	穗粒数（粒）	千粒重（g）
郑单958	D3	16.39cC	5.05	3.03	0.30bB	15.3a	36.15bB	552.3bB	311.57cC
	D4	14.24dD	4.83	2.88	0.88aA	14.9a	29.35cC	438.0cC	296.66dD
	D5	13.58dD	4.75	2.55	0.93aA	14.4a	28.65cC	414.3cC	281.77eD
	平均	16.39	5.05	2.94	0.43	15.12	34.57	525.1	327.27
	CV(%)	15.56	5.36	8.33	103.44	3.15	15.40	18.08	13.88

注：同列数据后不同大小写字母表示在0.01和0.05水平上差异显著。

品种间比较，超试1号的穗长、千粒重、秃顶长、行粒数均高于郑单958，其余性状则低于郑单958，这是其产量高于郑单958的基础，超试1号的穗长、行粒数、穗粒数的变异系数分别为16.15%、19.99%和22.19%；郑单958的变异系数分别为15.56%、15.40%和18.08%。可见对这3个产量相关性状而言，密度处理对超试1号的影响大于郑单958；而对其余的产量相关性状而言，密度处理对超试1号的影响小于郑单958。

2.2　不同密度下不同品种叶面积指数随生育进程的变化

叶片是玉米的主要光合器官，叶片的大小对玉米光合产物的积累有重要的作用，同时叶面积大小也是生产上确定种植密度，使不同类型玉米充分发挥其潜力的重要依据[2]。表3反映这两个玉米品种的叶面积指数在不同生育时期和5种密度处理下的发展动态，均从出苗开始缓慢增长，到吐丝期达到最大值，此后开始缓慢下降；不同密度水平间比较，这两个品种在各个生育期间均表现叶面积指数随密度增高而增大的趋势，且在吐丝后40d之前的每个生育期内郑单958的极差值均大于超试1号，表明密度处理对郑单958叶面积指数的影响大于超试1号；品种间比较，在吐丝后40d之前的处理，郑单958的叶面积指数均比超试1号的高，但在后期则表现相反的趋势，表明超试1号在生育后期衰减缓慢，生理活性较强，光合面积高值持续时间较长，是维持其较高粒重的基础。

表3　不同密度下不同品种叶面积指数随生育进程的变化

品种	处理	大喇叭口期	吐丝后						
			0	10d	20d	30d	40d	50d	60d
超试1号	D1	1.10	1.83	1.81	1.78	1.73	1.68	1.49	0.75
	D2	2.11	3.31	3.30	3.23	3.12	2.94	2.73	1.29

（续表）

品种	处理	大喇叭口期	吐丝后						
			0	10d	20d	30d	40d	50d	60d
超试1号	D3	3.52	4.75	4.70	4.62	4.49	4.26	3.78	1.87
	D4	3.82	5.76	5.55	5.37	5.06	4.51	3.82	1.93
	D5	4.17	6.84	6.50	5.87	5.30	4.59	3.97	2.54
	平均	2.94	4.50	4.37	4.17	3.94	3.60	3.16	1.68
	极差（*R*）	3.07	5.01	4.69	4.09	3.57	2.91	2.48	1.79
郑单958	D1	1.17	1.71	1.68	1.64	1.59	1.17	0.65	—
	D2	2.20	3.81	3.75	3.60	3.35	3.04	1.24	—
	D3	2.73	5.12	5.03	4.88	4.51	4.10	1.58	—
	D4	4.10	6.15	6.08	6.00	5.55	4.77	2.17	—
	D5	4.56	7.09	7.01	6.78	6.21	4.86	2.36	—
	平均	2.95	4.78	4.71	4.58	4.24	3.59	1.60	—
	极差（*R*）	3.39	5.38	5.33	5.14	4.62	3.69	1.71	—

2.3　不同处理玉米的灌浆特征

以Logistic方程对不同处理的籽粒增重进程进行模拟（表4），其决定系数在0.992 3～0.997 5，表明Logistic方程可以很好地拟合各处理玉米籽粒的灌浆过程，灌浆特征参数见表5，包括灌浆持续期*T*（以粒重达到99%最大理论粒重时为灌浆结束期），最大灌浆速率*R*max，达到*R*max所需的时间*T*max，平均灌浆速率*R*。根据表4方程的二阶导数将灌浆过程划分为3个阶段：灌浆渐增期（*T*1）、灌浆快增期（*T*2）、灌浆缓增期（*T*3）。*R*1、*R*2、*R*3分别代表3个灌浆阶段的灌浆速率。

表4　密度处理对玉米籽粒灌浆的Logistic模拟方程

品种	处理	模拟方程	决定系数
超试1号	D1	y=395.011 0/［1+EXP（3.761 3−0.131 098x）］	0.994 4
	D2	y=380.020 2/［1+EXP（3.734 7−0.125 988x）］	0.995 2
	D3	y=378.470 8/［1+EXP（3.695 5−0.119 307x）］	0.995 6
	D4	y=345.651 2/［1+EXP（3.908 4−0.132 624x）］	0.997 1
	D5	y=310.466 3/［1+EXP（4.076 9−0.143 461x）］	0.994 8

（续表）

品种	处理	模拟方程	决定系数
郑单958	D1	y=355.836 9/［1+EXP（3.910 7−0.155 965x）］	0.995 0
	D2	y=345.229 5/［1+EXP（3.834 1−0.151 731x）］	0.996 9
	D3	y=291.671 1/［1+EXP（4.098 7−0.178 466x）］	0.997 5
	D4	y=280.727 0/［1+EXP（3.738 4−0.155 333x）］	0.992 3
	D5	y=263.870 8/（1+EXP（4.172 6−0.164 774x）］	0.995 6

从表5可以看出，密度处理对两品种变异系数最大的是灌浆渐增期灌浆速率（*R*1），分别达到10.34%和13.03%，而灌浆持续期（*T*）、最大灌浆速率出现时间（*T*max）和灌浆渐增期持续时间（*T*1）这3个参数的变异系数最小，表明密度处理对灌浆持续的时间、最大灌浆速率出现时间和灌浆渐增期持续时间无明显影响，密度处理之间的千粒重差别主要是通过调节前期的灌浆速率（*R*1）来调节的，并且对平均灌浆速率的影响多于对灌浆持续期的影响，这两个品种均表现相同的规律。

表5　不同处理玉米的灌浆特征参数

品种	处理	*T*	*R*	*T*max	*R*max	*T*1	*R*1	*T*2	*R*2	*T*3	*R*3
超试1号	D1	63.74	8.63	28.69	12.95	18.65	4.48	20.09	11.35	25.01	3.18
	D2	66.12	7.98	29.64	11.97	19.19	4.18	20.91	10.49	26.02	2.94
	D3	69.49	7.53	30.97	11.29	19.94	4.01	22.08	9.90	27.48	2.77
	D4	64.12	7.64	29.47	11.46	19.54	3.74	19.86	10.05	24.72	2.82
	D5	60.45	7.42	28.42	11.13	19.24	3.41	18.36	9.76	22.85	2.74
	平均	64.78	7.84	29.44	11.76	19.31	3.96	20.26	10.31	25.22	2.89
	CV（%）	5.13	6.24	3.39	6.26	2.46	10.34	6.78	6.23	6.77	6.20
郑单958	D1	54.54	9.25	25.07	13.10	16.63	4.52	16.89	12.17	21.02	3.41
	D2	55.55	8.73	25.27	13.10	16.59	4.40	17.36	11.48	21.61	3.22
	D3	48.71	8.68	22.97	13.01	15.59	3.95	14.76	11.41	18.37	3.20
	D4	53.65	7.27	24.07	10.9	15.59	3.81	16.96	9.56	21.10	2.68
	D5	53.21	7.25	25.32	10.87	17.33	3.22	15.99	9.53	19.89	2.67
	平均	53.13	8.24	24.54	12.20	16.35	3.98	16.39	10.83	20.40	3.04
	CV（%）	4.95	11.15	4.13	9.82	4.59	13.03	6.35	11.17	6.35	11.18

品种间比较，超试1号的灌浆持续期65d左右，粒重增长最快时间出现在吐丝后30d左右，持续10d左右；郑单958的灌浆持续期53d左右，粒重增长最快时间出现在吐丝后24d左右，持续8d左右。

3 讨论与结论

玉米的实际产量既受遗传因素的控制，又受生态环境和栽培措施的影响，其产量潜力的发挥与环境条件密切相关[1]。合理密植是获得高产的一项重要栽培措施，一般认为[3, 4]在一定范围内产量随着密度增加而提高，到一定密度后产量达到最高，继续增加密度产量反而下降。本研究表明，在密度为1 500～7 500株/亩范围内，产量随着密度的增加而增高，但增幅越来越小。综合考虑，在高产栽培条件下，这两个品种的最佳密度为4 500～6 000株/亩，再增加密度，不但产量提高不明显，反而加大了生产成本，可能还会对群体结构的整齐度造成影响，具体影响程度还需进一步探讨。

密度的增加会降低千粒重，减少穗粒数，进而改变产量结构。这与王聪玲等[5]研究结论基本一致。但本研究中密度对穗粒数的影响主要是通过行粒数而影响的，对穗行数并无显著影响，可见穗行数更多的是受遗传因素控制的，而行粒数更易随环境改变而改变。

李绍长等[6]认为同一品种粒重的差异是由灌浆速度决定的，不同品种粒重的差异是灌浆持续期的长短造成的。李玉玲等[7]认为籽粒灌浆速率的高低和有效灌浆期的长短是导致不同品种粒重差异的主要原因。张海艳[8]等指出影响玉米最终粒重大小的主要原因是灌浆速率，灌浆速率大则粒重高，反之粒重低。本研究表明，同一品种粒重的差异主要是由前期灌浆速率决定的。而不同品种粒重的差异是由灌浆速率的高低和有效灌浆期的长短共同决定的，灌浆期的长短更多的是受品种自身遗传因素的控制。

兖州位于黄淮海玉米主产区内，创建合理群体结构是产量获得高产的重要因素，在生产中，应采取相应的栽培调控措施，如选择适宜的品种（耐密、生育期），改套种为直播，减少粗缩病发生率，适当延迟播期和收获期，延长灌浆时间以提高粒重，最终达到高产。

本试验中，两品种的播种期在6月13日，郑单958的灌浆持续期53d左右，在9月30号完熟收获，并未影响小麦的最佳播种期，采用夏直播晚收技术完全可行。超试1号的灌浆持续期65d左右，需要在10月10日左右才能结束灌浆过程，生育期持续时间太长，但产量高，可作为超高产攻关首选品种。

参考文献

[1] 刘霞，李宗新，王庆成，等. 种植密度对不同粒型玉米品种籽粒灌浆进程、产量及品质的影响[J]. 玉米科学，2007，15（6）：75-78.

[2] 李洪梅，白洪立，王西芝，等. 不同收获时期对夏直播玉米产量影响的试验[J]. 农业科技通讯，2008（6）：3.

[3] 陈国立，刘键娜，娄麦兰，等. 郑单958不同密度与施氮量对产量及部分植株性状研究初报[J]. 玉米科学，2006，14（增刊）：108-109，111.

[4] 杨国虎，李新，王承莲，等. 种植密度影响玉米产量及部分产量相关性状的研究[J]. 西北农业学报，2006，15（5）：57-60，64.

[5] 王聪玲，龚宇，王璞，等. 不同类型夏玉米主要性状及产量的分析[J]. 玉米科学，2008，16（2）：39-43.

[6] 李绍长，陆嘉惠，孟宝民，等. 玉米籽粒胚乳细胞增殖与库容充实的关系[J]. 玉米科学，2000，8（4）：45-47.

[7] 李玉玲，胡学安，靳永胜，等. 爆裂与普通玉米杂交当代籽粒灌浆特性的比较研究[J]. 玉米科学，1999，7（4）：16-18.

[8] 张海艳，董树亭，高荣岐. 不同类型玉米籽粒灌浆特性分析[J]. 玉米科学，2007，15（3）：67-70.

不同收获时期对夏直播玉米产量影响的试验

摘　要：在玉米灌浆期，定期取样测量乳线形成的位置，风干后称量籽粒百粒重，计算不同收获时期夏直播玉米产量。试验结果，郑单958、浚单20、超试1号、聊玉20和鲁单9002五个品种在9月20日左右苞叶变白时，乳线形成50%左右，粒重仅为完熟期最大值的83%～88%，此时收获，会减产10%以上。生产上，如果推迟8～10d收获，在不增加任何成本的情况下，可增产10%以上。

关键词：夏直播玉米；收获时期

兖州位于山东省西南部，是全国重要的商品粮生产基地，粮食作物种植制度为小麦玉米一年两熟制。当地群众具有玉米苞叶变白就开始收获的传统习惯，当前生产上应用的紧凑型玉米品种多有"假熟"现象，即玉米苞叶提早变白而籽粒尚未停止灌浆，这些品种往往被提前收获，造成减产。为明确玉米提早收获减产的程度，为夏玉米直播晚收增粒重技术[1, 2]的推广提供科学依据，进行了本试验。

1　材料与方法

1.1　供试品种

中早熟品种鲁单9002和聊玉20，中熟品种郑单958和浚单20，中晚熟品种超试1号共5个品种。

1.2　试验田概况

试验于2008年在兖州市农业科学研究所试验田进行，属潮褐土，土质轻壤，耕层土壤有机质含量12.6g/kg，碱解氮78mg/kg，速效磷27mg/kg，速效钾102mg/kg。试验田肥力均匀，前茬冬小麦。

1.3　试验设计与栽培管理

6月10日人工点播，每品种种植6行，行长10m，小行距40cm，大行距90cm。超试1号种植密度82 500株/hm^2，其余4个品种种植密度75 000株/hm^2。田间栽培管理按《夏玉米单产13 500kg/hm^2超高栽培技术规程》进行。

1.4　取样调查

田间调查记载各品种生育进程。玉米吐丝期选择生长一致的代表性单株挂牌标记，于9月1日、9月6日、9月11日和9月16日每隔5d取4个果穗，此后每隔4d取4个果穗，调查穗行数、行粒数，计算平均穗粒数。调查果穗中部籽粒乳线形成的位置，即占整个胚乳的百分比。自然风干后，取果穗中部籽粒称重，折算出14%标准含水量下的百粒重。

2　结果与分析

2.1　各品种生育进程调查结果

各品种生育进程调查结果见表1。

表1　各品种生育进程调查结果

品种	播种（月/日）	出苗（月/日）	开花（月/日）	吐丝（月/日）	成熟（月/日）	全生育期（d）
郑单958	6/10	6/15	8/4	8/4	10/4	116
浚单20	6/10	6/15	8/4	8/4	10/2	114
超试1号	6/10	6/15	8/3	8/3	10/12	121
鲁单9002	6/10	6/15	8/3	8/3	9/28	110
聊玉20	6/10	6/15	8/4	8/4	9/28	110

2.2　不同收获期对郑单958百粒重及产量影响

郑单958粒重的增加是一个由快到慢的过程。9月1日授粉后27d，乳线开始形成，到9月20日乳线形成52%期间，灌浆速度较快，特别9月6—11日期间，百粒重平均日增加0.94g，达到灌浆速度顶峰；9月20日至10月4日，乳线形成52%～100%期间，灌浆速度明显比前期减慢，但百粒重仍由32.55g缓慢增加到37.34g。9月20日苞叶开始变白时，粒重仅相当于完熟期最大值的87%，此时收获减产13%。生产上，郑单958在6月10日左右夏直播，应到9月底基本达到完熟标准收获，既不影响播种小麦，又能达到理想的产量（表2）。

表2　不同收获期对郑单958百粒重及产量影响结果

收获期（月/日）	苞叶变化	授粉天数（d）	乳线形成（%）	百粒重（g）	平均日增重（g/100粒）	穗数（穗/hm^2）	穗粒数（粒）	理论产量（kg/hm^2）	占最高产量（%）
9/1	绿色	27	10	19.22	0.71	73 455	515.2	6 183	51

（续表）

收获期（月/日）	苞叶变化	授粉天数（d）	乳线形成（%）	百粒重（g）	平均日增重（g/100粒）	穗数（穗/hm²）	穗粒数（粒）	理论产量（kg/hm²）	占最高产量（%）
9/6	绿色	32	19	23.06	0.77	73 455	515.2	7 418	62
9/11	绿色	37	31	27.77	0.94	73 455	515.2	8 933	74
9/16	黄绿	42	45	31.13	0.67	73 455	515.2	10 014	83
9/20	白色	46	52	32.55	0.36	73 455	515.2	10 470	87
9/24	白色	50	60	33.37	0.21	73 455	515.2	10 734	89
9/28	变干	54	75	35.71	0.59	73 455	515.2	11 487	96
10/2	干枯	58	93	36.83	0.28	73 455	515.2	11 847	99
10/4	干枯	60	100	37.34	0.26	73 455	515.2	12 009	100

2.3 不同收获期对浚单20百粒重及产量影响

浚单20粒重的增加是一个由快到慢的过程。9月1日授粉后27d，乳线开始形成，到9月16日乳线形成47%期间，灌浆速度较快，特别9月11—16日期间，百粒重平均日增加0.84g，达到灌浆速度顶峰；9月16日至10月2日，乳线形成47%～100%期间，灌浆速度明显比前期减慢，但百粒重仍由30.91g缓慢增加到最高36.47g。9月20日苞叶变白时，乳线形成58%，粒重仅相当于完熟期最大值的89%，此时收获减产11%。生产上，浚单20在6月10日左右夏直播，应到9月底基本达到完熟标准收获，既不影响播种小麦，又能达到理想的产量（表3）。

表3　不同收获期对浚单20百粒重及产量影响结果

收获期（月/日）	苞叶变化	授粉天数（d）	乳线形成（%）	百粒重（g）	平均日增重（g/100粒）	穗数（穗/hm²）	穗粒数（粒）	理论产量（kg/hm²）	占最高产量（%）
9/1	绿色	27	10	21.10	0.78	73 530	497.8	6 566	58
9/6	绿色	32	21	23.73	0.53	73 530	497.8	7 383	65
9/11	绿色	37	34	26.72	0.60	73 530	497.8	8 313	73
9/16	黄绿	42	47	30.91	0.84	73 530	497.8	9 617	85
9/20	白色	46	58	32.41	0.38	73 530	497.8	10 083	89
9/24	白色	50	65	33.36	0.24	73 530	497.8	10 379	91

（续表）

收获期（月/日）	苞叶变化	授粉天数(d)	乳线形成(%)	百粒重(g)	平均日增重(g/100粒)	穗数(穗/hm²)	穗粒数(粒)	理论产量(kg/hm²)	占最高产量(%)
9/28	变干	54	86	35.14	0.45	73 530	497.8	10 934	96
10/2	干枯	58	100	36.47	0.33	73 530	497.8	11 348	100

2.4　不同收获期对超试1号百粒重及产量影响

超试1号粒重的增加有前期和后期两个高峰。9月1日授粉后28d，乳线开始形成，到9月24日乳线形成51%期间，灌浆速度较快，特别9月11—16日期间，百粒重平均日增加1.03g，达到前期灌浆速度顶峰；9月24日后，灌浆速度比前期减慢，但9月28日至10月6日又明显加快，特别10月2—6日（乳线形成73%～84%），百粒重日增加0.64g，达到后期灌浆速度高峰。9月24日授粉后51d，苞叶开始变白，乳线形成52%，百粒重35.39g，达到完熟期最大值的83%，此时收获减产17%。超试1号生育期较长，生产上可在5月下旬实行麦田套种，如果夏直播，应到10月上旬收获产量最高（表4）。

表4　不同收获期对超试1号百粒重及产量影响结果

收获期（月/日）	苞叶变化	授粉天数(d)	乳线形成(%)	百粒重(g)	平均日增重(g/100粒)	穗数(穗/hm²)	穗粒数(粒)	理论产量(kg/hm²)	占最高产量(%)
9/1	绿色	28	10	18.41	0.66	81 555	463.9	5 921	43
9/6	绿色	33	17	21.83	0.68	81 555	463.9	7 020	51
9/11	绿色	38	25	25.60	0.75	81 555	463.9	8 232	60
9/16	绿色	43	33	30.75	1.03	81 555	463.9	9 888	72
9/20	黄绿	47	42	32.67	0.48	81 555	463.9	10 506	77
9/24	黄白	51	52	35.39	0.68	81 555	463.9	11 381	83
9/28	白色	55	60	36.71	0.33	81 555	463.9	11 805	86
10/2	白色	59	73	39.04	0.58	81 555	463.9	12 555	92
10/6	变干	63	84	41.59	0.64	81 555	463.9	13 374	98
10/10	干枯	67	97	42.48	0.22	81 555	463.9	13 661	100

2.5　不同收获期对鲁单9002百粒重及产量影响

鲁单9002粒重的增加是一个由快到慢的过程。9月1日授粉后28d乳线形成19%，到9月11日授粉后38d，乳线形成44%期间，灌浆速度较快，特别9月6—11日（乳线形成28%～44%），百粒重平均日增加1.45g，达到灌浆速度顶峰；此后，灌浆速度明显比前期减慢，但百粒重仍由32.16g缓慢增加到最高38.51g。9月11日苞叶开始变白时，乳线形成44%，粒重仅相当于完熟期最大值的84%，此时收获减产16%。生产上，鲁单9002在6月10日左右夏直播，应到9月25日后基本达到完熟标准收获，产量最高（表5）。

表5　不同收获期对鲁单9002百粒重及产量影响结果

收获期（月/日）	苞叶变化	授粉天数（d）	乳线形成（%）	百粒重（g）	平均日增重（g/100粒）	穗数（穗/hm^2）	穗粒数（粒）	理论产量（kg/hm^2）	占最高产量（%）
9/1	绿色	28	19	21.96	0.78	74 490	460.4	6 402	57
9/6	绿色	33	28	24.93	0.59	74 490	460.4	7 268	65
9/11	黄白	38	44	32.16	1.45	74 490	460.4	9 375	84
9/16	白色	43	55	34.04	0.38	74 490	460.4	9 923	88
9/20	白色	47	74	35.60	0.39	74 490	460.4	10 377	92
9/24	变干	51	86	36.76	0.29	74 490	460.4	10 716	95
9/28	松散	55	100	38.51	0.44	74 490	460.4	11 226	100

2.6　不同收获期对聊玉20百粒重及产量影响

聊玉20粒重的增加是一个由快到慢的过程。9月1日授粉后27d，乳线形成14%，到9月20日授粉后46d，乳线形成68%期间，灌浆速度较快，特别9月6—11日（乳线形成26%～38%），百粒重平均日增加0.97g，达到灌浆速度顶峰；此后，灌浆速度明显比前期减慢，但百粒重仍由35.83g缓慢增加到最高37.35g。9月16日苞叶变白时，乳线形成51%，百粒重32.87g，仅相当于完熟期最大值的88%，此时收获减产12%。生产上，聊玉20在6月10日左右夏直播，应到9月24日后基本达到完熟标准收获，产量最高（表6）。

表6　不同收获期对聊玉20百粒重及产量影响结果

收获期（月/日）	苞叶变化	授粉天数（d）	乳线形成（%）	百粒重（g）	平均日增重（g/100粒）	穗数（穗/hm²）	穗粒数（粒）	理论产量（kg/hm²）	占最高产量（%）
9/1	绿色	27	14	22.32	0.83	72 945	434.2	6 009	60
9/6	绿色	32	26	25.48	0.63	72 945	434.2	6 860	68
9/11	黄绿	37	38	30.35	0.97	72 945	434.2	8 171	81
9/16	白色	42	51	32.87	0.50	72 945	434.2	8 849	88
9/20	白色	46	68	35.83	0.74	72 945	434.2	9 647	96
9/24	变干	50	82	36.71	0.22	72 945	434.2	9 884	98
9/28	松散	54	100	37.35	0.16	72 945	434.2	10 056	100

3　结论

夏直播玉米粒重的增加是一个由快到慢的过程[3, 4]。中熟品种郑单958、浚单20在授粉后27d左右开始形成乳线，到授粉后42d（乳线形成45%左右）期间灌浆速度较快，此后明显减慢，但粒重仍缓慢增加，直到授粉后58d左右，乳线形成接近100%，粒重才达到最高。中晚熟品种超试1号灌浆过程有两个高峰，授粉后38～43d（乳线形成25%～33%）达到前期灌浆高峰；授粉后59～63d（乳线形成73%～84%）达到后期灌浆高峰；相比其他品种，超试1号灌浆高值持续期长，这是其粒重较高的生理基础。中早熟品种鲁单9002乳线形成较早，授粉后27～38d（乳线形成19%～44%）灌浆速度较快，此后明显减慢，但粒重仍缓慢增加，直到授粉后55d，乳线形成100%，粒重达到最高。中早熟品种聊玉20乳线形成较早，授粉后27～46d（乳线形成14%～68%）灌浆速度较快，此后明显减慢，但粒重仍缓慢增加，直到授粉后54d，乳线形成100%，粒重达到最高。

本试验中，5个品种在9月20日，乳线形成50%左右，苞叶已经变白，但粒重仅为完熟期最大值的83%～88%，此时收获，会减产12%以上。生产上，如果推迟8～10d收获，在不增加任何成本的情况下，可增产10%以上。

本试验条件下，超试1号夏直播生育期121d，属中晚熟品种，生产上应在5月底麦田套种，能够保证在9月底达到完熟期收获。郑单958、浚单20、聊玉20和鲁单9002适应麦收后抢茬直播，最好在6月10日前播种，9月底达到完熟期收获产量最高。

参考文献

[1] 李运民，陈现平. 淮北地区夏玉米再高产关键技术探讨[J]. 安徽农业技术师范学院学报，1999，13（3）：45-50.

[2] 李金峰，仝柳香，朱艳芳. 焦作市夏玉米超高产栽培的资源特征与配套技术[J]. 耕作与栽培，2002（3）：15，20.

[3] 郭庆法，王庆成，汪黎明. 中国玉米栽培学[M]. 上海：上海科学技术出版社，2004：112-115.

[4] 陈国平，李伯航. 紧凑型玉米高产栽培理论与实践[M]. 北京：中国农业出版社，1996：17-35.

播期对夏玉米粗缩病发病率和产量的影响

摘　要：试验选用郑单958为供试材料，从5月25日开始，每隔5d设置1个播期处理，共设置9个播期，研究了不同播期对玉米粗缩病发病率和产量的影响。研究结果表明，随播期推迟，生育期缩短，玉米粗缩病发病率降低，千粒重降低，产量先升高后降低，6月4日播种的处理产量最高。为避开粗缩病的发生并兼顾产量，应在6月4日后抢茬播种。

关键词：夏玉米；播期；粗缩病；产量

玉米粗缩病在1959年被确认由玉米粗缩病毒引起，经带毒灰飞虱吸取玉米植株体液时传毒所致的一种病毒性病害，以持久性方式传播[1]，寄主范围广泛[2]。2008年，由于较适宜的温湿度气候条件，灰飞虱在5月26日至6月10日进入发生高峰期，发生数量大，持续时间长，且带毒率高达45%，玉米粗缩病发生面积呈暴发和流行扩大趋势，致使济宁市12.7万hm^2麦套玉米田和早直播玉米田全部受害，大部分重播改种或绝收，直接经济损失达9亿元[3，4]。

玉米大田常规生产常采用播期调控、药剂防治、抗耐病品种、田间除草与肥水管理等措施进行综合防治粗缩病的发生[1]，准确制定玉米安全播种日期，能够有效减少玉米粗缩病为害损失。针对这一情况，兖州市农业科学研究所技术人员自2009年起，连续4年开展播期对玉米粗缩病发病率和产量的影响试验，带领农户来试验地参观，改变他们的传统播种意识。本研究分析了2012年试验数据，探讨播期对夏玉米粗缩病发生率和产量的影响，为指导当地农业生产提供参考依据。

1　材料与方法

1.1　试验田概况

试验于2012年夏玉米生长季在兖州市农业科学研究所二十里铺村试验基地进行。试验田为壤土、地势平坦、能排能灌，小麦常年产量550kg/亩，玉米常年产量650kg/亩。

1.2　供试材料与试验设计

试验选用郑单958为供试材料，设置9个播期处理，分别为5/15、5/20、5/25、5/30、6/4、6/9、6/14、6/19、6/24，每处理设置3次重复，每小区面积为20m ×

5.2m=104m^2，一般6月4日前为麦田套种，以后为夏直播；每个播期种8行玉米，大行90cm，小行40cm，种植密度4 500株，人工穴播。田间管理同一般大田。

1.3 测定项目与方法

1.3.1 生育时期调查

播种、出苗、拔节期、抽雄期、吐丝期、开花期和收获期。

1.3.2 粗缩病病株率

于玉米6片展开叶时调查。

1.3.3 灌浆参数测定

吐丝期选取长势一致的植株挂牌标记。自9月5日开始，每隔4d从挂牌植株中收取有代表性植株，每个处理取6个果穗，测量中部籽粒乳线下降程度，并选取中下部100粒籽粒，迅速测定籽粒鲜重，80℃下烘干称取籽粒干重。测量日期截至9月25日。

1.3.4 穗部性状及产量结构调查

成熟收获前调查田间空秆率、双穗率，计算亩穗数。田间连续取20穗，自然风干后调查穗长、穗粗、秃顶长、穗行数、行粒数、千粒重和出籽率。

1.3.5 产量测定

收获时，划定8m长×3行（共计16.0m^2）的面积用于籽粒产量的测定。该面积内所有玉米收获脱粒，风干后折算为含水量14%的籽粒产量。

1.4 数据分析

用Microsoft Excel 2003进行数据统计和计算，用DPS进行数据分析。

2 结果与分析

2.1 不同播期处理对玉米生育时期的影响

由表1可知，与5月15日相比，处理2、3、4、5、6、7、8和9的出苗期分别相差4d、7d、13d、18d、29d、30d、32d和37d，拔节期分别相差5d、8d、11d、13d、15d、18d、21d和25d，抽雄期分别相差3d、4d、6d、8d、13d、13d、17d和20d，吐丝期分别相差3d、4d、7d、9d、13d、15d、18d和20d，开花期分别相差3d、4d、

7d、9d、13d、15d、18d和20d。由以上结果可知，播期对玉米生育进程和生育期长短均有显著的调节作用。随播期推迟，玉米各生育时期推迟，但玉米的生育进程加快，生育期变短。

表1　不同播期处理对玉米生育时期的影响

处理	播种（月/日）	出苗期（月/日）	拔节期（月/日）	抽雄期（月/日）	吐丝期（月/日）	开花期（月/日）	收获期（月/日）
1	5/15	5/23	6/28	7/21	7/22	7/23	9/25
2	5/20	5/27	7/3	7/24	7/25	7/26	9/25
3	5/25	5/30	7/6	7/25	7/26	7/27	9/25
4	5/30	6/5	7/9	7/27	7/29	7/30	9/25
5	6/4	6/10	7/11	7/29	7/31	8/1	9/25
6	6/9	6/21	7/13	8/3	8/4	8/5	9/25
7	6/14	6/22	7/16	8/3	8/6	8/7	9/25
8	6/19	6/24	7/19	8/7	8/9	8/10	9/25
9	6/24	6/29	7/23	8/10	8/11	8/12	9/25

2.2　不同播期处理对玉米粗缩病病株率的影响

由图1可以看出，播期调整对玉米粗缩病的发生有明显的调控作用。5月15日播种处理，粗缩病发病率为47.38%，随播期推迟，粗缩病发病率越来越低，6月4日的播期处理，粗缩病发病率为1.97%，6月9日播种处理粗缩病发病率为0.1%，6月14日、19日和20日的处理玉米粗缩病病株为0，表明推迟播期可以降低玉米粗缩病的发生概率。本试验结果表明，为降低玉米粗缩病的为害，玉米安全播种日期应在6月9日以后。

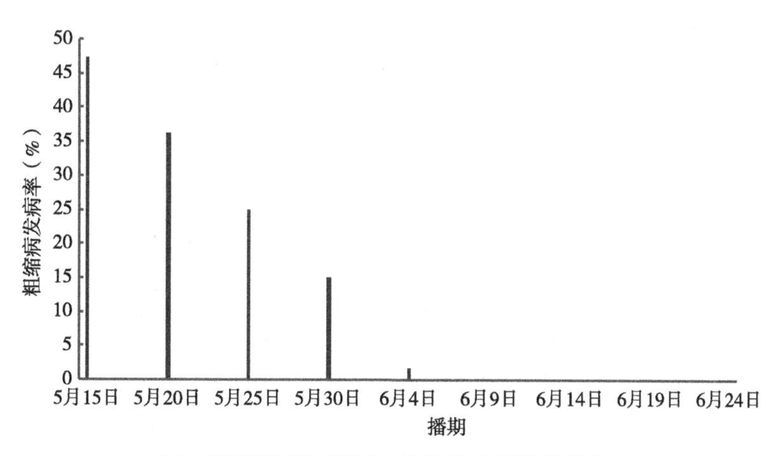

图1　不同播期处理对玉米粗缩病病株率的影响

2.3 不同播期对玉米灌浆期籽粒干重和乳线动态的影响

由表2和表3可知，随灌浆进程推进，籽粒干重逐渐上升，乳线逐渐下降。随播期推迟，各生育时期均表现为籽粒干重降低，乳线下降比例减少的趋势。9月25日收获时所有播期处理乳线均没有消失，表明籽粒干物质积累没有完成。

表2 不同播期处理对玉米灌浆期籽粒干重动态的影响（g）

处理	9月5日	9月10日	9月15日	9月20日	9月25日
1	323.8	336.3	355.4	361.2	379.9
2	317.5	328.7	341.4	354.6	374.5
3	273.9	312.3	336.6	344.4	383.4
4	253.8	300.7	314.5	336.9	375.2
5	244.5	286.1	304.0	332.1	364.3
6	225.0	262.9	299.9	324.9	347.1
7	211.7	228.3	255.2	303.3	326.6
8	201.4	221.0	241.4	297.2	311.7
9	112.4	176.0	193.6	233.8	276.6

表3 不同播期处理对玉米籽粒乳线下降比例的影响（%）

处理	9月5日	9月10日	9月15日	9月20日	9月25日
1	48.76	50.65	57.40	66.27	88.92
2	44.27	47.37	54.00	58.67	83.19
3	34.25	45.36	50.13	56.95	78.72
4	30.14	42.88	43.86	53.57	72.17
5	24.07	38.48	40.40	44.13	61.69
6	19.25	33.27	36.40	37.83	50.80
7	9.57	25.92	32.47	34.33	47.08
8	5.43	24.40	28.57	31.24	41.95
9	0.00	15.54	21.04	30.27	33.95

2.4　不同播期处理对玉米穗部性状的影响

由表4可知，随播期推迟，穗长、穗粗、千粒重呈降低趋势，6月24日播种处理与5月15日处理相比，穗长降低3.76cm，穗粗降低0.35cm，千粒重降低103.3g，秃顶长呈加重趋势，增加1.2cm，穗行数、行粒数和出籽率无显著差别。

表4　不同播期处理对玉米穗部性状的影响

处理	穗长（cm）	穗粗（cm）	秃顶长（cm）	穗行数（行）	行粒数（粒）	千粒重（g）	出籽率（%）
1	17.70	5.08	0.7	14.3	33.5	379.9	88.5
2	17.24	5.05	0.8	14.2	32.6	374.5	88.6
3	15.98	4.93	0.5	14.1	31.8	383.4	91.1
4	15.93	4.90	0.6	14.1	35.6	375.2	90.4
5	15.88	4.90	1.0	14.1	36.6	364.3	89.8
6	15.95	4.85	1.0	14.1	36.2	347.1	89.4
7	15.23	4.83	1.4	14.0	36.3	326.6	89.3
8	15.09	4.81	1.9	14.0	35.6	311.7	88.9
9	13.94	4.73	1.9	14.0	34.3	276.6	87.5

2.5　不同播期处理对玉米产量结构和产量的影响

由表5可知，6月4日播种产量最高，依次是6月9日、6月14日和5月30日的播种处理，5月15日、20日和25日播种的处理粗缩病发生较重，亩成穗数较少是造成产量降低的重要原因，6月9日以后播种的处理由于籽粒灌浆不充分，导致千粒重较低，对产量有一定影响。由以上结果可知，生产中为了避开粗缩病的发生并保持较高产量应该在6月4日以后抢茬播种。

表5　不同播期处理对玉米产量结构及产量的影响

处理	亩穗数（穗）	穗粒数（粒）	千粒重（g）	理论产量（kg/亩）	折亩产（kg/亩）	位次
1	2 728.6	479.1	379.9	422.14	415.12	9
2	3 062.7	462.9	374.5	451.30	430.13	8
3	3 283.0	448.4	383.4	479.74	455.14	7
4	3 883.5	502.0	375.2	621.74	632.19	4

（续表）

处理	亩穗数（穗）	穗粒数（粒）	千粒重（g）	理论产量（kg/亩）	折亩产（kg/亩）	位次
5	4 284.9	516.1	364.3	684.78	702.16	1
6	4 500.0	510.4	347.1	677.64	683.20	2
7	4 500.0	508.2	326.6	634.87	656.70	3
8	4 459.5	498.4	311.7	588.87	605.18	5
9	4 405.5	480.2	276.6	497.38	500.65	6

3 结论与探讨

薛庆禹等[5]研究认为推迟播期，生育进程缩短。魏玉君[6]研究认为受各生育阶段的日均温影响，随播期推迟，生育期先缩短后延长，并且开花前生育期缩短，开花后生育期延长。本研究认为，播期推迟会缩短生育进程，这与薛庆禹的研究结果是一致的。

播期对玉米形态指标影响较大[7]，但研究结果并不一致。董红芬等[8]研究认为，播期对穗长、穗粗及穗行数影响不显著，秃顶长增大，行粒数减少。魏玉君[6]研究认为穗粗、秃顶长随播期推迟减小，轴粗增大。本研究结果表明，随播期推迟，穗长、穗粗、千粒重呈降低趋势，穗行数和行粒数无显著差别。

播期是调节光、温因子的重要手段。吕鹏[9]研究认为适当推迟播期可降低粗缩病发病率和空秆率，提高产量。也有研究[10]认为，在黄淮海区域，早播玉米产量形成期易与高温干旱天气相遇，不利于花粒期籽粒灌浆，过晚播种易造成低温冻害，籽粒不能正常成熟。因此，黄淮海区域6月中旬播种产量最高。本研究认为，播种时期在6月4日籽粒产量最高，若播期提早，增加粗缩病发病率，造成亩穗数降低，若播期进一步推迟，影响籽粒灌浆，造成千粒重和产量降低。因此玉米安全播期应调整在6月4日之后并且尽可能早播，避免粗缩病的发生。

本年度试验中，郑单958至收获时最早播期处理籽粒灌浆进程没有完成，亟须筛选生育期相对较短、与当地积温相匹配的夏玉米高产品种。

参考文献

［1］ 孔晓民，蒋飞，曾苏明，等. 灰飞虱发生消长规律与播期调控玉米粗缩病研究[J]. 作物杂志，2013（5）：84-89.

［2］ 杨本荣，马巧云. 玉米粗缩病的病毒寄主范围研究[J]. 植物病理学报，1983，13（3）：5-8.

［3］ 苏加岱，黄九柏，姚景勇，等. 玉米播期与玉米粗缩病发生关系的研究[J]. 现代农业科技，2008（24）：117，120.

［4］ 苏加岱，黄九柏，刘汉舒，等. 黄淮海流域玉米粗缩病发生原因分析及防治对策[J]. 山东农业科学，2009（9）：59-61.

［5］ 薛庆禹，王靖，曹秀萍，等. 不同播期对华北平原夏玉米生长发育的影响[J]. 中国农业大学学报，2012，17（5）：30-38.

［6］ 魏玉君. 夏玉米光温需求与玉米籽粒灌浆特性的研究[D]. 泰安：山东农业大学，2014.

［7］ 曹庆军，杨粉团，陈喜凤，等. 播期对吉林省中部春玉米生长发育、产量及品质的影响[J]. 玉米科学，2013，21（5）：71-75.

［8］ 董红芬，李洪，李爱军，等. 玉米播期推迟与生长发育、有效积温关系研究[J]. 玉米科学，2012，20（5）：97-101.

［9］ 吕鹏，苏凯，刘伟，等. 粗缩病对夏玉米产量和植株性状的影响[J]. 玉米科学，2010，18（2）：113-116.

［10］ 郑洪健，董树亭，王空军，等. 生态因素对玉米籽粒发育影响及调控的研究[J]. 玉米科学，2009，9（1）：69-73.

不同种植密度对夏玉米农艺性状及产量的影响

摘　要：以郑单958为供试材料，设置7个种植密度，连续两年进行了不同种植密度对夏玉米农艺性状和产量影响的试验。结果表明，随种植密度增加，玉米植株株高、穗位高均增加，倒伏、倒折率也增加，植株抗倒伏能力降低；玉米产量均表现先提高后降低的趋势，但玉米产量获得最高值的种植密度两年份间有差异。2012年，夏直播玉米最适宜的种植密度是75 000株/hm^2；2013年，由于玉米倒伏和倒折发生较重，导致玉米实际亩穗数降低，夏直播玉米在种植密度90 000株/hm^{2}时产量最高。

关键词：夏玉米；种植密度；抗倒性；产量

兖州地处山东省西南部，是全国重要的优质商品粮生产基地，常年夏玉米单产9 000kg/hm^{2}左右[1]，居山东省前列。种植密度是决定玉米产量高低的重要因子[2-5]。合理的种植密度可使玉米群体与个体协调发展，在单位面积上获得最大的产量，但种植密度的大幅提高又会影响玉米的农艺性状，最终导致产量降低。为了探索当地夏直播玉米最佳的种植密度，特进行了本项试验研究，研究不同种植密度对玉米主要农艺性状和产量的影响，以期为指导大田生产提供科学依据。

1　材料与方法

1.1　试验田概况

试验于2012年和2013年6—9月在兖州区农业科学研究所二十里铺村试验基地进行，试验田属潮褐土，土质轻壤，地势平坦，排灌方便，肥力均匀，前茬作物为冬小麦。播种前0～20cm耕层土壤有机质含量13.8g/kg，碱解氮88mg/kg，速效磷27mg/kg，速效钾102mg/kg。

1.2　试验设计

试验以郑单958为供试品种，设置7个种植密度：60 000株/hm^2、67 500株/hm^2、75 000株/hm^2、82 500株/hm^2、90 000株/hm^2、97 500株/hm^{2}和105 000株/hm^2，试验采用随机区组设计，小区长15m，宽4m，面积60m^2，重复3次。6月10日人工点播，每小区播种6行玉米，平均行距0.67m，9月27日收获。玉米生长期给予良好管理并保证水分供应。

1.3　测定项目与方法

1.3.1　抗倒性调查

玉米吐丝授粉后15d，田间连续测量20株玉米株高、穗位高，成熟收获前调查倒伏率、倒折率。

1.3.2　穗部性状及产量结构调查

成熟收获前调查田间空秆率、双穗率，计算亩穗数；田间连续取20穗，自然晒干后调查穗长、穗粗、秃顶长、穗行数、行粒数、千粒重和出籽率。

1.3.3　产量测定

成熟期划定4m长×3行（共计8.0m^2）的面积用于籽粒产量的测定。该8.0m^{2}内所有玉米收获脱粒，风干后折算为含水量14%的籽粒产量。

2　结果与分析

2.1　不同种植密度对植株株高和穗位高、倒伏和倒折率的影响

由表1看出，2012年，在种植密度为60 000～82 500株/hm^{2}范围内，随种植密度增加，玉米植株株高、穗位高增加，种植密度高于82 500株/hm^{2}时，不同种植密度处理间株高和穗位高无显著差异。种植密度低于97 500株/hm^{2}时，玉米植株均未发生倒伏、倒折，种植密度高于97 500株/hm^{2}时，随种植密度增加，田间倒伏、倒折率显著增加。2013年表现规律与2012年一致，但各处理玉米植株株高、穗位高低于2012年，倒伏、倒折率均显著高于2012年。以上结果表明，同一气候条件下增加种植密度提高了株高和穗位高，降低了玉米抗倒能力。

表1　不同种植密度对玉米株高和穗位高、倒伏和倒折率的影响

年份	种植密度（株/hm^2）	株高（cm）	穗位高（cm）	倒伏（%）	倒折（%）	空秆（%）	双穗（%）
2012	60 000	271.9b	125.4c	0	0.00	0.00	4.07
	67 500	273.6b	127.1c	0	0.00	0.00	2.17
	75 000	278.1ab	133.1b	0	0.00	0.00	1.04
	82 500	280.1a	136.6a	0	0.00	0.96	0.64
	90 000	281.1a	137.1a	0	0.23	1.63	0.00
	97 500	281.4a	137.9a	0	0.25	1.86	0.00
	105 000	283.6a	138.1a	0	0.81	1.93	0.00

（续表）

年份	种植密度（株/hm^2）	株高（cm）	穗位高（cm）	倒伏（%）	倒折（%）	空秆（%）	双穗（%）
2013	60 000	224.5d	123.0d	0.00	0.39	0.96	3.08
	67 500	232.2c	124.8cd	0.00	0.34	1.52	1.52
	75 000	237.8c	125.2cd	0.00	0.40	2.65	1.09
	82 500	246.0b	126.5c	0.14	0.44	2.74	0.72
	90 000	248.9b	130.4b	0.51	0.53	3.20	0.27
	97 500	256.5a	133.0a	0.96	0.72	3.72	0.12
	105 000	257.7a	134.8a	3.56	1.39	5.93	0.00

注：同年份同列不同小写字母表示0.05水平上差异显著，下同。

2.2 不同种植密度对玉米空秆率和双穗率的影响

由表1还可以看出，2012年，在种植密度为60 000～82 500株/hm^2范围内，随种植密度增加，双穗率呈降低趋势，但3个密度处理空秆率均为0；在82 500～10 500株/hm^2范围内，随种植密度增加，空秆率呈增加趋势，双穗率则呈降低趋势。表明种植密度越大，个体间矛盾加剧，光合产物向果穗的供应相对减少。2013年表现规律与2012年基本一致，各处理空秆率和双穗率要高于2012年。

2.3 不同种植密度对玉米穗部性状的影响

由表2看出，随种植密度增加，玉米穗长缩短、穗粗变细、秃顶长增加，穗行数、行粒数和出籽率均显著降低。2013年表现规律与2012年一致。

表2 不同种植密度对玉米穗部性状的影响

年份	种植密度（株/hm^2）	穗长（cm）	穗粗（cm）	秃顶长（cm）	穗行数（行）	行粒数（粒）	出籽率（%）
2012	60 000	15.8a	4.8a	1.1d	15.6a	35.5a	90.75a
	67 500	15.6a	4.7a	1.0d	15.4ab	34.5a	90.54a
	75 000	14.9b	4.6a	1.1d	15.2ab	32.0b	90.86a
	82 500	14.6b	4.6a	1.6c	14.8b	31.1b	90.93a
	90 000	13.1c	4.5ab	2.3b	14.8b	26.6c	90.38a
	97 500	12.9c	4.3b	2.5b	14.4c	26.0c	89.57b
	105 000	12.4d	4.0c	3.2a	14.2d	24.0d	89.87b

（续表）

年份	种植密度（株/hm^2）	穗长（cm）	穗粗（cm）	秃顶长（cm）	穗行数（行）	行粒数（粒）	出籽率（%）
2013	60 000	15.8a	4.6a	0.0d	14.4a	36.6a	90.9a
	67 500	15.1a	4.5a	0.0d	14.4a	34.1b	90.8a
	75 000	14.5b	4.4ab	0.2c	14.3a	33.8b	90.8a
	82 500	14.3b	4.4ab	0.2c	14.3a	33.2c	90.7a
	90 000	14.1b	4.3b	0.2c	14.2ab	32.9c	89.9ab
	97 500	13.4c	4.3b	1.2b	14.0b	30.9d	89.6b
	105 000	12.4c	4.2b	1.7a	13.6c	28.4e	89.2b

2.4　不同种植密度对玉米产量及产量结构的影响

试验表明（表3），2012年，随种植密度增加，郑单958穗粒数减少，千粒重降低，种植密度为75 000株/hm^{2}时，籽粒产量最高，种植密度高于75 000株/hm^{2}时，随种植密度增加，籽粒产量显著降低。2013年表现规律与2012年基本一致，即随种植密度增加，穗粒数和千粒重均显著降低，籽粒产量呈先升高后降低的趋势。但与2012年相比，在种植密度为90 000株/hm^{2}时，玉米籽粒产量最高。分析原因主要与2013年玉米倒伏、倒折发生较重有关，导致玉米实际亩穗数降低，而种植密度的增加一定程度上弥补了穗数不足导致产量降低的损失。

表3　不同种植密度对玉米产量及产量结构的影响

年份	种植密度（株/hm^2）	穗粒数（粒）	千粒重（g）	产量（kg/hm^2）
2012	60 000	560.9a	324.7a	9 557.55c
	67 500	531.3b	320.6b	9 858.00b
	75 000	486.4c	318.2b	9 969.60a
	82 500	460.3d	297.1c	9 715.35b
	90 000	393.7e	297.4c	8 987.70c
	97 500	374.4f	294.3d	8 950.05c
	105 000	340.8g	291.1e	8 821.80d

（续表）

年份	种植密度（株/hm²）	穗粒数（粒）	千粒重（g）	产量（kg/hm²）
2013	60 000	527.0a	309.9a	8 593.5d
	67 500	491.0b	300.0b	8 691.0d
	75 000	483.3c	296.7b	8 947.5c
	82 500	474.8d	287.1c	9 049.5c
	90 000	467.2e	283.6c	10 038.0a
	97 500	432.6f	281.2c	9 738.0b
	105 000	386.2g	268.8d	8 089.5e

3 讨论与结论

种植密度是影响玉米农艺性状和穗部性状，最终影响产量的重要栽培措施之一。杨世民等[6]研究认为，玉米种植密度超过一定范围后继续增加会导致个体植株缺乏营养，株高会随种植密度的增加而降低。Duvick[7]和星耀武等[8]研究认为增加种植密度不仅导致个体竞争激烈，茎秆变细柔弱，茎秆韧皮组织致密性降低、厚度减小，而且会提高株高和穗位高，最后导致倒伏率提高。本研究表明，随种植密度增加，植株株高和穗位高均呈升高趋势，但超过一定种植密度，株高和穗位高升高幅度不大。2012年，种植密度超过82 500株/hm²，株高和穗位高无显著提高，2013年，种植密度超过97 500株/hm²，株高和穗位高无显著提高。

种植密度是影响产量的关键因素，合理的种植密度可使玉米群体与个体协调发展，在单位面积上获得最大的产量[2]。李春奇[9]研究认为从低密度增加到中密度时，玉米株数增加的幅度大于单株产量受密度影响减少的幅度，所以中密度的产量大于低密度的产量；从中密度增加到高密度时，密度增加后玉米株数增加幅度小于单株产量受密度影响减少的幅度，所以高密度的产量低于中密度的产量。本研究认为，2012年，夏直播玉米最适宜的种植密度是75 000株/hm²，2013年，夏直播玉米最适宜的种植密度是90 000株/hm²。分析造成两年最佳种植密度不同的原因是两年气候条件不同导致对群体和个体影响程度不同所致。2013年，由于玉米倒伏和倒折发生较重，导致玉米实际亩穗数降低，对群体的影响大于个体的影响，而种植密度的增加一定程度上弥补了穗数不足导致产量降低的损失，故2013年夏直播玉米最适宜的种植密度是90 000株/hm²，要大于2012年的最佳种植密度。

本试验连续两年度研究了不同种植密度对夏玉米农艺性状及产量的影响，不同年份玉米产量获得最高值的种植密度并不一致。2012年，夏直播玉米最适宜的种植密度是75 000株/hm^2；2013年，夏直播玉米最适宜的种植密度是90 000株/hm^2。气象条件和种植密度对玉米产量的互作效应还有待于进一步研究和探讨。

参考文献

［1］ 周淑芬，马海英. 兖州市夏玉米生产问题与技术对策[J]. 农业科技通讯，2013（6）：242-244.

［2］ 刘伟，张吉旺，吕鹏，等. 种植密度对高产夏玉米登海661产量及干物质积累与分配的影响[J]. 作物学报，2011，37（7）：1301-1307.

［3］ 张吉旺，胡昌浩，王空军，等. 种植密度对全株玉米饲用营养价值的影响[J]. 中国农业科学，2005，38（6）：1126-1131.

［4］ 刘霞，李宗新，王庆成，等. 种植密度对不同粒型玉米品种籽粒灌浆进程、产量及品质的影响[J]. 玉米科学，2007，15（6）：75-78.

［5］ 刘占东，肖俊夫，于景春，等. 春玉米品种和种植密度对植株性状和耗水特性的影响[J]. 农业工程学报，2012，28（11）：125-131.

［6］ 杨世民，廖尔华，袁继超，等. 玉米密度与产量及产量构成因素关系的研究[J]. 四川农业大学学报，2000，12（4）：322-324.

［7］ DUVICK D N，CASSMAN K G. Post-green revolution trends in yield potential of temperate maize in the North-Central United States[J]. Crop Science，1999，39（6）：1622-1630.

［8］ 星耀武，王慷林，史新海，等. 不同株型玉米杂交种的产量及农艺性状的研究[J]. 玉米科学，2005，13（4）：92-94.

［9］ 李春奇，郑慧敏，李芸，等. 种植密度对夏玉米雌穗发育和产量的影响[J]. 中国农业科学，2010，43（12）：2435-2442.

夏直播玉米化控防倒剂最佳施药时期的试验研究

摘　要：以郑单958为试验品种，选用康普6号玉米化控剂，在夏直播玉米4～14片展开叶期间，分6个时期喷施化控剂，研究了不同施药时期对玉米植株性状、抗倒性及产量的影响。试验结果表明，夏玉米在8片展开叶期喷施化控剂，能有效控制基部第4～8节间的徒长，增强植株抗倒性；在6片展开叶前喷施化控剂，起不到降低株高、增强植株抗倒性的作用；在10片展开叶之后喷施化控剂，只是控制中上部节间的伸长，起不到增强植株抗倒性的作用，反而会造成中上部叶片分布不匀、相互遮阴，削弱穗部叶片的光合速率，导致穗粒数减少、千粒重降低而严重减产。

关键词：夏直播玉米；化控剂；施药时期

兖州夏直播玉米一般在6月中旬播种、出苗，7月初拔节，8月初抽雄，7月是夏直播玉米营养生长的旺盛期，此时恰逢高温、多雨的天气，易造成植株节间过度伸长、基部节间不充实，导致倒伏、减产。喷施化控防倒剂是防治玉米倒伏的有效措施之一[1-4]，但玉米化控剂在喷施时期、喷施浓度等方面技术含量较高，生产上有关玉米化控剂施用不当造成减产的问题时有发生。为此，2011—2013年连续3年，开展了玉米化控剂不同喷药时期对夏直播玉米产量影响的试验，为大田生产提供科学依据。

1　材料与方法

1.1　试验材料

选用菏泽市康普化工有限公司生产的康普6号为试验药剂，每亩用康普6号水剂125mL兑水15kg均匀喷施玉米叶片。以兖州当家品种郑单958为试验品种。

1.2　试验田概况

试验于2011—2013年在兖州区农业科学研究所二十里铺村试验基地进行，土质属轻壤土，土壤有机质含量14.2g/kg，全氮0.087%，碱解氮85.5mg/kg，速效磷27.7mg/kg，速效钾112mg/kg，试验地地势平坦、地力均匀，前茬作物为小麦。

1.3　试验设计

在玉米4片、6片、8片、10片、12片和14片展开叶时喷施康普6号化控剂（分别以T4、

T6、T8、T10、T12和T14作处理代号），以玉米8片展开叶时喷清水为对照（CK），共计7个处理，每个处理等行距播种6行玉米，行长20m，平均行距0.67m，不设重复。小麦收获后人工点播夏玉米，种植密度5 000株/亩，施肥浇水、病虫草害防治等管理措施与大田生产相同。各处理喷药时间及对应生育时期详见表1。

表1　各处理喷药时间及对应生育时期

处理	T4	T6	T8	T10	T12	T14	播种	出苗	抽雄
2011年施药时间（月/日）	7/7	7/10	7/16	7/23	7/27	7/30	6/16	6/22	8/4
2013年施药时间（月/日）	7/8	7/11	7/17	7/22	7/27	7/31	6/16	6/21	8/3
对应生育进程	幼苗期	雄穗伸长	雄穗小穗分化	雌穗小穗分化	雌穗小花分化	花粉充实花丝伸长	—	—	—

1.4　测定项目及方法

9月中旬，田间调查各处理倒伏率、倒折率、空秆率、双穗率；田间连续测量30株植株株高、穗位高，成熟后带出田间测量各节间长度。

玉米成熟后，各处理分别连续取30穗晒干，室内测量穗长、穗粗、秃顶长、穗行数、行粒数、千粒重、出籽率。各小区分收单打测实产。

由于2012年和2013年玉米未发生倒伏，试验数据相近，故只取2011年和2013年的数据进行分析。

2　结果与分析

2.1　化控剂对玉米植株节间长度的作用效应

由表2和表3看出，玉米8片展开叶之后喷施化控剂能显著降低株高，4～6片展开叶期喷施化控剂降低株高效果不明显。不同时期喷施化控剂对各节间长度的控制效应不同，T4处理缩短了基部1～2节长度，T6处理缩短了基部2～4节长度，T8处理缩短了4～7节长度，T10处理缩短了6～9节长度，T12处理缩短了8～11节长度，T14处理缩短了9～13节长度。因此，玉米拔节前（6片展开叶前）喷施化控剂能控制基部1～4节的伸长，但由于7月上旬玉米基部1～3节一般不会过度伸长，所以此期喷施化控剂对降低株高、增强植株的抗倒性效果不明显。7月中旬玉米8～10片展开叶期间，是基部第4～8节间迅速伸长期，此时正值兖州高温多雨季节，易促进第4～8节间徒长、充实度差，此期喷施化控剂能显著抑制植株中下部节间过度伸长，显著降低株高，增强植株的抗倒性。7月下旬玉米12～14片展开叶期间，是中部第9～12节间迅速伸长期，此时中下部节间已经定长，喷施化控剂只会缩短中部节间的长度，虽然能显著降低株高，但对增强植株的抗倒性作用不大，相反，会造成中部第13～16片穗位叶过度拥挤、相互遮阴，削弱穗部叶片的光合速率，导致中后期有机营养供应不足，造成穗粒数减少、千粒重下降而减产。

表2 不同时期喷施化控剂对夏玉米各节间长度的影响（2011年）（cm）

节间	1节	2节	3节	4节	5节	6节	7节	8节	9节	10节	11节	12节	13节	14节	15节	16节	株高
叶序	5	6	7	8	9	10	11	12	13	14	15	16	17	18	19	20	
T4	2.2	6.4	12.0	16.8	16.3	16.8	17.0	17.6	18.0	18.5	18.3	18.4	17.0	15.5	15.4	58.0	284.1
T6	3.4	8.7	8.5	13.5	16.1	17.0	17.9	18.2	18.5	19.3	18.0	18.5	16.5	16.1	15.8	55.5	281.5
T8	3.3	9.1	12.4	11.3	10.1	12.8	14.6	16.5	18.0	18.3	18.6	18.5	15.8	15.3	15.5	56.8	266.8
T10	4.0	9.6	13.2	16.8	15.8	10.7	11.3	13.5	15.0	17.3	18.5	18.5	17.1	15.8	15.0	57.0	269.1
T12	3.5	8.8	12.3	16.3	16.3	16.8	16.5	11.5	11.8	13.2	15.5	19.0	17.5	16.0	15.9	57.8	268.6
T14	3.9	9.1	13.2	16.3	16.5	17.1	17.4	17.5	16.6	12.4	11.2	13.5	14.3	15.8	15.5	56.4	266.7
CK	3.6	9.4	12.5	16.6	16.4	16.8	17.4	17.8	18.2	18.8	18.3	18.4	16.8	15.5	15.3	56.9	288.6

表3 不同时期喷施化控剂对夏玉米各节间长度的影响（2013年）（cm）

节间	1节	2节	3节	4节	5节	6节	7节	8节	9节	10节	11节	12节	13节	14节	15节	16节	株高
叶序	5	6	7	8	9	10	11	12	13	14	15	16	17	18	19	20	
T4	3.5	6.3	12.0	14.9	16.3	17.4	17.2	16.0	15.3	15.2	14.8	13.6	13.4	12.4	13.3	49.7	251.3
T6	4.8	7.2	10.7	12.2	15.7	17.1	17.3	15.7	15.3	15.5	14.8	13.5	13.5	13.0	13.3	48.2	247.8
T8	4.5	9.5	12.3	10.5	11.5	14.0	14.8	16.0	15.7	15.5	14.3	13.7	13.0	13.3	12.7	490	240.3
T10	4.2	8.8	13.2	13.9	15.0	10.2	11.2	13.8	13.7	14.8	14.5	13.5	13.7	13.2	12.8	48.3	234.8
T12	4.1	9.0	13.1	14.3	15.8	17.3	15.3	12.1	10.8	10.8	11.0	13.2	12.7	12.3	13.0	48.2	233.0
T14	4.5	9.3	13.0	14.2	15.0	17.0	16.7	15.5	13.3	11.2	9.2	11.7	10.7	13.3	12.7	47.8	235.1
CK	4.3	9.2	12.7	14.5	16.5	17.2	17.0	15.8	15.4	15.2	14.7	13.3	13.0	12.7	12.3	48.5	252.3

2.2　玉米化控剂对植株及穗部性状的影响

2011年8月上旬至9月中旬持续阴雨寡照，造成玉米青枯病大发生，导致后期大面积倒伏减产。由表3看出，T8处理倒伏率、倒折率为36%、9%，比对照降低17%、7%，其他处理倒伏率、倒折率与对照相差不大，表明夏玉米8片展开叶期喷施化控剂能增强植株的抗倒性。2013年玉米生长中后期未发生倒伏，喷施化控剂未表现出抗倒性的差异。由表4和表5看出，不同时期喷施化控剂对玉米穗粗、秃顶长没有影响，但10片展开叶之后喷施化控剂造成穗长缩短、出籽率降低。

表4　不同时期喷施化控剂对夏玉米植株及穗部性状的影响（2011年）

处理	株高（cm）	穗位高（cm）	倒伏率（%）	倒折率（%）	穗长（cm）	穗粗（cm）	秃顶长（cm）	出籽率（%）
T4	284.1	136	58	15	15.3	4.3	1.1	88.5
T6	281.5	135	57	15	15.2	4.3	0.9	88.4
T8	266.8	125	36	9	15.4	4.2	0.9	88.7
T10	269.1	122	46	11	15.1	4.1	0.8	88.2
T12	268.6	125	55	14	14.8	4.2	1.1	87.9
T14	266.7	129	53	13	14.4	4.2	1.2	87.8
CK	288.6	141	53	16	15.6	4.3	0.9	88.7

表5　不同时期喷施化控剂对夏玉米植株及穗部性状的影响（2013年）

处理	株高（cm）	穗位高（cm）	倒伏率（%）	倒折率（%）	穗长（cm）	穗粗（cm）	秃顶长（cm）	出籽率（%）
T4	251.3	117.7	0	0	15.5	4.4	0.2	90.4
T6	247.8	112.0	0	0	15.9	4.2	0.2	90.5
T8	240.3	109.5	0	0	15.7	4.0	0.1	90.5
T10	234.8	105.5	0	0	15.4	4.4	0.0	89.3
T12	233.0	103.8	0	0	14.9	4.5	0.4	89.2
T14	235.1	104.8	0	0	14.6	4.3	0.2	88.7
CK	252.3	116.0	0	0	15.8	4.6	0.4	90.2

2.3 化控剂对夏玉米产量结构及产量的影响

由表6看出，2011年玉米后期发生严重倒伏的情况下，由于T8处理倒伏较轻，空秆率比对照下降1.7%，穗粒数增加6.5粒，千粒重提高6.8g，比对照增产3.3%，其他5个处理均比对照减产，特别T12和T14处理穗粒数比对照减少33.9粒和45.6粒，亩穗数、千粒重相差不大，分别比对照减产5.4%和9.7%。由表7看出，2013年玉米未发生倒伏的情况下，喷施化控剂的6个处理穗粒数均比对照减少，特别T12和T14处理穗粒数比对照减少60.6粒和63.4粒，千粒重降低2.6g和4.5g，分别比对照减产13.5%和14.9%。综合分析表明，玉米在6片展开叶前喷施化控剂达不到降低株高、增强植株抗倒性的效果；在8片展开叶前喷施化控剂能增强植株的抗倒性，在发生倒伏的年份可起到抗倒增产的效果，但在不发生倒伏的年份，喷施化控剂会造成穗粒数减少而减产，尤其在10片展开叶之后喷施化控剂，会造成穗粒数减少、千粒重降低而严重减产。

表6 不同时期喷施化控剂对夏玉米产量结构及产量的影响（2011年）

处理	空秆率（%）	双穗率（%）	亩穗数（穗）	穗粒数（粒）	千粒重（g）	实产（kg/亩）	增减产（%）	位次
T4	5.2	0	4 740	480.3	296.4	556.9	−1.3	4
T6	5.3	0	4 735	481.7	298.6	558.4	−1.0	3
T8	3.4	0	4 830	487.3	304.2	583.2	3.3	1
T10	3.8	0	4 810	463.6	301.8	553.7	−1.9	5
T12	4.9	0	4 755	446.9	299.7	533.8	−5.4	6
T14	4.6	0	4 770	435.2	300.3	509.8	−9.7	7
CK	5.1	0	4 745	480.8	297.4	564.3	—	2

表7 不同时期喷施化控剂对夏玉米产量结构及产量的影响（2013年）

处理	空秆率（%）	双穗率（%）	亩穗数（穗）	穗粒数（粒）	千粒重（g）	实产（kg/亩）	增减产（%）	位次
T4	0.9	0	4 955	502.2	316.8	628.7	−2.3	2
T6	0.8	0	4 960	509.5	314.9	624.7	−2.9	3
T8	0.7	0	4 965	501.9	315.8	620.2	−3.6	4
T10	0.8	0	4 960	493.3	316.1	609.4	−5.3	5
T12	0.9	0	4 955	451.2	313.3	556.7	−13.5	6
T14	0.6	0	4 970	448.4	311.4	547.8	−14.9	7
CK	0.7	0	4 965	511.8	315.9	643.5	—	1

3　小结与讨论

试验表明，夏玉米在8片展开叶期喷施化控剂，能有效控制基部第4～8节间的徒长，增强植株抗倒性；在6片展开叶前喷施化控剂，起不到降低株高、增强植株抗倒性的作用；在10片展开叶之后喷施化控剂，只是控制中上部节间的伸长，起不到增强植株抗倒性的作用，反而会造成中上部叶片分布不匀、相互遮阴，削弱穗部叶片的光合速率，导致穗粒数减少、千粒重降低而严重减产。因此，兖州夏直播玉米化控防倒伏的适宜时期是7月中旬玉米8片展开叶（12片可见叶）左右，生产上可根据当年雨季的早晚，适当在7～9片展开叶（10～13片可见叶）期间适当提前或推迟，但不宜过早或过晚喷施化控剂，以免造成减产损失。

参考文献

［1］　赵敏，周淑新，崔彦宏. 我国玉米生产中植物生长调节剂的应用研究[J]. 玉米科学，2006，14（1）：127-131.

［2］　赵敏，郭建伟，周淑新，等. 植物生长调节剂对玉米抗倒性的调控研究进展[J]. 中国种业，2007（3）：10-13.

［3］　袁宝玉，韩向杨，付国占. 乙烯利在玉米高产栽培中的应用研究[J]. 洛阳农业高等专科学校学报，2000，20（1）：11-12.

［4］　陈文瑞，张武军. 乙烯利对玉米生长和产量的影响[J]. 四川农业大学学报，2001，19（2）：129-130.

播期对夏玉米生长发育、籽粒灌浆特征和产量的影响

摘　要：试验选用郑单958为供试材料，从6月1日开始，每隔4d设置1个播期处理，共设置6个播期，研究了不同播期对玉米生长发育、籽粒灌浆特征和产量的影响。研究结果表明，随播期推迟，玉米生育期缩短，穗位高增加，对株高无显著影响；穗粒数、千粒重及出籽率降低，6月1日和6月5日播种的处理收获时籽粒乳线降至100%，千粒重和产量最高。收获时所有播期处理籽粒含水量均在30%以上，不适于进行籽粒直收。

关键词：夏玉米；播期；籽粒灌浆；籽粒含水量；产量

兖州地处鲁西南，常年≥0℃期间的积温为5 051.6℃，光照日数2 406～2 903h，年太阳辐射总量124.7kcal/cm^2，玉米夏直播和籽粒适时晚收技术是玉米生产的主要种植方式[1]，但受当地一年两熟种植制度（冬小麦-夏玉米）的影响[2]，玉米的播期和收获期会受到上下茬作物的限制。适当调整播期，使夏玉米生育期处于有利的光温资源条件下，充分利用气候因素，是促进玉米高产，形成良好生理特征的保障[3]。若播期过晚，导致玉米生育期可利用积温降低，收获时玉米籽粒灌浆过程不能完成，籽粒含水量过高，机械损伤严重[4]。对此，开展了不同播期对玉米生长发育、籽粒灌浆参数和产量的影响，以进一步明确适宜兖州玉米种植的最佳播种时期。

1　材料与方法

1.1　试验田概况

试验于2014年玉米生长季在兖州区农业科学研究所二十里铺村试验基地进行。试验田为壤土，地势平坦，能排能灌，小麦常年产量550kg/亩，玉米常年产量650kg/亩。播种前0～20cm土壤有机质含量为15.54g/kg，全氮1.16mg/kg，速效磷26.5mg/kg，速效钾102.6mg/kg。

1.2　供试材料与试验设计

试验选用郑单958为供试材料，设置6个播期处理，分别为6月1日、6月5日、6月9日、6月13日、6月17日和6月21日，以T1、T2、T3、T4、T5和T6表示。每处理设置3次重复，每小区面积为15m×5.4m=81.0m^2，等行距种植8行，平均行距67.5cm，种植密度均为4 500株/亩，人工点播，3～4片叶时定苗，10月3日收获，田间管理同一般大田。

1.3　测定项目与方法

1.3.1　生育时期调查

播种、出苗、拔节期、吐丝、开花、成熟。

1.3.2　植株性状调查

于灌浆期调查植株株高、穗位高、茎粗。

1.3.3　灌浆参数测定

吐丝期选取长势一致的植株挂牌标记。自9月1日开始，每隔4d从挂牌植株中收取有代表性植株，每个处理取6个果穗，测量中部籽粒乳线下降程度，并选取中下部100粒籽粒，迅速测定籽粒鲜重，80℃下烘干称取籽粒干重。以每次取样鲜重及干重计算籽粒含水量，测量日期截至10月3日（当地玉米收获最晚日期）。

1.3.4　穗部性状及产量结构调查

成熟收获前调查田间空秆率、双穗率，计算亩穗数；田间连续取20穗，自然风干后调查穗长、穗粗、秃顶长、穗行数、行粒数、千粒重和出籽率。

1.3.5　产量测定

10月3日收获时，划定8m长×3行（共计16.0m^2）的面积用于籽粒产量的测定。该8.0m^{2}内所有玉米收获脱粒，风干后折算为含水量14%的籽粒产量。

1.4　数据分析

用Microsoft Excel 2003进行数据统计和计算，用DPS进行数据分析。

2　结果与分析

2.1　不同播期对玉米生育时期和生育进程的影响

由表1可知，与6月1日（T1）相比，处理T2、T3、T4、T5、T6的出苗期分别相差4d、7d、11d、14d和18d，拔节期分别相差1d、3d、7d、7d和10d，抽雄期分别相差2d、7d、10d、12d和15d，吐丝期分别相差2d、6d、11d、13d和15d，开花期分别相差2d、5d、8d、11d和13d，乳线下降50%左右时间分别相差5d、9d、13d、13d和16d，成熟期分别相差0、3d、3d、3d和5d。玉米6月1日播种全生育期最长124d，6月21日播种

表1　不同播期对玉米生育时期的影响

处理	出苗期（月/日）	拔节期（月/日）	抽雄期（月/日）	吐丝期（月/日）	开花期（月/日）	乳线下降50%左右时间（月/日）	成熟期（月/日）	播种至开花所需天数（d）	开花授粉至乳线降至50%（d）	乳线降至50%至籽粒基部黑层出现（d）	生育期（d）
T1	6/8	7/3	7/27	7/28	7/30	9/17	10/3	59	48	17	124
T2	6/12	7/4	7/29	7/30	8/1	9/22	10/3	57	52	11	120
T3	6/15	7/6	8/3	8/3	8/4	9/26	10/6	56	53	10	119
T4	6/19	7/10	8/6	8/7	8/7	9/30	10/6	55	54	9	115
T5	6/22	7/10	8/8	8/9	8/10	9/30	10/6	54	51	6	111
T6	6/26	7/13	8/11	8/12	8/12	10/2	10/8	52	51	6	109

全生育期109d，两者相差了15d。由以上结果可知，播期对玉米生育进程和生育期长短均有显著的调节作用。随播期推迟，玉米各生育时期推迟，玉米的生育进程加快，生育期变短，生育期变短的原因主要是由于开花期之前的生育进程加快和灌浆中后期的持续期缩短引起的，而灌浆前中期（开花授粉至乳线降至50%）的持续天数呈先增加后减少的趋势。

2.2　不同播期对玉米植株性状的影响

由表2可以看出，不同播期处理其株高无显著差异，随播期推迟，穗位高呈增加趋势，T6比T1穗位高增加8.5cm，穗位以上长度降低7cm。茎粗呈先增高后降低的趋势，T3和T4茎粗最粗，T1茎粗最小，茎的生长与当时的光温及降雨等气象条件有关。

表2　不同播期对玉米植株性状的影响

处理	株高（cm）	穗位高（cm）	穗位以上长度（cm）	茎粗（cm）
T1	270.1a	124.2c	145.9a	2.2c
T2	271.1a	126.8b	144.3a	2.4b
T3	270.1a	127.2b	142.9b	2.6a
T4	273.3a	131.3a	142.0b	2.7a
T5	272.4a	132.2a	140.2c	2.4b
T6	271.6a	132.7a	138.9d	2.4b

注：数值后同一列不同字母表示在0.05水平上差异显著，下同。

2.3　不同播期对玉米籽粒灌浆特性的影响

由图1至图3可知，随灌浆进程推进，籽粒干重逐渐上升，籽粒含水量降低，乳线逐渐下降。乳线刚形成时，籽粒含水量约50%；至乳线降至一半时，籽粒含水量35%～36%；至乳线消失时，籽粒含水量31%～33%（T1和T2）。随播期推迟，各生育时期均表现为籽粒干重降低，籽粒含水量升高，乳线下降比例减少的趋势。6月9日之后播种的各处理，10月3日取样时乳线不能消失，籽粒含水量较高，籽粒干物质积累无法完成，单粒干重降低，产量潜力无法得到发挥。

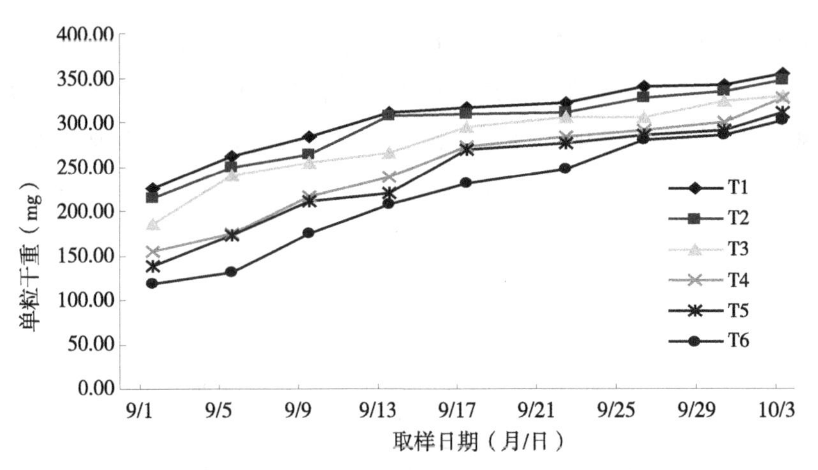

图1　不同播期对玉米灌浆期籽粒干重动态的影响

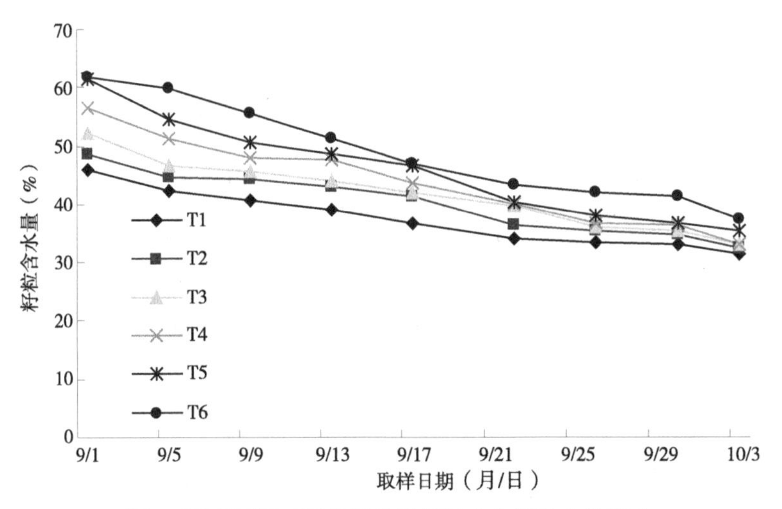

图2　不同播期对玉米灌浆期籽粒含水量动态的影响

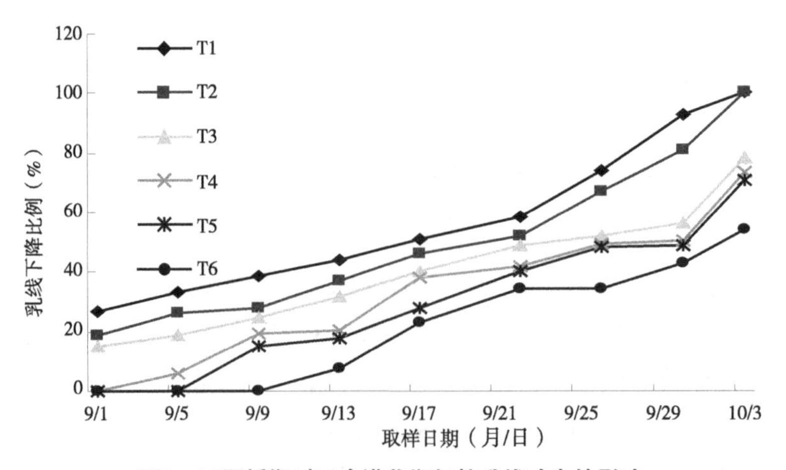

图3　不同播期对玉米灌浆期籽粒乳线动态的影响

2.4　不同播期对玉米穗部性状的影响

由表3可以看出，随播期推迟，穗粗、轴粗及穗长呈降低趋势，T6比T1穗粗降低0.48cm，轴粗降低0.33cm，穗长降低3.03cm；穗行数无显著差异，行粒数降低4.85粒、穗粒数降低79.4粒，出籽率降低7.01%。

表3　不同播期对玉米穗部性状的影响

处理	穗粗(cm)	轴粗(cm)	穗长(cm)	穗行数(行)	行粒数(粒)	穗粒数(粒)	出籽率(%)
T1	5.18a	3.03a	17.27a	15.10a	35.70a	539.07a	89.87a
T2	5.05ab	2.96a	16.70a	15.10a	35.35a	533.79a	88.16a
T3	4.80b	2.78b	15.22b	15.05a	34.10b	513.21b	87.62b
T4	4.80b	2.75b	14.62c	14.90a	33.30c	496.17c	87.38b
T5	4.75b	2.73b	14.33c	14.90a	31.60d	470.84d	85.51c
T6	4.70b	2.70b	14.24c	14.90a	30.85e	459.67e	82.86d

2.5　不同播期对玉米产量的影响

由表4可知，随播期推迟，亩穗数无显著差异，穗粒数、千粒重和产量均呈降低趋势，T1和T2处理籽粒产量最高，达到750kg/亩以上。T6与T1相比，穗粒数降低79.4粒，千粒重降低52.3g，产量降低210.2kg/亩。

表4　不同播期处理对玉米产量的影响

处理	亩穗数（穗）	穗粒数（粒）	千粒重（g）	实测产量（kg/亩）
T1	4 443.7a	539.07a	328.1a	783.3a
T2	4 460.8a	533.79a	328.2a	768.9a
T3	4 477.8a	513.21b	321.5b	704.6b
T4	4 499.5a	496.17c	301.0c	648.7c
T5	4 446.1a	470.84d	288.6d	597.7d
T6	4 460.8a	459.67e	275.8e	573.1e

3 讨论与结论

3.1 播期与生育进程的关系

薛庆禹等[5]研究认为推迟播期，生育进程缩短。魏玉君[6]研究认为受各生育阶段的日均温影响，随播期推迟，生育期先缩短后延长，并且开花前生育期缩短，开花后生育期延长。本研究认为，播期推迟会缩短生育进程。随播期推迟，开花前生育期缩短，开花至乳线降至50%时的时间表现为先延长后缩短的趋势，乳线降至50%至籽粒基部黑层出现的时间缩短。

3.2 播期与植株形态指标的关系

播期对玉米形态指标影响较大[7]。但研究结果并不一致。有研究[8]表明，随播期推迟，玉米株高、穗位高降低，茎粗变粗。董红芬等[9]研究认为，株高、穗位高随播期推迟增高，对穗长、穗粗及穗行数影响不显著，秃顶长增大，行粒数减少。魏玉君[6]研究认为穗粗、秃顶长随播期推迟减小，轴粗增大。本研究结果表明，播期对株高无显著影响，随播期推迟，穗位高增加，穗位以上长度降低，穗粗和轴粗逐渐降低，穗行数无明显规律，穗长、行粒数、穗粒数和出籽率有降低的趋势。

3.3 播期与产量的关系

玉米生育期间的光、温、水等主要生态因子与其生长发育及产量性状关系密切，播期是调节光、温因子的重要手段。吕鹏[10]研究认为适当推迟播期可降低粗缩病发病率和空秆率，提高产量。也有研究[11]认为，在黄淮海区域，早播玉米产量形成期易与高温干旱天气相遇，不利于花粒期籽粒灌浆，过晚播种易造成低温冻害，籽粒不能正常成熟。因此，黄淮海区域6月中旬播种产量最高。本研究认为，播种时期在6月1日或6月5日的处理，籽粒产量最高，若播期进一步推迟，会影响产量。产量降低是穗粒数和千粒重的共同降低导致的，这可能与推迟播期后，生育期缩短，光照积温不足，影响干物质积累有关。因此在不影响前茬作物收获的同时，玉米应尽可能早播。

3.4 播期与玉米籽粒灌浆参数、籽粒直收技术之间的关系

随着劳动力不断转向第二、三产业，摘穗剥皮式的玉米收获机已难以满足当前玉米生产的需求，农民迫切需求籽粒直接收获机械。一般在玉米籽粒顶端出现黑层或玉米籽粒乳线消失后2～4周，玉米籽粒通过田间脱水含水量可降至15%～18%，可直接收获玉米籽粒[12]。谢瑞芝[13]研究认为适宜籽粒收获的含水量建议控制在27%以内。

受上下茬作物的收获或播种的限制，兖州玉米夏直播时间不会早于6月，收获时间不能低于10月3日。本研究中，传统收获期收获时，最早播期即6月1日播种的玉米刚达到生理成熟状态，籽粒含水量仍大于30%，后期也没有脱水时间，不利于进行籽粒直收。因此在当前种植制度下，亟须筛选生育期相对较短、灌浆后期脱水较快的夏玉米高产品种，以便于进行籽粒直收。

参考文献

［1］ 武军华，马丰刚，徐炜，等. 兖州区小麦玉米一体化高产高效栽培技术[J]. 农业科技通讯，2014（6）：193-194.

［2］ 白洪立，孟淑华，王立功，等. 积温变迁对冬小麦夏玉米一年两熟播期的影响[J]. 作物杂志，2009（3）：55-57.

［3］ 李向岭，李从锋，侯玉虹，等. 不同播期夏玉米产量性能动态指标及其生态效应[J]. 中国农业科学，2012，45（6）：1074-1083.

［4］ 叶雨盛，王晓琳，李刚，等. 玉米籽粒生理成熟后脱水速率的研究及应用[J]. 辽宁农业科学，2015（3）：46-48.

［5］ 薛庆禹，王靖，曹秀萍，等. 不同播期对华北平原夏玉米生长发育的影响[J]. 中国农业大学学报，2012，17（5）：30-38.

［6］ 魏玉君. 夏玉米光温需求与玉米籽粒灌浆特性的研究[D]. 泰安：山东农业大学，2014.

［7］ 曹庆军，杨粉团，陈喜凤，等. 播期对吉林省中部春玉米生长发育、产量及品质的影响[J]. 玉米科学，2013，21（5）：71-75.

［8］ 张宁，杜雄，江东岭，等. 播期对夏玉米生长发育及产量影响的研究[J]. 河北农业大学学报，2009，32（5）：7-11.

［9］ 董红芬，李洪，李爱军，等. 玉米播期推迟与生长发育、有效积温关系研究[J]. 玉米科学，2012，20（5）：97-101.

［10］ 吕鹏，苏凯，刘伟，等. 粗缩病对夏玉米产量和植株性状的影响[J]. 玉米科学，2010，18（2）：113-116.

［11］ 郑洪健，董树亭，王空军，等. 生态因素对玉米籽粒发育影响及调控的研究[J]. 玉米科学，2009，9（1）：69-73.

［12］ 相茂国. 玉米籽粒直收机械适应性研究[D]. 淄博：山东理工大学，2014.

［13］ 谢瑞芝，雷晓鹏，王克如，等. 黄淮海夏玉米籽粒机械收获研究初报[J]. 作物杂志，2012（2）：76-79.

不同播期对夏玉米生育特性、灌浆特征和产量的影响

摘　要：试验选用郑单958为供试材料，从6月3—19日，每隔4d设置1个播期处理，共设置了5个播种时期，研究了不同播期对夏玉米生长发育、籽粒灌浆特征和产量的影响，以明确夏玉米最佳播期和籽粒机械化收获期。结果表明，随着播期推迟，玉米开花前生育进程加快，开花至乳线降至50%时的生育天数呈先增加后降低的趋势；推迟播期对株高影响不显著，但穗位高增加，植株抗倒伏能力下降；推迟播期使行粒数、穗粒数减少，出籽率下降。随播期推迟，穗粒数和千粒重降低，导致产量下降。当地夏玉米6月7日之前播种至9月底收获，可保证籽粒灌浆进程完成，发挥其产量潜力；6月11日播种至9月底收获时，籽粒含水率大于35%，不适于籽粒机械化收获。

关键词：夏玉米；播期；籽粒灌浆；产量

播期是影响夏玉米生育期内光温分配，从而影响生长发育和生理特性及玉米产量的重要栽培因子，调整玉米播种时期也是降低粗缩病发生率的有效手段。2008—2009年兖州玉米粗缩病发生率较高，对此重点开展了玉米播期对粗缩病发生率和产量的影响，并提出适当推迟播期可有效降低玉米粗缩病发生率，提高籽粒产量。近年来，兖州农业生产出现了新形势，随着新型农业生产主体的出现，机械化收获玉米已成为未来发展趋势，而收获时玉米籽粒含水量是影响机械化操作的重要因素。若播期过晚，导致玉米生育期可利用积温降低，收获时玉米籽粒含水量过高，机械损伤严重。对此，开展了对不同播期玉米生长发育、籽粒灌浆参数和产量的影响，以进一步明确适应机械化收获的最佳播期。

1　材料与方法

1.1　试验田概况

试验于2015年玉米生长季在兖州小孟镇陈王村试验基地进行。试验田为壤土，地势平坦，能排能灌，上季小麦常年产量550kg/亩，玉米常年产量650kg/亩。

1.2　供试材料与试验设计

试验选用郑单958为供试材料，设置5个播期处理，分别为6月3日、6月7日、6月11日、6月15日、6月19日。种植密度均为4 500株/亩。不设重复，每小区面积为

6m × 4.5m=27m^2，采用大小行种植9行玉米，小行距40cm，大行距90cm，人工穴播，刨坑、浇水、下种、覆土，3 ~ 4片叶时定苗。

1.3　测定项目与方法

1.3.1　生育时期调查

播种、出苗、拔节期、吐丝、开花、成熟。

1.3.2　植株性状调查

于灌浆期调查植株株高、穗位高、茎粗。

1.3.3　灌浆参数测定

吐丝期选长势一致植株，挂牌。自9月1日开始每隔4d从挂牌植株中取有代表性植株，每个处理取2个果穗，测量中部籽粒乳线下降程度，并选取中下部100粒籽粒，迅速测定籽粒鲜重，80℃下烘干至恒量。以每次取样鲜重及干重测定籽粒含水量，两次测量乳线已降到100%时，下次不再取样测量。

1.3.4　穗部性状及产量结构调查

成熟收获前调查田间空秆率、双穗率，计算亩穗数；田间连续取20穗，自然风干后调查穗长、穗粗、秃顶长、穗行数、行粒数、千粒重和出籽率。

1.3.5　产量测定

成熟期划定4m长 × 3行（共计8.0m^2）的面积用于籽粒产量的测定。该8.0m^{2}内所有玉米收获脱粒，风干后折算为含水量14%的籽粒产量。

1.4　数据分析

用Microsoft Excel 2003进行数据统计和计算，用DPS进行数据分析。

2　结果与分析

2.1　不同播期对玉米生育时期的影响

由表1可知，郑单958的生育期（从出苗至完熟）为122d（由6月3日播种数据得）。6月19日播种处理与6月3日相比，拔节期相差9d，抽雄期和吐丝期相差13d，

表1　不同播期对玉米生育进程的影响

播种时间（月/日）	出苗期（月/日）	拔节期（月/日）	抽雄期（月/日）	吐丝期（月/日）	开花期（月/日）	乳线下降50%左右时间（月/日）	成熟期（月/日）	播种至开花所需天数（d）	开花授粉至乳线降至50%（d）	乳线降至50%至籽粒基部黑层出现（d）	生育期（d）
6/3	6/9	7/3	7/28	7/29	7/31	9/20	10/3	58	51	13	122
6/7	6/11	7/5	8/1	8/2	8/3	9/24	10/6	57	52	12	121
6/11	6/17	7/7	8/4	8/5	8/5	9/26	10/6	55	52	10	117
6/15	6/21	7/10	8/8	8/9	8/9	9/30	10/6	55	52	6	113
6/19	6/25	7/12	8/10	8/11	8/11	10/1	10/8	53	51	7	111

开花期相差11d，至籽粒乳线下降至50%左右时，生育期相差11d，至10月3日收获时，6月3日和6月7日播种的处理乳线均下降至100%，6月11日和6月15日播种的处理乳线均下降至70%以上，6月19日播种的处理乳线低于60%。由以上结果可知，播期对玉米生育进程和生育期均有显著影响。随播期推迟，玉米各生育时期延迟，6月3日播种处理与6月19日处理相比，播期相差16d，生育期相差11d左右，这表明推迟播期某种程度上加快了玉米的生育进程。在兖州生态气候下，若玉米完熟收获（乳线消失，黑层出现），以6月7日之前播种为佳，否则无法完熟，难以发挥品种的产量潜力。

2.2　不同播期对玉米植株性状的影响

由表2可以看出，不同播期处理，株高差异不大，随播期推迟，穗位高有增加趋势，穗位以上长度有降低趋势，播期处理对茎粗的影响无明显规律，这与当时基部节间生长时的光温条件有关。

表2　不同播期对玉米植株性状的影响

播种时间（月/日）	株高（cm）	穗位高（cm）	穗位以上长度（cm）	茎粗（cm）
6/3	279.7	132.8	146.9	2.4
6/7	279.0	133.4	145.6	2.3
6/11	278.5	134.0	144.5	2.6
6/15	276.0	136.7	139.3	2.3
6/19	277.9	140.5	137.4	2.5

2.3　不同播期对玉米籽粒灌浆特性的影响

由表3至表5可知，随灌浆进程推进，籽粒干重逐渐上升，籽粒含水量降低，乳线逐渐下降。随播期推迟，各生育时期均表现为籽粒干重降低，籽粒含水量升高，乳线出现时间表现推迟的趋势。6月7日后播种，收获时乳线不能消失，籽粒含水量也不降至最低水平，籽粒干物质积累无法完成，此品种的产量潜力无法得到发挥。

表3　不同播期对玉米灌浆期籽粒（单粒）干重增重动态的影响（mg）

播种时间（月/日）	灌浆期（月/日）								
	9/1	9/5	9/9	9/13	9/17	9/22	9/26	9/30	10/3
6/3	235.85	260.70	274.10	314.20	302.70	320.10	329.10	343.80	358.45
6/7	190.95	210.35	232.60	302.15	276.25	304.65	306.00	330.35	342.25
6/11	163.05	196.50	232.25	276.50	246.50	277.95	289.05	312.45	330.10
6/15	127.40	168.90	204.00	240.05	245.40	258.55	294.65	314.90	318.10
6/19	117.15	150.25	204.00	226.70	234.90	239.45	284.90	291.05	310.20

表4　不同播期对玉米灌浆期籽粒含水量动态的影响（%）

播种时间（月/日）	灌浆期（月/日）								
	9/1	9/5	9/9	9/13	9/17	9/22	9/26	9/30	10/3
6/3	45.83	42.97	42.43	39.52	36.21	35.95	33.06	32.20	32.10
6/7	49.09	47.93	44.39	41.87	39.98	36.73	35.39	34.12	32.42
6/11	53.39	50.03	47.64	46.03	43.57	38.06	36.26	34.18	33.42
6/15	58.31	51.90	49.59	46.20	44.39	39.44	36.55	35.58	34.84
6/19	61.63	56.19	51.77	48.44	46.03	41.28	38.40	37.45	36.38

表5　不同播期对玉米灌浆期乳线动态的影响（%）

播种时间（月/日）	灌浆期（月/日）								
	9/1	9/5	9/9	9/13	9/17	9/22	9/26	9/30	10/3
6/3	25.75	31.05	41.35	32.02	47.67	55.64	60.24	76.75	100.00
6/7	15.70	18.34	30.90	27.57	46.75	48.37	53.63	59.21	100.00
6/11	0.00	18.08	20.55	20.86	35.77	44.14	51.72	54.77	72.22
6/15	0.00	3.89	16.94	20.75	35.03	41.86	46.39	54.70	64.46
6/19	0.00	0.00	15.12	18.31	22.94	40.29	43.14	43.59	56.53

2.4　不同播期对玉米穗部性状的影响

由表6可以看出，随播期推迟，穗粗和轴粗逐渐降低，穗行数无明显规律，穗长、行粒数、穗粒数和出籽率有降低的趋势。

表6　不同播期对玉米穗部性状的影响

播种时间（月/日）	穗粗（cm）	轴粗（cm）	穗长（cm）	穗行数（行）	行粒数（粒）	穗粒数（粒）	出籽率（%）
6/3	5.05	2.88	15.93	15.3	36.10	552.40	88.17
6/7	4.75	2.73	14.99	15.3	35.33	540.50	88.02
6/11	4.75	2.73	14.45	13.8	35.43	489.00	87.58
6/15	4.75	2.73	14.10	14.5	31.59	458.00	87.24
6/19	4.75	2.73	13.83	14.4	30.33	436.80	85.48

2.5　不同播期对玉米产量的影响

由表7可知，随播期推迟，籽粒产量呈降低趋势。产量减低主要是由于穗粒数和千粒重的共同降低导致的。

表7　不同播期处理对玉米产量的影响

播种时间（月/日）	亩穗数（穗）	穗粒数（粒）	千粒重（g）	实测产量（kg/亩）
6/3	4 480.30a	552.40a	333.59a	763.34a

（续表）

播种时间（月/日）	亩穗数（穗）	穗粒数（粒）	千粒重（g）	实测产量（kg/亩）
6/7	4 441.22a	540.50a	323.04b	736.07b
6/11	4 477.84a	489.00b	314.80c	650.08c
6/15	4 492.45a	458.00c	312.24c	596.12d
6/19	4 460.76a	436.80d	304.41d	545.10e

注：同列数据后不同小写字母表示差异显著（$P<0.05$）。

3 讨论与结论

薛庆禹等[1]研究认为推迟播期，生育进程缩短。魏玉君[2]研究认为随播期推迟，生育期先缩短后延长，并且开花前生育期缩短，开花后生育期延长，并指出这与各生育阶段的日均温有关。本研究认为，随播期推迟，生育进程减缓，开花前生育期缩短，开花至乳线降至50%时的时间表现为先延长后缩短的趋势。播期对玉米形态指标影响较大[3]。有研究表明，随播期推迟，玉米株高、穗位高降低，茎变粗[4]。董红芬等[5]认为，株高、穗位高随播期推迟而增高，叶片数基本不变，播期对穗长、穗粗及穗行数影响不显著，秃顶长增大，行粒数减少。魏玉君[2]研究认为穗粗、秃顶长随播期推迟减小，轴粗增大。本研究认为，播期对株高和茎粗的影响无明显规律，随播期推迟，穗位高有增加趋势，而穗位以上长度有降低趋势，穗粗和轴粗逐渐降低，穗行数无明显规律，穗长、行粒数、穗粒数和出籽率有降低的趋势。

玉米高产是多因子综合作用的结果，其生育期间的光、温、水等主要生态因子与其生长发育及产量性状关系密切，光、温因子难以调控，但可通过播期适当调节。有研究[6]认为，在黄淮海区域，早播玉米产量形成期易与高温干旱天气相遇，不利于花粒期籽粒灌浆，过晚播种易造成低温冻害，籽粒不能正常成熟。本研究认为，在玉米粗缩病不发生的年份，推迟播期降低穗粒数、千粒重，最终籽粒产量降低。推迟到6月7日以后播种的，籽粒灌浆进程无法顺利完成，产量潜力得不到充分发挥。

随着现代化水平的不断提高，玉米机械化籽粒直收在生产中的应用逐步扩大，机收夏玉米籽粒含水量低于30%时对玉米籽粒的伤害减小[7]。本试验表明，郑单958在兖州地区夏直播生育期长达117d左右，6月7—15日播种到9月30日收获，籽粒含水量仍大于30%，而受上茬小麦的影响，玉米夏直播时间不可能再提前，收获时间不可能再延后，因此郑单958在兖州地区不适宜机械化籽粒直收。筛选夏直播生育期在100d

左右、后期脱水快、9月底收获时籽粒含水量低于30%的新品种，是当前生产的迫切需求。

参考文献

[1] 薛庆禹，王靖，曹秀萍，等. 不同播期对华北平原夏玉米生长发育的影响[J]. 中国农业大学学报，2012，17（5）：30-38.

[2] 魏玉君. 夏玉米光温需求与玉米籽粒灌浆特性的研究[D]. 泰安：山东农业大学，2014.

[3] 曹庆军，杨粉团，陈喜凤，等. 播期对吉林省中部春玉米生长发育、产量及品质的影响[J]. 玉米科学，2013，21（5）：71-75.

[4] 张宁，杜雄，江东岭，等. 播期对夏玉米生长发育及产量影响的研究[J]. 河北农业大学学报，2009，32（5）：7-11.

[5] 董红芬，李洪，李爱军，等. 玉米播期推迟与生长发育、有效积温关系研究[J]. 玉米科学，2012，20（5）：97-101.

[6] 郑洪健，董树亭，王空军，等. 生态因素对玉米籽粒发育影响及调控的研究[J]. 玉米科学，2001，9（1）：69-73.

[7] 谢瑞芝，雷晓鹏，王克如，等. 黄淮海夏玉米籽粒机械收获研究初报[J]. 作物杂志，2012（2）：76-79.

不同控释肥种类和施用量对夏玉米产量的影响

摘　要：以郑单958为供试品种，研究了控释肥对玉米叶面积指数、干物质积累和产量的影响。结果表明，同一肥料不同运筹方式相比，控释肥施用量750kg/hm^{2}的处理和控释肥施用量600kg/hm^{2}的处理产量无显著差异，均高于控释肥施用量600kg/hm^2+大喇叭口期追施尿素150kg/hm^{2}的处理。同一用量不同品牌处理相比，控释肥A处理穗粒数、千粒重和产量均高于相同数量的控释肥B处理。综合衡量，在本试验条件下，以控释肥A施用量600kg/hm^{2}水平下最为合理。

关键词：夏玉米；控释肥；叶面积指数；产量

肥料在促进粮食和农业生产发展中起了不可替代的作用，是调控玉米产量的主要手段。控释肥具有缓释作用[1]，可以减少施肥次数，节省劳力，并且可以减少肥料淋溶[2]，并能提高化肥的利用效率，增产效果显著[3]，从而提高经济效益[4]。但是，目前控释肥种类繁多，营养成分配比各异，选择合适的控释肥并确定适宜的用量是降低生产成本，提高产量的前提。为此，开展了不同缓控释肥种类和数量对玉米产量影响的对比试验，旨在筛选适宜的夏玉米专用控释肥，并确定适宜的施用量，为夏玉米降低生产成本，简化栽培提供科学依据。

1　试验设计

1.1　试验地基本概况

试验于2015年6—9月在兖州漕河镇河南村进行。试验田为壤土，地势平坦，能排能灌，小麦常年产量8 250kg/hm^2，玉米常年产量9 750kg/hm^2。播种前0～20cm土壤有机质含量为15.54g/kg，全氮含量为1.16mg/kg，速效磷含量为26.5mg/kg，速效钾含量为102.6mg/kg。

1.2　试验设计

试验选用郑单958为供试材料，选取当地生产中施用比较普遍的控释肥A和控释肥B，以复合肥C为对照，设计7个处理（肥料种类和施用量如表1所示），每处理设置3次重复，每小区面积为20m×5.4m=108m^2。6月12日播种，9月24日收获，采用等行距方式种植，行距67.5cm，人工点播，种植密度为67 500株/hm^2。肥料按底肥和追肥两种方式施入，底肥采用种肥同播机播种时施入，追肥在大喇叭口期施入。整个生育期间

在播种后、大喇叭口期、吐丝期和灌浆期共浇水4次，其他田间管理措施同一般大田。

表1　不同施肥处理

处理	肥料用量
1	控释肥A（N：P：K为28：8：8）750kg/hm^2（N 210kg，P_2O_5 60kg，K_2O 60kg）
2	控释肥A（N：P：K为28：8：8）600kg/hm^2（N 168kg，P_2O_5 48kg，K_2O48kg）
3	控释肥A（N：P：K为28：8：8）600kg/hm^2（N 168kg，P_2O_5 48kg，K_2O 48kg）+大喇叭口期追施尿素150kg/hm^2（N 70kg）
4	复合肥C（N：P：K为15：15：15）1 125kg/hm^2（N 168kg，P_2O_5 168kg，K_2O 168kg）
5	控释肥B（N：P：K为28：8：8）750kg/hm^2（N 210kg，P_2O_5 60kg，K_2O 60kg）
6	控释肥B（N：P：K为28：8：8）600kg/hm^2（N 168kg，P_2O_5 48kg，K_2O 48kg）
7	控释肥B（N：P：K为28：8：8）600kg/hm^2（N 168kg，P_2O_5 48kg，K_2O 48kg）+大喇叭口期追施尿素150kg/hm^2（N 70kg）

1.3　测定项目与方法

1.3.1　叶面积指数（LAI）测定

于拔节期、大喇叭口期和开花期每个重复选取5株生长发育一致、叶片无病斑和破损的单株标记并测量叶面积，计算叶面积系数。展开叶叶面积=长×宽×0.75，未展叶叶面积=长×宽×0.5，叶面积指数（LAI）=单株叶面积×单位土地面积内株数/单位土地面积。

1.3.2　干物质积累量测定

分别于拔节期、大喇叭口期、开花期和成熟期取样，每个重复取有代表性的植株5株，按不同器官分开，105℃下杀青1h，80℃烘至恒重，称量。

1.3.3　穗部性状及产量结构调查

成熟收获前调查田间空秆率、双穗率，计算亩穗数；田间连续取20穗，自然风干后调查穗长、穗粗、秃顶长、穗行数、行粒数、千粒重和出籽率。

1.3.4　产量测定

成熟期划定8m长×3行（共计16.0m^2）的面积用于籽粒产量的测定。该16.0m^{2}内所有玉米收获脱粒，风干后调整为含水量14%的籽粒产量。

1.4 数据分析

用Microsoft Excel 2003进行数据统计和计算，用DPS进行数据分析。

2 结果与分析

2.1 不同处理对玉米叶面积指数的影响

由图1可知，随生育进程推进，叶面积指数不断增加，开花期叶面积指数达到最大值。不同处理对各生育期叶面积指数有显著影响，同一肥料不同运筹方式相比，控释肥施用量750kg/hm^{2}的处理拔节期、大喇叭口期和开花期的叶面积指数均显著高于施用量600kg/hm^{2}和控释肥600kg/hm^2+大喇叭口期追施尿素150kg/hm^{2}的处理，控释肥600kg/hm^{2}和控释肥600kg/hm^2+大喇叭口期追施尿素150kg/hm^{2}的处理差别不大。同一用量不同种类处理相比，控释肥A的处理在拔节期叶面积指数低于相同数量的控释肥B处理，在大喇叭口期和开花期高于控释肥B处理，这表明不同品牌的肥料养分相同，但养分释放速率可能有所不同，影响作物生长，导致不同生育期叶面积指数的差异。

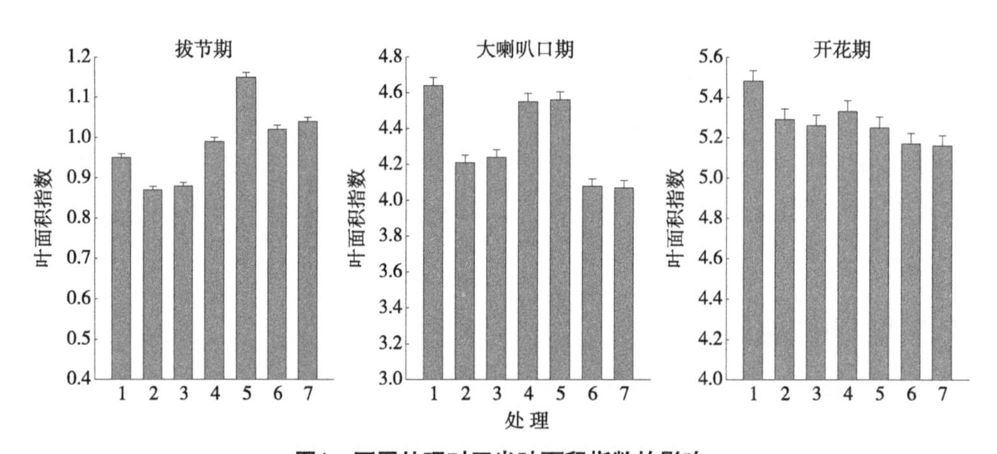

图1 不同处理对玉米叶面积指数的影响

2.2 不同处理对玉米穗部性状的影响

由表2可以看出，不同处理相比较，穗粗、轴粗、穗长、秃顶长、穗行数以及出籽率有所差异，但无明显规律，不同处理对穗部性状的影响主要表现在行粒数和穗粒数上。其中，复合肥C处理穗粒数最高。控释肥A处理（处理1至处理3）的行粒数和穗粒数均高于相同数量的控释肥B处理（处理5至处理7）。

表2　不同处理对玉米穗部性状的影响

处理	穗粗（cm）	轴粗（cm）	穗长（cm）	秃顶长（cm）	穗行数（行）	行粒数（粒）	穗粒数（粒）	出籽率（%）
1	4.90	2.90	17.36	0.17	15.00	38.49	577.3	83.21
2	4.85	2.85	16.62	0.27	15.60	37.59	586.4	84.25
3	4.82	2.60	17.01	0.34	14.60	38.66	564.4	83.19
4	4.80	2.90	17.75	0.42	15.20	39.12	594.6	84.48
5	4.75	2.60	17.16	0.36	15.00	37.41	561.2	83.64
6	4.80	2.80	16.81	0.25	15.40	36.62	564.0	83.92
7	4.72	2.80	15.87	0.28	15.56	36.43	566.7	83.38

2.3　不同处理对玉米各生育期干物质和经济系数的影响

由表3可以看出，不同处理对各生育期干物质积累有显著影响。同一肥料不同运筹方式相比，在拔节期，干物质积累量表现为处理1、处理2和处理3无显著差异，处理5、处理6和处理7无显著差异；在大喇叭口期，干物质积累量表现为处理1>处理2、处理3，处理2和处理3无显著差异，处理5>处理6、处理7，处理6和处理7无显著差异；在开花期，干物质积累量表现为处理3>处理1、处理2，处理1和处理2无显著差异，处理7>处理5、处理6，处理5和处理6无显著差异；在成熟期，干物质积累量表现为处理1>处理2>处理3，处理5>处理6>处理7，经济系数表现为处理2显著大于处理1，处理3和处理1、处理2均无显著差异，处理6显著大于处理5，处理7和处理5、处理6均无显著差异。同一用量不同种类肥料处理相比，控释肥A处理在拔节期和大喇叭口期干物质积累量低于控释肥B处理，在开花期和成熟期无显著差异，经济系数要高于相同数量的控释肥B处理。

表3　不同处理对玉米各生育期干物质积累和经济系数的影响

处理	拔节期（kg/hm^2）	大喇叭口期（kg/hm^2）	开花期（kg/hm^2）	成熟期（kg/hm^2）	经济系数
1	641.40c	4 984.05b	7 620.45c	19 555.35a	0.54b
2	611.40c	4 465.50c	7 551.75c	18 648.15b	0.56a
3	605.85c	4 519.50c	7 747.90b	18 146.70c	0.55ab
4	771.15b	4 834.20b	8 326.80a	18 595.35b	0.53b
5	956.70a	5 377.20a	7 648.50c	19 386.00a	0.52c

（续表）

处理	拔节期（kg/hm²）	大喇叭口期（kg/hm²）	开花期（kg/hm²）	成熟期（kg/hm²）	经济系数
6	807.75a	4 946.85b	7 590.45c	18 695.85b	0.54b
7	854.55a	4 798.80bc	7 779.90b	18 103.20c	0.53bc

2.4 不同处理对玉米籽粒产量及产量结构的影响

由表4可以看出，不同处理每公顷穗数差异不大，穗粒数、千粒重和产量差异较大。同一肥料不同运筹方式相比，控释肥施用量750kg/hm²的处理和控释肥施用量600kg/hm²的处理穗粒数、千粒重和产量差异不大，千粒重和产量要高于控释肥施用量600kg/hm²+大喇叭口期追施尿素150kg/hm²的处理。同一用量不同品牌处理相比，控释肥A处理穗粒数、千粒重和产量均高于相同数量的控释肥B处理。控释肥A和控释肥B施用量750kg/hm²和600kg/hm²的处理产量要高于复合肥C处理。控释肥A和控释肥B亩施600kg/hm²的处理+大喇叭口期追施尿素150kg/hm²的处理产量和复合肥C处理差异不大。

表4　不同处理对玉米产量和产量结构的影响

处理	穗数（穗/hm²）	穗粒数（粒）	千粒重（g）	产量（kg/hm²）
1	59 811.5a	577.3a	308.6a	10 435.1a
2	60 088.5a	586.4a	308.8a	10 621.5a
3	59 774.6a	564.4b	291.6bc	9 750.2bc
4	59 737.7a	594.6a	276.2c	9 656.3c
5	60 762.2a	561.2b	299.8b	9 952.5b
6	60 275.4a	564.0b	295.9b	9 937.1b
7	60 663.0a	566.7b	284.2c	9 629.6c

3 结论与讨论

控释肥作为一种新型肥料，确定适宜的用量对农业生产具有重要的指导意义，不同地区和环境由于光热、温度以及水分等气候条件不同，决定了施肥量也不同[5]。本研究结果表明，控释肥A和控释肥B施用量750kg/hm²和600kg/hm²的处理产量要高于复合肥C处理，其中控释肥A基施600kg/hm²的处理产量最高，达到10 621.5kg/hm²，

比农民习惯用的复合肥C增产965.25kg/hm^2，增幅9.99%。控释肥A和控释肥B施用量600kg/hm^{2}的处理+大喇叭口期追施尿素150kg/hm^{2}的处理产量要低于等量控释肥下不追施尿素处理。这表明在播种期施用控释肥适量的前提下，后期没必要追施氮肥，否则可能造成氮肥施用量过多，导致贪青晚熟[6]，影响干物质向籽粒的转运，这可能也是导致粒重和产量下降的重要原因。

不同种类的控释肥由于所含的养分和使用的包膜不同，养分的释放速率会有差异[7]。本研究中，控释肥A和控释肥B所含氮、磷、钾比例均在28：8：8的情况下，不同生育时期的叶面积指数、干物质积累以及籽粒产量均有所差异，分析造成此结果的原因可能是不同种类的肥料养分释放速率有所不同，导致玉米各生育期不同生长指标的差异。

综上所述，本研究中，选用控释肥A，施用量600kg/hm^{2}的条件下，叶面积动态合理，成熟期干物质积累量和经济系数均较高，增产效果显著，可进一步示范和推广。由于本试验结果仅局限于一个地块，不同地块间试验结果还有待于进一步研究。

参考文献

[1] 王友平，李宗新，张书良，等. 不同类型玉米控释肥的应用效果研究[J]. 山东农业科学，2014，46（10）：83-87.

[2] 苏琳，董志新，邵国庆. 控释尿素施用方式及用量对夏玉米氮肥效率和产量的影响[J]. 应用生态学报，2010，21（4）：915-920.

[3] 王恩飞，崔智多，何璐，等. 我国缓/控释肥研究现状和发展趋势[J]. 安徽农业科学，2011，39（21）：12762-12764，12767.

[4] 卫丽，马超，黄晓书，等. 控释肥对土壤全氮含量及夏玉米产量品质的影响[J]. 水土保持学报，2009，23（4）：176-179.

[5] 赵斌，董树亭，王空军，等. 控释肥对夏玉米产量及田间氨挥发和氮素利用率的影响[J]. 应用生态学报，2009，20（11）：127-130.

[6] 金继运，何萍. 氮钾营养对春玉米后期碳氮代谢与粒重形成的影响[J]. 中国农业科学，1999，32（4）：55-62.

[7] 贺娇娇. 不同氮磷钾配比的控释肥对玉米主要农艺性状及产量的影响[D]. 杨凌：西北农林科技大学，2014.

2014年鲁西南地区玉米新品种的筛选研究

摘　要：选用10个玉米新品种为材料，以郑单958为对照，重点研究各品种的生育期、主要农艺、经济和产量性状，以判断其是否适合在鲁西南地区种植。结果表明，迪卡517、迪卡667和鲁单818三个品种较对照增产显著，且主要农艺性状均表现优良，适宜在鲁西南地区示范种植。其他品种有待进一步试验。

关键词：玉米品种；农艺性状；生育期；产量

山东兖州地处鲁西南平原，位于黄淮海夏玉米主产区。全区光热资源丰富，全年光照时数2 406～2 903h，年太阳辐射总量124.7kcal/cm^2，是山东小麦玉米一年两熟丰产高效技术集成研究核心试验区之一。近年来，随着农业科技推广及农业项目投入，夏玉米规模化种植面积持续扩大，产量得到大幅度提高。为进一步加快兖州玉米产业持续高效发展，兖州区农业科学研究所引进10个玉米品种开展品比试验，从品种的产量、生育期和农艺性状等方面[1-8]进行综合评价，以期进一步明确这10个品种在兖州地区的丰产、稳产性，为鲁西南地区玉米新品种的大面积推广提供理论依据。

1　材料与方法

1.1　试验材料

供试玉米品种为迪卡517、迪卡667、登海618、登海605、鲁单818、宇玉30、天塔5号、金来98、德利农988、德单121，对照品种为郑单958。

1.2　试验方法

1.2.1　试验设计

试验于2014年在兖州区农业科学研究所二十里铺村试验基地进行，土质属轻壤土，有机质14.2g/kg，全氮0.087%，碱解氮85.5mg/kg，速效磷27.7mg/kg，速效钾112mg/kg。前茬作物为小麦。试验采用随机区组设计，10个品种（处理），郑单958为对照，不设重复，小区面积54m^2（长10m、宽5.4m）。试验地地势平坦，地力均匀。参试各品种按照育种者提供的最适密度进行种植，迪卡517、迪卡667、鲁单818种植密度为5 000株/亩；宇玉30、德单121、郑单958种植密度为4 500株/亩；登海618、天塔5号种植密度为4 000株/亩；登海605、金来98、德利农988种植密度为3 500株/亩。其他田间管理方式同大田。

1.2.2　测定项目与方法

1.2.2.1　生育时期调查

记载播种期、出苗期、抽雄期、吐丝期和成熟期。

1.2.2.2　产量测定

收获时按小区测产，每个品种（小区）取3个代表性点，每点取4行，长度为5m。记录每点的鲜穗总数、总重量。随机取10个标准果穗晾晒、考种，调查穗长、穗粗、秃顶长、穗行数、行粒数、千粒重和出籽率等指标，称重折小区产量，折亩产。

1.3　数据统计分析

运用Microsoft Excel 2003进行数据整理和统计分析。

2　结果与分析

2.1　不同玉米品种生育期表现

由表1可见，11个参试品种播种期为6月6日，出苗期为6月12日，但抽雄、吐丝、成熟期有一定差异。与对照郑单958相比，登海618抽雄、吐丝最早，其次是迪卡517、迪卡667。各参试品种生育期在105～111d，其中迪卡517最短为105d，比对照早6d，其次是登海618，比对照早5d，两个品种适宜当地夏直播用种；金来98、德单121生育期为107d，比对照早4d；其他品种与对照生育期大致相当。

表1　不同玉米品种生育进程调查结果

品种	播种期（月/日）	出苗期（月/日）	抽雄期（月/日）	吐丝期（月/日）	成熟期（月/日）	生育期(d)
迪卡517	6/6	6/12	7/28	7/29	9/25	105
迪卡667	6/6	6/12	7/26	7/28	10/1	111
登海618	6/6	6/12	7/26	7/26	9/26	106
登海605	6/6	6/12	7/29	7/30	10/1	111
鲁单818	6/6	6/12	7/29	7/30	9/29	109
宇玉30	6/6	6/12	7/30	7/30	9/30	110
天塔5号	6/6	6/12	7/29	7/30	10/1	111
金来98	6/6	6/12	7/29	7/31	9/27	107

（续表）

品种	播种期（月/日）	出苗期（月/日）	抽雄期（月/日）	吐丝期（月/日）	成熟期（月/日）	生育期（d）
德利农988	6/6	6/12	7/30	7/31	9/30	110
德单121	6/6	6/12	7/29	7/31	9/27	107
郑单958（CK）	6/6	6/12	7/29	7/30	10/1	111

2.2 不同玉米品种主要农艺及经济性状

从表2可见，不同品种农艺及经济性状存在差异。各参试品种株高在248～300.5cm，对照郑单958株高为276.6cm，其中宇玉30最高为300.5cm，登海618最矮为248cm；穗位高度在82.2～137cm，对照品种为122.2cm，其中德单121最高为137cm，登海618最低为82.2cm；穗长在15.7～19cm，对照品种最短为15.7cm，金来98最长为19cm；秃尖长在0.2～1.1cm，其中登海618最长为1.1cm，迪卡667最短为0.2cm。

表2 不同玉米品种主要农艺性状表现

品种	株型	株高（cm）	穗位高（cm）	穗长（cm）	穗粗（cm）	秃尖长（cm）	穗形	粒型	粒色	轴色
迪卡517	紧凑	252.3	112.2	17.2	4.7	0.6	长筒	半马齿	黄色	红色
迪卡667	紧凑	289.1	141.6	16.3	4.8	0.2	长筒	半马齿	黄色	红色
登海618	紧凑	248.0	82.2	16.2	4.8	1.1	长筒	半马齿	黄色	红色
登海605	紧凑	273.4	107.2	18.2	4.9	0.8	长筒	马齿	黄色	红色
鲁单818	紧凑	263.6	103.4	17.7	4.7	0.8	长筒	半马齿	黄色	红色
宇玉30	半紧凑	300.5	122.4	17.6	4.5	0.7	圆筒	半硬粒	黄色	红色
天塔5号	半紧凑	266.2	118.2	16.9	4.9	1.0	圆筒	半马齿	黄色	白色
金来98	紧凑	305.1	131.2	19.0	5.2	0.7	长筒	马齿	黄色	白色
德利农988	紧凑	299.3	135.0	18.1	4.8	0.4	长筒	半马齿	黄色	白色
德单121	半紧凑	289.2	137.0	17.3	4.7	0.4	圆筒	半马齿	红色	红色
郑单958（CK）	紧凑	276.6	122.2	15.7	4.9	0.5	圆筒	半马齿	黄色	白色

2.3 不同玉米品种产量性状比较

从表3可以看出，迪卡517产量结构协调，单产最高，达到918.1kg/亩，比对照增产21.8%；其次为迪卡667，单产为865.5kg/亩，比对照增产17.1%；德单121和鲁单818分别比对照增产8.2%和5.5%。金来98穗粒数最多，但千粒重最低，产量结构不协调，产量最低，比对照减产54.3%。其余品种单产与对照相差不大。

表3 不同玉米品种产量结构及产量结果

品种	亩穗数（穗）	穗粒数（粒）	穗行数（行）	行粒数（粒）	千粒重（g）	单产（kg/亩）	比CK增产（%）
迪卡517	5 060.0	566.0	18.2	31.1	335.0	918.1	21.8
迪卡667	4 811.0	530.9	15.3	34.7	342.0	865.5	17.1
登海618	3 899.0	448.2	14.6	30.7	391.4	669.1	−7.2
登海605	3 733.0	509.0	16.8	30.3	356.5	681.6	−5.3
鲁单818	4 811.0	467.5	14.7	31.8	359.9	759.6	5.5
宇玉30	4 313.0	477.2	15.1	31.6	363.2	680.6	−5.4
天塔5号	3 816.0	536.6	15.6	34.4	336.3	715.9	−0.2
金来98	3 650.0	675.2	18.6	36.3	287.8	465.0	−54.3
德利农988	3 650.0	505.1	14.9	33.9	382.9	682.4	−5.2
德单121	4 645.0	541.0	14.7	36.8	321.2	781.6	8.2
郑单958（CK）	4 480.0	557.0	15.9	35.0	319.5	717.6	0.0

3 结论

本试验表明，不同品种生育时期、农艺性状和产量差异较大。迪卡517在当地夏直播生育期为105d，6月6日播种，至9月25日已完全成熟，属中早熟品种，适宜田间籽粒机械化收获；该品种株高、穗位高较矮，抗倒伏性强，株型紧凑，耐密植，产量结构协调，增产潜力大，可作为夏直播品种在当地示范推广。迪卡667和鲁单818增产潜力大，本试验中分别比郑单958增产17.1%和5.5%，两个品种生育期与郑单958相近，也可作为中早熟品种在当地试验示范。其余7个新品种都有不同的缺点，应继续小面积试验示范，生产上不宜盲目推广应用。

本试验只是从生育期、农艺性状和产量方面进行初步研究，要判断一个品种是否适合某个生态区种植，还需从耕作方式等其他方面加以试验，并需3年以上的重复试验研究，才能筛选出适宜当地生态气候条件和生产条件的新品种，为高产杂交种的推广提供理论依据。

参考文献

[1] 闫海霞，付家峰，赵月强，等. 玉米新品种主要农艺性状分析及其筛选[J]. 山东农业科学，2013，45（7）：33-35.

[2] 毕世敏，舒中兵，申萍. 遵义部分主推玉米品种产量及其相关性状分析[J]. 种子，2012，31（2）：65-67.

[3] 袁刘正，柳家友. 不同玉米品种农艺性状及产量研究[J]. 中国种业，2010（增刊）：38-40.

[4] 洪德峰，张学舜，马毅，等. 黄淮海部分优良玉米品种产量及主要农艺性状相关和通径分析[J]. 中国种业，2010（1）：35-38.

[5] 毛彩云，肖荷霞，鲁珊，等. 玉米主要农艺性状与产量的相关及通径分析[J]. 河北农业科学，2011，15（1）：21-23.

[6] 陈士林，赵新亮，王春虎，等. 不同产量水平玉米杂交种主要农艺性状的遗传相关与通径分析[J]. 河南农业科学，2003（5）：14-16.

[7] 姜善涛，马京波，李安东，等. 胶东玉米品种的筛选与播期研究[J]. 山东农业科学，2011（6）：43-46.

[8] 李学杰，李武建，侯廷荣，等. 鲁西地区玉米品种筛选试验[J]. 山东农业科学，2009（5）：29-31.

2015年夏直播条件下玉米新品种比较试验研究

摘　要：选用6个玉米品种，以郑单958为对照，从生育期、主要农艺性状、抗病性和产量结构综合评价在鲁西南地区表现性状。结果表明，登海605产量最高，生育期较长，乳线下降慢，收获时籽粒含水量高，属晚熟品种，可适当延迟收获时间或作为青贮玉米收获。先玉688产量位居第二，收获时籽粒含水量与对照差别不大，可采用摘穗剥皮式进行收获，迪卡517和登海618籽粒产量和郑单958产量无显著差异，收获时乳线下降比例比对照大，籽粒含水量比对照低，可作为籽粒直收品种种植。浚单20和先玉335产量比对照低，倒伏率、倒折率和空秆率均较高，有待于进一步试验。

关键词：生育期；农艺性状；抗病性；产量结构

玉米是我国第一大粮食作物，也是山东省重要的粮食作物之一，集食用、饲用和工业用途于一身，在我国农业产业中占有重要的基础位置[1-6]。兖州地处鲁西南平原地区，玉米常年种植面积约40万亩。近几年随着土地流转的加快和种植结构的调整，夏玉米的收获途径呈现青贮收获、籽粒直收和摘穗剥皮式等多样化的趋势。但生产中由于农户对品种特性缺乏了解，导致栽培管理措施尤其是收获方式不能与品种自身特性匹配。本研究旨在对兖州常种植的7个玉米品种从生育期、主要农艺性状、抗病性和产量结构方面进行综合评价，旨在筛选适宜兖州种植的高产品种并提出合理的收获途径。

1　材料与方法

1.1　试验地概况

本试验于2015年6—9月在济宁市兖州区漕河镇河南村进行。试验地地势平坦，交通方便，具有灌排水能力，土壤类型为轻壤土，肥力中上等，前茬作物为小麦，亩产8 250kg/hm^2。

1.2　试验设计

试验设置6个品种为6个处理，分别是登海605、浚单20、先玉335、迪卡517、登海618和先玉688，以郑单958为对照。每个处理采取大区示范模式，不设重复，小区长90.5m，宽5.4m，小区路宽1.5m，小区面积约480m^2。每小区采用等行距种植方式种植8行玉米，行距为67.5cm，种植密度为67 500株/hm^2。2015年6月13日播种，受下茬作物播种影响，9月23日测产收获。播种时用种肥同播机把控释肥按1 200kg/hm^2（N、P、K比例为28：8：8）的用量作为底肥一次性施入，后期不再追肥。整个生育期间在播种后、大喇叭口期、吐丝期和灌浆期共浇水4次，其他田间管理按照一般大田进行。

1.3 测定项目与方法

1.3.1 生育时期调查

记载播种期、出苗期、拔节期、抽雄期、吐丝期、开花期和收获期，并量取收获时玉米籽粒乳线下降比例，参照冯鹏等[2]的方法测定籽粒含水量。

1.3.2 植株性状及抗逆性调查

于灌浆期调查植株株高、穗位高、茎粗、株型（每个重复调查10株），并划定10m长×3行（共计20.0m^2）的面积数取总株数、空秆株数、倒伏株数、倒折株数和双穗数，计算倒折率、倒伏率、空秆率和双穗率。

1.3.3 抗病性调查

在玉米穗期根据玉米田间调查记载标准调查玉米锈病、青枯病等。

1.3.4 穗部性状和产量测定

收获时按小区测产，每个品种（小区）取3个代表性点，每点取4行，长度为30m，收获面积为81.0m^2。记录每点的鲜穗总数、总重量。随机取10个标准果穗晾晒、考种，调查穗长、穗粗、秃顶长、穗行数、行粒数、千粒重和出籽率等指标，并称重，用PM-8188New谷物水分测量仪测定籽粒含水量，按含水量14%折算小区产量。

1.4 数据统计分析

用Microsoft Excel 2003进行数据统计和计算，用DPS进行数据分析。

2 结果与分析

2.1 不同玉米品种生育时期差异

由表1和图1可知，6个品种中，与对照郑单958相比，迪卡517抽雄期、吐丝期和开花期均提早1d，收获时，乳线下降比例比对照高7.7%，籽粒含水量低2.66%，生育

期相对较短；登海605抽雄期、吐丝期和开花期均比对照晚2d，收获时，乳线下降比例低17.36%，籽粒含水量高8.19%，生育期相对较长，比对照晚熟。其余品种介于两者之间。

表1　不同玉米品种生育时期差异

品种	播种期（月/日）	出苗期（月/日）	拔节期（月/日）	抽雄期（月/日）	吐丝期（月/日）	开花期（月/日）	收获期（月/日）
郑单958（对照）	6/13	6/20	7/13	8/4	8/6	8/6	9/23
迪卡517	6/13	6/20	7/13	8/3	8/4	8/5	9/23
先玉688	6/13	6/20	7/13	8/4	8/7	8/6	9/23
先玉335	6/13	6/20	7/14	8/5	8/7	8/7	9/23
浚单20	6/13	6/20	7/14	8/5	8/6	8/6	9/23
登海618	6/13	6/20	7/13	8/4	8/5	8/6	9/23
登海605	6/13	6/20	7/14	8/6	8/8	8/8	9/23

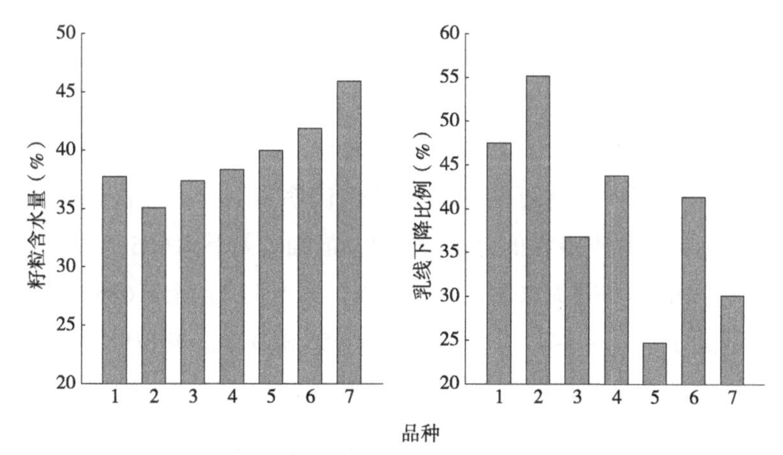

1. 郑单958（对照）；2. 迪卡517；3. 先玉688；4. 先玉335；5. 浚单20；6. 登海618；7. 登海605

图1　不同玉米品种收获时籽粒性状差异

2.2　不同玉米品种抗病、抗逆性状差异

由表2可见，受气候条件影响，7个品种均感染锈病，其中浚单20、先玉335、先玉688、迪卡517、郑单958属于重度感染，登海618属于中度感染，登海605感染较轻。迪卡517重感青枯病，其余品种轻感青枯病；3个品种发生倒折现象，其中，先玉335倒折率为10%，浚单20倒折率为5%，郑单958倒折率为2.3%；除郑单958、登海

618和登海605没有发生倒伏外，其余品种均发生不同程度的倒伏，先玉335和浚单20倒伏严重，分别为60%和19.2%。先玉335空秆率最高，为11.9%，其次是DK517，为5.3%，其余品种均在2%～3%。所有品种双穗率均为0。

表2　不同玉米品种抗病、抗逆性状差异

品种	锈病病株率（%）	青枯病病株率（%）	倒折率（%）	倒伏率（%）	空秆率（%）	双穗率（%）
郑单958（对照）	70	0	2.3	0	2.3	0
迪卡517	70	90	0	2.6	5.3	0
先玉688	60	0	0	5	2.5	0
先玉335	60	32	10	60	11.9	0
浚单20	80	30	5	19.2	2.1	0
登海618	40	10	0	0	2.4	0
登海605	15	10	0	0	2.6	0

2.3　不同玉米品种植株性状差异

由表3可知，各品种株高介于257.2～322.2cm，其中先玉335最高，登海618最矮；穗位高介于78.3～137.8cm，其中浚单20最高，登海618最矮，株高和穗位高是影响倒伏和倒折的重要因素，这可能是两品种倒伏率和倒折率较高的重要原因；茎秆粗介于2.27～2.61cm，其中最粗的是郑单958，最细的是登海605；从株型上看，郑单958、先玉335、浚单20和登海605属于紧凑型，迪卡517、先玉688、登海618属于半紧凑型；穗位叶介于第12～14片叶，其中郑单958和浚单20穗位叶是第14片叶，迪卡517和登海605穗位叶是第13片叶，先玉688、先玉335、登海618穗位叶是第12片叶。

表3　不同玉米品种植株性状差异

品种	株型	株高（cm）	穗位高（cm）	穗位叶（片）	叶片数（片）	茎粗（cm）
郑单958（对照）	紧凑	271.4	121.8	14	19	2.61
迪卡517	半紧凑	272.4	118.0	13	19	2.58
先玉688	半紧凑	307.8	126.6	12	18	2.52
先玉335	紧凑	322.2	119.2	12	19	2.58
浚单20	紧凑	286.0	137.8	14	20	2.56

（续表）

品种	株型	株高（cm）	穗位高（cm）	穗位叶（片）	叶片数（片）	茎粗（cm）
登海618	半紧凑	257.2	78.3	12	18	2.59
登海605	紧凑	262.0	88.7	13	19	2.31

2.4 不同玉米品种果穗性状差异

由表4可知，7个品种中，迪卡517、先玉688、先玉335和登海605穗形是长筒形，郑单958和浚单20穗形是短锥形，登海618是短筒形。其中，先玉688果穗最长，为21.11cm，登海618果穗最短，为16.53cm，其余品种介于两者之间；先玉335秃尖最长，为1.98cm，登海618秃尖最短，为0.05cm；浚单20果穗、穗轴最粗，分别是5cm、3cm。所有品种的籽粒颜色均是黄色。出籽率比郑单958高的品种是迪卡517和浚单20，分别是90.2%、88.8%，其中迪卡517的出籽率最高。

表4 不同玉米品种果穗性状差异

品种	穗长（cm）	秃尖长（cm）	穗形	穗粗（cm）	轴粗（cm）	轴色	轴重（g）	粒型	粒色	出籽率（%）
郑单958	16.78	0.35	短锥形	4.83	2.80	白色	22.9	半马齿	黄色	88.0
迪卡517	18.40	0.79	长筒形	4.32	2.55	浅红	17.4	半马齿	黄色	90.2
先玉688	21.11	0.89	长筒形	4.65	2.90	红色	30.5	半马齿	黄色	86.6
先玉335	18.71	1.98	长筒形	4.45	2.70	红色	23.8	马齿	黄色	86.8
浚单20	16.63	0.10	短锥形	5.00	3.00	白色	22.1	半马齿	黄色	88.8
登海618	16.53	0.05	短筒形	4.80	2.95	白色	24.4	半马齿	黄色	86.8
登海605	19.51	0.61	长筒形	4.85	2.90	红色	30.7	马齿	黄色	86.8

2.5 不同玉米品种产量及产量性状差异

由表5可知，参试的7个品种，除先玉335和浚单20穗数较低外，其余品种穗数无显著差异；穗粒数介于505.0～598.2粒，登海605穗粒数最多，先玉335穗粒数最低，其余品种介于两者之间；千粒重介于280.21～349.36g，先玉688千粒重最高，其次是登海605，迪卡517千粒重最低。每公顷实测产量在9 566.70～12 215.40kg，其中，登海605实测产量最高，为12 215.40kg/hm^2，位居第一，比郑单958增产16.24%；其次是先玉688，产量是11 920.05kg/hm^2，比郑单958增产14.17%，其余品种比郑单958不同程度的减产。

表5　不同玉米品种产量及产量结构差异

品种	穗数（穗/hm^2）	穗粒数（粒）	千粒重（g）	产量（kg/hm^2）
郑单958	63 213.0a	568.2c	294.17c	10 231.20c
迪卡517	63 213.0a	586.0b	280.21d	10 090.20c
先玉688	62 225.4a	576.6b	349.36a	11 920.05b
先玉335	55 311.5b	505.0e	310.00b	8 690.40e
浚单20	57 286.8b	548.4d	285.82cd	9 566.70d
登海618	64 200.8a	551.4cd	283.17d	9 917.85c
登海605	62 225.4a	598.2a	326.39b	12 215.40a

3　结论

不同品种的生育期、主要农艺性状、抗病性及其产量性状在兖州表现出较大的差异。本研究结果表明，登海605产量最高，在全区锈病大面积发生的情况下，轻感锈病，生育期较长，乳线下降慢，收获时籽粒含水量高，属晚熟品种，可适当延迟收获时间，在当前兖州一年两熟种植制度下，也可作为青贮玉米收获；先玉688产量位居第二，穗粒数居中，千粒重最高，这可能与其籽粒灌浆速度快有关，收获时籽粒含水量与对照差别不大，可采用摘穗剥皮式进行收获，适合规模较小的种植户选用；迪卡517和登海618籽粒产量和郑单958产量无显著差异，收获时乳线下降比例比对照大，籽粒含水量比对照低，对于有籽粒直收需求的种粮大户可选择种植。浚单20和先玉335产量比对照郑单958低，这可能与7月31日强降雨和大风，导致其倒伏率、倒折率和空秆率较高有关，最终导致公顷穗数大幅度减低。由于不同年度间气候条件有所差别，不同品种农艺性状和产量影响较大，不同年份间其表现差异还有待于进一步研究。

参考文献

[1]　王友平，李宗新，张书良，等. 不同类型玉米控释肥的应用效果研究[J]. 山东农业科学，2014，46（10）：83-87.

［2］ 冯鹏，申晓慧，郑海燕，等. 种植密度对玉米籽粒灌浆及脱水特性的影响[J]. 中国农学通报，2014，30（6）：92-100.

［3］ 闫海霞，付家峰，赵月强，等. 玉米新品种主要农艺性状分析及其筛选[J]. 山东农业科学，2013，45（7）：33-35.

［4］ 李学杰，李武建，侯廷荣，等. 鲁西地区玉米品种筛选试验[J]. 山东农业科学，2009（5）：29-31.

［5］ 岳明强，阎旭东，徐育鹏，等. 玉米品种比较试验研究[J]. 安徽农业科学，2014，42（3）：685-686.

［6］ 黄声东，向欣，张其蓉，等. 夏玉米品种筛选与全程机械化生产技术[J]. 中国种业，2015（3）：39-41.

不同玉米品种籽粒灌浆脱水特性研究

摘　要：选用山东种植面积较大玉米品种郑单958、登海605、浚单20、先玉335、登海618、先玉688、迪卡517为试材，对其灌浆速率、脱水速率、籽粒含水量及产量进行研究。结果表明，供试品种具有不同的灌浆特性，产量较高的迪卡517、登海618、先玉688具有较高的灌浆速率；各品种灌浆期脱水速率亦不同，迪卡517脱水速率较高，收获时含水量较低，登海605脱水速率最低。

关键词：鲁西南；玉米；灌浆速率；脱水速率；产量

玉米是我国第一大粮食作物，2012年种植面积和总产分别占到粮食作物的31.5%和34.9%，2015年玉米总产量达到1.79×10^8t[1，2]。山东省是夏玉米的重要产区，面积和产量均位居全国前列。兖州地处黄淮海玉米主产区，是山东省小麦、玉米一年两熟丰产高效技术集成研究核心试验区之一。随着农村劳动力的转移和土地经营规模的扩大，玉米机械化生产中收获环节的玉米籽粒直收水平低成为限制玉米生产发展的一个“瓶颈”。目前，玉米籽粒直收主要存在籽粒含水量偏高、收获损失率偏大等问题[3]。为此，本研究以山东省主要种植的7个品种为试材，通过研究其籽粒灌浆特性和脱水特性，对它们进行综合评价，为筛选出当地适合机收籽粒的玉米品种提供技术依据。

1　材料与方法

1.1　试材与设计

试验于2015年在济宁市兖州区漕河镇进行。试验田为潮褐土，前茬小麦。供试品种为郑单958、登海605、浚单20、先玉335、登海618、先玉688、迪卡517。6月13日麦后抢茬直播，各品种小区面积均为0.1hm^2，不设重复。采用单粒精播机播种，行距为66.6cm，种植密度为67 500株/hm^2。播种时基施1 200kg/hm^{2}齐商控释肥（N：P：K=28：8：8），后期不再追肥，其他管理按照高产田进行。

1.2　测定项目与方法

1.2.1　千粒重与籽粒含水量测定

分别于授粉后30d（9月2日）、35d（9月7日）、40d（9月12日）、45d（9月17日）、50d（9月22日）取样测定。具体方法如下：选取生长正常穗行，每品种取生长均匀果穗3个，将果穗从中间掰开，取果穗中间部位100粒测鲜重，后放入烘箱内105℃杀青0.5h，80℃烘至恒重，测籽粒干重，再折算成千粒鲜重、千粒干重，根据籽粒鲜重与干重计算籽粒含水量。

1.2.2　籽粒灌浆和脱水特性相关指标计算

籽粒灌浆速率［g/（百粒·d）］=（后1次取样百粒干重-前1次取样百粒干重）/两次取样间隔天数；籽粒脱水速率（%/d）=（前1次取样籽粒含水量-后1次取样籽粒含水量）/两次取样间隔天数；籽粒平均脱水速率（%/d）=（第一次取样籽粒含水量-最后一次取样籽粒含水量）/天数。

1.2.3　籽粒产量测定

每个品种取5个代表性点，每点取4行，长度为20m。记录每点的鲜穗总数、总重量。随机取10个标准果穗晾晒、考种，将小区产量折成公顷产量。

1.3　数据统计分析

试验数据利用Microsoft Excel 2003进行数据整理和统计分析。

2　结果与分析

2.1　不同玉米品种千粒重变化

由图1可以看出，9月2—22日，不同品种千粒鲜重均呈大幅增加趋势，但其达到最大千粒鲜重的时间不同，中早熟品种迪卡517、登海618在9月17日左右出现最大鲜重，后期开始下降，可能与后期籽粒水分下降有关；先玉688、登海605在9月22日之后千粒鲜重仍有大幅增加，说明后期保绿性好，灌浆期长；郑单958、先玉335、浚单20在9月22日之后还有小幅增加，9月22日千粒鲜重分别是460.4g、523.3g、481.3g。由图1还可以看出，从9月2日开始，7个品种的千粒干重均呈现持续上升趋势，中早熟品种迪卡517、登海618在9月17日后增幅降低。

2.2　不同玉米品种籽粒灌浆速率变化

由图2可以看出，7个品种均在灌浆前期即9月2—22日表现出较高的灌浆速率，但彼此之间有差异。郑单958在9月2—7日就出现最大灌浆速率，先玉335在9月12—17日达到最大灌浆速率，浚单20在9月7—12日达到最大灌浆速率，这3个品种在达到最大灌浆速率之后一直保持较高的灌浆速率，这可能与品种较晚熟特性有关。迪卡

517、登海618在9月12—17日达到最大灌浆速率，之后迅速降低，表现为前期灌浆速率较快，后期速率较慢。而先玉688、登海605在9月17—22日达到最大灌浆速率。登海605抗病性强，生长后期保绿性好，属于晚熟玉米品种。

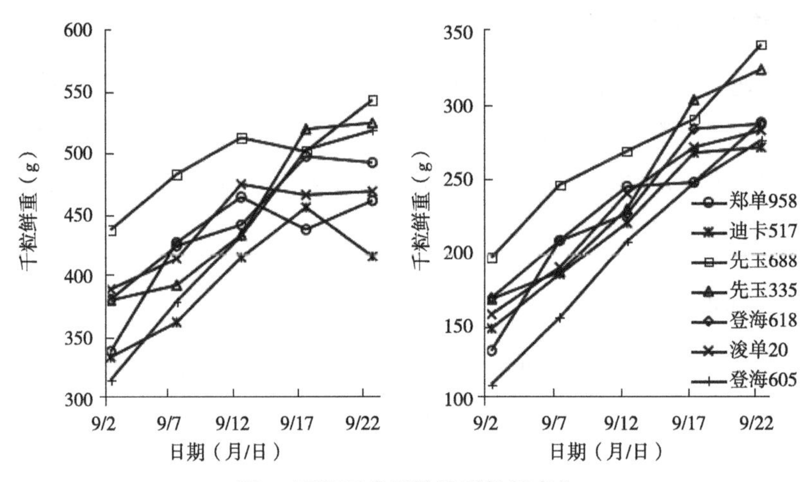

图1　不同玉米品种的千粒重变化

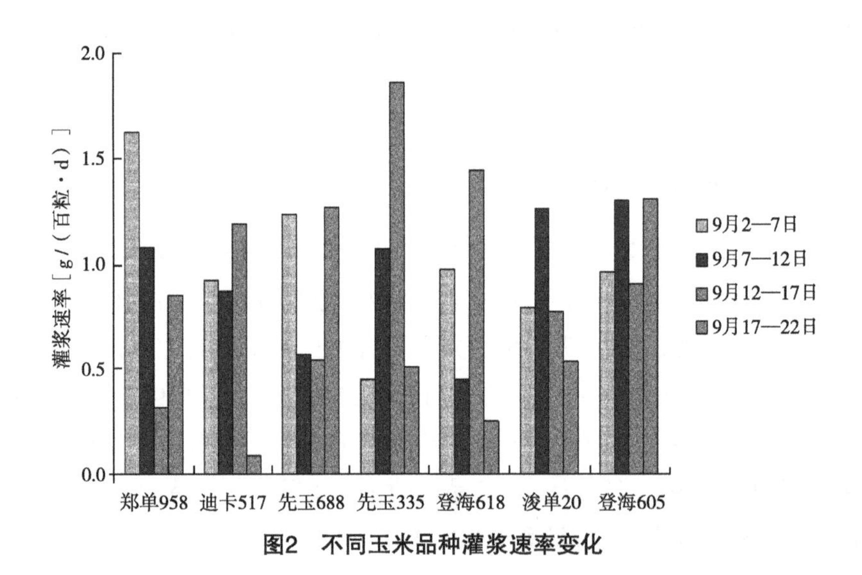

图2　不同玉米品种灌浆速率变化

2.3　不同玉米品种籽粒含水量与脱水速率变化

授粉30～50d内，不同品种玉米籽粒含水量均呈持续下降趋势（图3），从9月2日的55.44%～60.51%迅速下降至9月22日的34.89%～45.49%。登海605在9月22日含水量最高，为45.49%，迪卡517含水量最低，为34.89%。

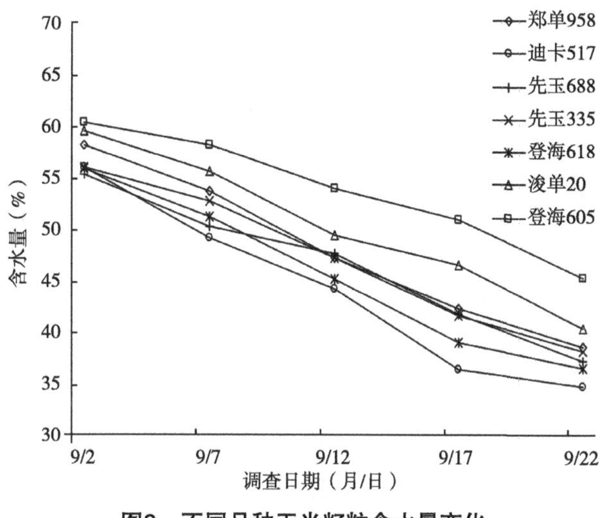

图3　不同品种玉米籽粒含水量变化

由表1可知，7个品种在灌浆前期即9月2—22日籽粒脱水速率较高，不同品种灌浆期平均脱水速率不同，保持在每天0.75%～1.06%。迪卡517籽粒脱水速率较快，平均脱水速率是1.06%/d，登海618次之，平均脱水速率是0.97%/d，登海605籽粒脱水速率最慢，为0.75%/d。籽粒脱水速率较快品种收获时籽粒含水量较低，反之较高。

表1　不同品种籽粒脱水速率

品种	调查日期				平均脱水速率（%/d）
	9月2—7日	9月7—12日	9月12—17日	9月17—22日	
郑单958	1.11	1.63	1.21	0.94	0.93
迪卡517	1.69	1.24	1.95	0.42	1.06
先玉688	1.26	0.65	1.46	1.15	0.90
先玉335	0.82	1.36	1.43	0.85	0.89
登海618	1.18	1.50	1.55	0.63	0.97
浚单20	1.01	1.51	0.75	1.54	0.96
登海605	0.55	1.04	0.76	1.40	0.75

图4显示，收获前不同品种玉米脱水速率呈现不同状态，迪卡517在9月12—17日即授粉后40～45d脱水速率最大。郑单958、先玉688、先玉335、登海618、浚单20、登海605灌浆前期始终保持较高的脱水速率。

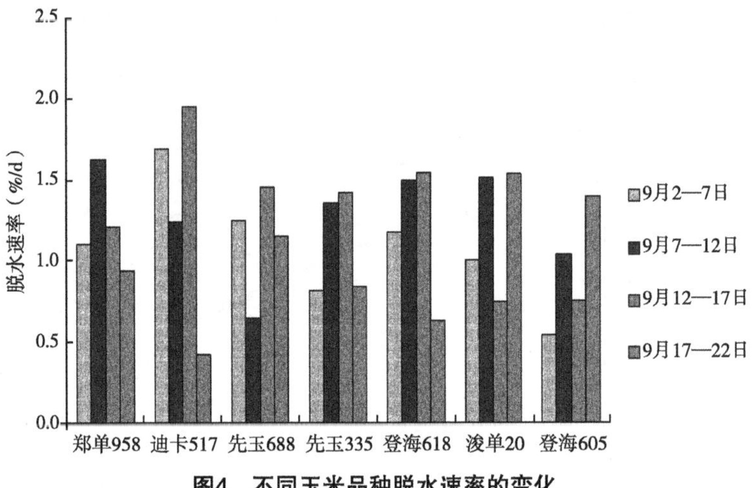

图4　不同玉米品种脱水速率的变化

2.4　不同玉米品种产量及其构成因素

如表2所示，与郑单958相比，登海605、登海618、先玉688、迪卡517产量均增加。产量构成方面，登海605、先玉688、迪卡517的穗粒数分别较郑单958高，千粒重则以先玉688最高，登海605次之，迪卡517表现最低。

表2　不同玉米品种产量及其构成因素

品种	穗数（穗/hm^2）	穗粒数（粒）	千粒重（g）	产量（kg/hm^2）
登海605	62 226.0	598.2	326.4	12 215.4
登海618	64 201.5	551.4	283.2	10 453.1
浚单20	57 286.5	548.4	285.8	9 566.7
先玉335	55 311.0	505.0	310.0	8 690.4
先玉688	62 226.0	576.6	349.4	11 920.1
迪卡517	63 213.0	586.0	280.2	10 657.1
郑单958	63 213.0	568.2	294.2	10 231.2

3　结论与讨论

玉米籽粒产量与籽粒灌浆特性关系密切，灌浆速率的高低以及灌浆持续期的长短决定最终籽粒产量[5, 6]。不同品种粒重的差异则是由灌浆持续期的长短造成的[7, 8]。本试验结果表明，7个玉米品种在授粉30～50d都表现出较高的灌浆速率与脱水速率，但品种间差异较大。登海605产量最高，后期灌浆速率最高，平均脱水速率最低，灌浆持续期较长，较晚熟；迪卡517、登海618产量均高于郑单958，前期灌浆速率较快，后期慢，灌浆持续期短，属于中早熟品种，迪卡517收获时籽粒含水量最低；先玉688粒重大，产量高，后期灌浆、脱水较快；郑单958、先玉335、浚单20灌浆脱水较慢，收获时籽粒含水量也较高，属于中晚熟品种。

选择早熟、耐密植、高抗倒、品质好、脱水快的玉米品种是当前选择玉米籽粒直收品种的重要依据。籽粒的灌浆脱水速率直接决定了品种收获期的籽粒含水量。玉米籽粒含水量对其品质影响很大，含水量高给玉米收获、脱粒、贮藏、运输及再加工带来许多困难[9]。因此选用前期籽粒灌浆速率快、后期脱水速率快的品种是实现机械籽粒直收的首要途径。本试验研究表明，迪卡517产量高，前期灌浆速率大，平均脱水速率最大，收获时籽粒含水量最低，是机械籽粒直收的首选品种；登海618产量高，灌浆脱水较快，可考虑机械籽粒直收；登海605产量高，但前期灌浆慢，灌浆持续期长，平均脱水速率最小，较晚熟，可考虑作为青贮玉米；郑单958、先玉335、浚单20灌浆持续期较长，可机械收获玉米棒，再脱粒。

参考文献

［1］　梁书荣，赵会杰，李洪岐，等. 密度、种植方式和品种对夏玉米群体发育特征的影响[J]. 生态学报，2010，30（7）：1927-1931.

［2］　陈印军，肖碧林，王勇，等. 中国谷物发展态势、展望与对策[J]. 农业经济问题，2008（7）：27-32.

［3］　黄璐，乔江方，刘京宝，等. 夏玉米不同密植群体抗倒性及机收指标探讨[J]. 华北农学报，2015，30（2）：198-201.

［4］　李娜，邱牧，黄金勇，等. 鲁西地区适宜机收玉米品种特征特性研究[J]. 山东农业科学，2014，46（7）：55-58.

［5］　冯鹏，申晓慧，郑海燕，等. 种植密度对玉米籽粒灌浆及脱水特性的影响[J]. 中国农学通报，2014，30（6）：92-100.

［6］　王晓慧，张磊，刘双利，等. 不同熟期春玉米品种的籽粒灌浆特性[J]. 中国农业科学，2014，47（18）：3557-3565.

［7］　王楷，王克如，王永宏，等. 密度对玉米产量（>15 000kg · hm^{-2}）及其产量构成因子的影响[J]. 中国农业科学，2012，45（16）：3437-3445.

［8］　申丽霞，王璞，张软斌. 施氮对不同种植密度下夏玉米产量及籽粒灌浆的影响[J]. 植物营养与肥料学报，2005，11（3）：314-319.

［9］　马冲，邹仁峰，苏波，等. 不同熟期玉米籽粒灌浆特性的研究[J]. 作物研究，2000（4）：17-19.

2016年夏玉米新品种比较试验总结

摘　要：选用15个玉米品种，从生育期、主要农艺性状、抗逆性和产量结构综合评价在鲁西南地区表现性状。结果表明，产量最高的是鲁单818，中抗锈病，高抗大斑病，千粒重最高。郑单958产量位居第二，中抗大斑病，抗锈病。登海605产量位居第三，高抗锈病和大斑病；结合以往数据分析，产量较高的品种有鲁单818、郑单958和登海605；乳线下降较快，成熟早，适合籽粒直收的品种有迪卡517、德发5号、登海618、机玉3号和鲁单818。由于玉米收获较早，试验具有局限性，有待于进一步试验。

关键词：生育期；农艺性状；抗病性；产量结构

兖州地处鲁西南平原地区，玉米常年种植面积约40万亩。近年来市场上玉米品种繁多，通过安排不同品种间的比较筛选试验来选拔适应当前、当地大田生产的玉米品种，是良种良法配套推广的手段[1-5]。为明确玉米品种在兖州生态气候下的丰产性和适应性，为下一步玉米新品种的推广提供理论依据，特开展本试验研究。

1　材料与方法

1.1　试验地概况

本试验于2016年6—9月在济宁市兖州区新兖镇大南铺村进行。试验地地势平坦，交通方便，具有灌排水能力，土壤类型为轻壤土，肥力中上等，前茬作物为小麦，常年亩产550kg左右。

1.2　试验设计

试验设置15个品种，为15个处理，分别是DK517、德发5号、登海618、鲁单9018、机玉3号、德单123、郑单958、士海928、登海605、金莱918、泉银226，锦玉118、鲁单818、华良78和天元H118，以郑单958为对照。每个处理采取大区示范模式，不设重复，小区长164m，宽5.1m，小区面积约836.4m^2。每小区采用等行距种植方式种植8行玉米，行距为63.75cm，种植密度按各品种推荐的最佳种植密度。待上茬作物小麦收获后采用种肥同播机播种，播种时用种肥同播机把控释肥按675kg/hm^2（N、P、K比例为28：8：8）的用量作为底肥一次性施入，后期不再追肥。

1.3 测定项目与方法

1.3.1 生育时期调查

记载播种期、出苗期、拔节期、抽雄期、吐丝期、开花期和成熟期。

1.3.2 植株性状及抗逆性调查

于灌浆期调查植株株高、穗位高、茎粗、株型（每个重复调查10株），并划定10m长×3行（共计20.0m^2）的面积数取总株数、空秆株数、倒伏株数、倒折株数和双穗数，计算倒折率、倒伏率、空秆率和双穗率。

1.3.3 抗病性调查

在玉米穗期根据玉米田间调查记载标准调查玉米锈病、青枯病等。

1.3.4 穗部性状和产量测定

收获时按小区测产，每个品种（小区）取3个代表性点，每点取4行，长度为30m，收获面积为80.0m^2。记录每点的鲜穗总数、总重量。随机取10个标准果穗晾晒、考种，调查穗长、穗粗、秃顶长、穗行数、行粒数、千粒重和出籽率等指标，并称重，用PM-8188New谷物水分测量仪测定籽粒含水量，按含水量14%折算小区产量。

2 结果与分析

2.1 品种生物学性状

2.1.1 生育期

由表1可知，15个品种中，拔节最早的是德单123，拔节最晚的是金莱918、泉银226、登海605和锦玉118。抽雄、开花、吐丝最早的是鲁单818和华良78，抽雄、开花、吐丝最晚的是泉银226和锦玉118；其余品种抽雄、开花、吐丝的时间相差不大。截至9月8日收获期，乳线下降最快的是天元H118，其次是华良78和登海618，机玉3号乳线下降最慢，乳线仅为21.83%。

表1 玉米品种生育期

品种	播种期（月/日）	出苗期（月/日）	拔节期（月/日）	抽雄期（月/日）	吐丝期（月/日）	开花期（月/日）	收获期（月/日）	乳线下降（%）	籽粒含水量（%）
DK517	6/11	6/17	7/7	7/31	8/1	8/1	9/8	33.76	42.44

（续表）

品种	播种期（月/日）	出苗期（月/日）	拔节期（月/日）	抽雄期（月/日）	吐丝期（月/日）	开花期（月/日）	收获期（月/日）	乳线下降(%)	籽粒含水量(%)
德发5号	6/11	6/17	7/7	7/29	7/29	7/29	9/8	32.63	41.86
登海618	6/11	6/17	7/8	7/29	7/29	7/29	9/8	35.86	40.28
鲁单9018	6/11	6/17	7/7	7/30	8/1	8/1	9/8	30.35	48.92
机玉3号	6/11	6/17	7/7	8/1	8/2	8/2	9/8	21.83	41.92
德单123	6/11	6/17	7/6	7/31	7/31	7/31	9/8	24.94	44.82
郑单958	6/11	6/17	7/7	7/30	7/30	7/30	9/8	30.99	40.83
士海928	6/11	6/17	7/8	7/31	8/1	8/1	9/8	29.15	45.21
金莱918	6/11	6/17	7/9	7/30	8/1	8/1	9/8	27.33	45.13
泉银226	6/11	6/17	7/9	8/1	8/2	8/2	9/8	30.66	47.07
登海605	6/11	6/17	7/9	8/1	8/1	8/1	9/8	27.41	49.29
锦玉118	6/11	6/17	7/9	7/31	8/2	8/2	9/8	24.77	42.40
鲁单818	6/11	6/17	7/8	7/28	7/29	7/29	9/8	29.59	40.75
华良78	6/11	6/17	7/7	7/28	7/29	7/29	9/8	35.05	36.60
天元H118	6/11	6/17	7/7	7/30	7/30	7/30	9/8	45.46	39.61

2.1.2　植株性状

由表2可知，各品种中株高为238.5～304.4cm，其中天元H118最高，DK517最矮；穗位高为88.8～129.8cm，其中士海928最高，登海605最矮；茎秆粗为1.6～2.1cm，其中最粗的是德单123，最细的是登海605；参试品种中，郑单958、登海605属于紧凑型，迪卡517、登海618属于半紧凑型；品种穗位叶为第12～14片叶，其中穗位叶最大的是机玉3号、郑单958、金莱918、锦玉118和天元H118，最少的是鲁单9018。

表2　玉米品种植株性状

品种	株高（cm）	穗位高（cm）	茎粗（cm）	叶片数（片）	穗位叶（片）
DK517	238.5	100.2	1.8	19	13
德发5号	269.4	105.9	1.8	19	13
登海618	256.1	90.6	1.8	19	12

（续表）

品种	株高（cm）	穗位高（cm）	茎粗（cm）	叶片数（片）	穗位叶（片）
鲁单9018	277.4	113.3	2.0	19	11
机玉3号	254.1	113.0	1.9	21	14
德单123	258.9	113.6	2.1	19	13
郑单958	249.9	108.9	2.0	20	14
士海928	284.0	129.8	2.0	20	13
金莱918	250.7	103.4	1.7	20	14
泉银226	298.5	118.3	1.7	19	12
登海605	253.7	88.8	1.6	20	13
锦玉118	275.4	127.9	2.0	19	14
鲁单818	250.2	99.7	1.8	18	13
天元H118	304.4	123.6	2.0	20	14

2.2　抗病、抗逆性状

由表3可知，受气候因素影响，大斑病和锈病发生略微重些。机玉3号、鲁单818和华良78中抗锈病，DK517、郑单958、鲁单9018和士海928抗锈病，其余品种高抗锈病。鲁单9018、士海928感大斑病，为7级，其次是郑单958、泉银226和德单123，为5级，中抗大斑病，机玉3号和登海618抗大斑病，其余品种高抗大斑病。倒伏不严重，只有泉银226、德单123和锦玉118发生倒折，倒伏率在10%以内，其余品种均未发生倒伏。

表3　玉米品种抗病、抗逆性状调查

品种	大斑病分级	丝黑穗病/瘤黑粉分级	锈病分级	倒折率（%）	倒伏率（%）
DK517	1	1	3	0	0
德发5号	1	1	1	0	0
登海618	3	1	1	0	0
鲁单9018	7	1	3	0	0
机玉3号	3	1	5	0	0
德单123	5	1	1	5.2	0
郑单958	5	1	3	0	0

（续表）

品种	大斑病分级	丝黑穗病/瘤黑粉分级	锈病分级	倒折率（%）	倒伏率（%）
士海928	7	1	3	0	0
金莱918	1	1	1	0	0
泉银226	5	1	1	3.15	0
登海605	1	1	1	0	0
锦玉118	1	1	1	2.22	0
鲁单818	1	1	5	0	0
华良78	1	1	5	0	0

2.3 产量及产量结构

由表4可知，参试的15个品种，品种每亩产量在439.64～719.32kg，其中，鲁单818产量最高，为719.32kg，位居第一，比郑单958增产5.8%，其余品种比郑单958减产。亩穗数最多的是金莱918和登海605；穗粒数最多的是锦玉118；15个品种中，鲁单818千粒重最高，其次是天元H118。

表4 玉米品种产量及产量结构

品种	亩穗数（穗）	穗行数（行）	行粒数（粒）	穗粒数（粒）	千粒重（g）	理论产量（kg/亩）	位次
DK517	4 148	18	26	466	267.44	439.64	15
德发5号	4 346	15	30	456	293.57	494.94	13
登海618	4 692	15	26	397	330.31	522.94	8
鲁单9018	4 642	15	32	485	316.90	606.97	5
机玉3号	5 037	16	30	484	271.82	563.54	7
德单123	4 741	15	30	442	283.37	504.97	11
郑单958	5 235	14	32	447	342.13	679.88	2
士海928	5 037	15	34	500	289.96	620.76	4
金莱918	5 432	14	30	410	263.53	498.42	12
泉银226	4 692	16	29	484	308.53	595.00	6
登海605	5 432	16	30	482	296.98	660.42	3
锦玉118	4 445	19	31	591	229.34	512.07	10

（续表）

品种	亩穗数（穗）	穗行数（行）	行粒数（粒）	穗粒数（粒）	千粒重（g）	理论产量（kg/亩）	位次
鲁单818	4 778	14	36	507	349.61	719.32	1
华良78	5 136	16	23	370	274.53	443.93	14
天元H118	4 543	14	27	392	340.00	514.58	9

3　结论

综上所述，15个参试品种，产量最高的是鲁单818，中抗锈病，高抗大斑病，千粒重最高。郑单958产量位居第二，中抗大斑病，抗锈病。登海605产量位居第三，高抗锈病和大斑病。结合以往数据分析，产量较高的品种有鲁单818、郑单958和登海605；乳线下降较快，成熟早，适合籽粒直收的品种有迪卡517、德发5号、登海618、机玉3号和鲁单818。由于玉米收获较早，收获时乳线大部分下降仅30%左右，因此试验结果有局限性，有待于进一步试验和总结。

参考文献

[1] 李学杰，李武建，侯廷荣，等. 鲁西地区玉米品种筛选试验[J]. 山东农业科学，2009，41（5）：29-31.

[2] 夏玉华，马光辉，栾波波，等. 潍坊地区玉米主推品种耐密性鉴定试验[J]. 现代农业科技，2013（23）：84-86.

[3] 李学杰，张桂阁，吴明泉. 适于鲁西地区种植的玉米品种耐密性鉴定研究[J]. 农业科技通讯，2016（8）：61-65

[4] 孔晓民，岳增辉，张肖红，等. 鲁西南地区玉米机械化密植高产品种筛选[J]. 安徽农业科学，2014，42（9）：2579-2580，2583.

[5] 姜善涛，马京波，李安东，等. 胶东玉米品种的筛选与播期研究[J]. 山东农业科学，2011，43（6）：43-46.

2017年不同玉米品种对比试验报告

摘　要：选用8个玉米品种，从生育期、主要农艺性状、抗逆性和产量结构方面综合评价在鲁西南地区表现性状。京农科728属中早熟品种，适宜田间籽粒机械化收获；该品种株高、穗位高适中，抗倒伏性强，株型紧凑，耐密植，产量结构协调，增产潜力大，可作为夏直播品种在当地示范推广。迪卡517和登海518增产潜力大，本试验中分别比郑单958增产7.33%和6.01%，两个品种生育期快于郑单958，也可作为中早熟品种在当地试验示范。饲玉2号生育进程远远晚于郑单958，株高、穗位高较高，生物产量大，抗逆性好，可青贮收获。

关键词：生育期；农艺性状；抗病性；产量结构

玉米是世界三大粮食作物之一，是目前我国种植面积最大的粮食作物[1-4]。兖州地处黄淮海玉米主产区，是山东省小麦、玉米一年两熟丰产高效技术集成研究核心试验区之一。为明确玉米品种在兖州生态气候下的丰产性和适应性，为下一步玉米品种推广提供理论依据，特开展本试验研究。

1　材料与方法

1.1　试验地概况

本试验于2017年6—9月在济宁市兖州区新兖镇大南铺村进行。试验地地势平坦，交通方便，具有灌排水能力，土壤类型为轻壤土，肥力中上等，前茬作物为小麦，常年亩产550kg左右。

1.2　试验设计

试验设置8个品种，分别是饲玉2号、鲁单258、豫单112、宇玉30、迪卡517、登海518、京农科728，郑单958为对照。每个处理采取大区示范模式，不设重复，小区长164m，宽5.1m，小区面积约836.4m^2。每小区采用等行距种植方式种植8行玉米，行距为63.75cm，种植密度是5 000株/亩。

1.3　测定项目与方法

1.3.1　生育时期调查

记载播种期、出苗期、拔节期、抽雄期、吐丝期、开花期和成熟期。

1.3.2　植株性状及抗逆性调查

于灌浆期调查植株株高、穗位高、株型（每个重复调查10株），并调查10m长×2行（共计12.75m^2）的总株数、空秆株数、倒伏株数、倒折株数和双穗数，计算倒折率、倒伏率、空秆率和双穗率。

1.3.3　抗病性调查

在玉米穗期根据玉米田间调查记载标准调查玉米锈病、青枯病等病害。

1.3.4　穗部性状和产量测定

9月25日，每小区收获中间10m长×2行（共计12.75m^2）的总穗数，晒干脱粒，测定产量（按14%折算含水率）。每个品种随机连续收获中间3行10个果穗；考察穗行数、行粒数、穗长、秃顶长、穗粗等。

1.3.5　田间管理

玉米播种时用种肥同播机把控释肥按675kg/hm^2（N、P、K比例为29：5：6）的用量作为底肥一次性施入，后期不再追肥。6月24日采用50mL/亩高氯·甲维盐（总有效成分2%，含高效氯氰菊酯1.8%、甲氨基阿维菌素0.2%）、硝磺莠去津120mL/亩（总有效成分30%，硝磺草酮含量6%、莠去津含量24%），兑水15kg/亩喷施，防治病虫草害。7月8日采用50mL/亩甲维·毒死蜱（总有效成分10%，含毒死蜱9.9%、阿维菌素苯甲酸0.1%），兑水15kg/亩喷施，防治玉米病虫害。

1.3.6　数据分析

用Microsoft Excel 2003进行数据计算。

2　结果与分析

2.1　不同玉米品种生育期表现

由表1可见，8个参试品种播种期为6月11日，出苗期为6月17日，但抽雄期、吐丝期均有一定差异，收获时乳线下降比例不同。除饲玉2号和豫单258拔节期晚于对照郑单958，其余品种均早于郑单958；登海518吐丝最早，比对照早5d，饲玉2号和鲁单258吐丝最晚，比对照晚4d；至9月25日收获时，京农科728处于完熟状态，鲁单258、宇玉30、豫单112和登海518乳线下降至80%，基本处于成熟状态，饲玉2号乳线仅下降至30%，在当地传统收获期不能正常成熟。

表1　不同玉米品种生育进程调查结果

品种	播种期	出苗期	拔节期	抽雄期	吐丝期	收获时乳线下降（%）	收获期
饲玉2号	6/11	6/17	7/7	8/3	8/5	30	9/25
鲁单258	6/11	6/17	7/4	8/3	8/5	80	9/25
豫单112	6/11	6/17	7/8	8/1	8/3	80	9/25
宇玉30	6/11	6/17	7/4	7/31	8/2	80	9/25
迪卡517	6/11	6/17	7/5	7/31	8/2	70	9/25
登海518	6/11	6/17	7/4	7/26	7/27	80	9/25
京农科728	6/11	6/17	7/4	7/30	8/1	100	9/25
郑单958	6/11	6/17	7/6	7/30	8/1	60	9/25

2.2　不同玉米品种植株性状和抗病抗逆性

由表2和表3可见，不同品种农艺及抗病抗逆性存在差异。各参试品种株高在237～315cm，对照郑单958株高为257cm，其中饲玉2号最高为315cm，登海518最矮为237cm；穗位高度在69～144cm，对照品种为110cm，其中饲玉2号最高为144cm，登海518最低为69cm；穗长在17.3～20.5cm，鲁单258最短为17.3cm，京农科728最长为20.5cm；秃尖长在0.2～2.4cm，其中鲁单258最长为2.4cm，饲玉2号最短为0.2cm；穗粗在4.5～5.1cm，宇玉30最细为4.5cm，饲玉2号最粗为5.1cm。轴粗在2.5～3.1cm，迪卡517最细为2.5cm，饲玉2号最粗为3.1cm。除饲玉2号外，其余品种锈病均比较重，宇玉30黑粉病比较重，京农科728双穗率和空秆率均高于其他品种，表明整齐度不如其他品种。

表2　各品种植株性状、抗病抗逆性

品种	株高（cm）	穗位高（cm）	叶片数（片）	双穗率（%）	空秆率（%）	黑粉病株率（%）	粗缩病株率（%）	锈病
饲玉2号	315	144	21	0.0	4.0	0.0	0.0	轻
鲁单258	281	122	21	0.0	2.1	0.0	0.0	重
豫单112	272	104	20	1.0	4.5	1.1	0.0	重
宇玉30	279	97	18	2.0	8.0	4.6	1.1	重
迪卡517	254	107	18	3.0	4.6	0.0	0.0	重
登海518	237	69	17～18	4.0	4.3	1.1	0.0	重

（续表）

品种	株高（cm）	穗位高（cm）	叶片数（片）	双穗率（%）	空秆率（%）	黑粉病株率（%）	粗缩病株率（%）	锈病
京农科728	268	92	19	5.0	14.1	0.0	2.0	重
郑单958	257	110	20	6.0	2.2	0.0	0.0	重

2.3　不同玉米品种穗部性状和产量测定

表3　各品种果穗性状

品种	穗长（cm）	秃尖长（cm）	穗粗（cm）	轴粗（cm）	穗行数（行）	行粒数（粒）	穗粒数（粒）
饲玉2号	18.2	0.2	5.1	3.1	16	33	534
鲁单258	17.3	2.4	5.0	2.9	18	31	558
豫单112	18.1	1.6	4.6	2.7	14	33	455
宇玉30	19.6	1.6	4.5	2.8	15	30	451
迪卡517	18.8	1.5	4.6	2.5	17	32	547
登海518	18.2	1.3	4.9	2.9	14	34	485
京农科728	20.5	0.7	4.9	3.0	13	35	458
郑单958	17.8	0.5	4.9	2.9	15	35	524

由表4可以看出，京农科728、迪卡517、登海518、鲁单258产量均高于郑单958，京农科728产量结构协调，单产最高，达到716.3kg/亩，比对照增产12.29%；其次为迪卡517，单产为688.4kg/亩，比对照增产7.33%；登海518和鲁单258分别比对照增产6.01%和1.83%。豫单112穗粒数和千粒重最低，产量结构不协调，产量最低，比对照减产5.81%。其余品种单产与对照相差不大。

表4　各品种产量构成及产量

品种	亩穗数（穗）	穗粒数（粒）	千粒重（g）	水分（%）	理论产量（kg/亩）	小区实产（kg）	折亩产（kg/亩）
饲玉2号	4 256	534	341.2	18.3	626.4	12.1	630.2
鲁单258	4 543	558	319.6	17.7	658.9	12.4	649.6

（续表）

品种	亩穗数（穗）	穗粒数（粒）	千粒重（g）	水分（%）	理论产量（kg/亩）	小区实产（kg）	折亩产（kg/亩）
豫单112	4 598	455	329.3	17.2	564.0	11.5	600.8
宇玉30	4 451	451	359.2	15.7	600.5	11.8	615.4
迪卡517	4 399	547	342.9	14.9	694.5	13.2	688.4
登海518	4 346	485	392.4	16.4	683.7	12.9	676.3
京农科728	4 598	458	415.0	16.3	723.3	13.7	716.3
郑单958	4 300	524	349.0	19.4	626.9	12.2	637.9

3 结论

本试验表明，不同品种生育时期、农艺性状和产量差异较大。京农科728在当地夏直播生育期为105d，6月11日播种，至9月25日已完全成熟，属中早熟品种，适宜田间籽粒机械化收获；该品种株高、穗位高较矮，抗倒伏性强，株型紧凑，耐密植，产量结构协调，增产潜力大，可作为夏直播品种在当地示范推广。迪卡517和登海518增产潜力大，本试验中分别比郑单958增产7.33%和6.01%，两个品种生育期快于郑单958，也可作为中早熟品种在当地试验示范。饲玉2号生育进程远远晚于郑单958，株高、穗位高较高，生物产量大，抗逆性好，可青贮收获。

本试验只是2017年从生育期、农艺性状和产量方面进行初步研究，要判断一个品种是否适合某个生态区种植，需要多年的重复试验研究，才能筛选出适宜当地生态气候条件和生产条件的新品种。

参考文献

[1] 孔晓民，岳增辉，张肖红，等. 鲁西南地区玉米机械化密植高产品种筛选[J]. 安徽农业科学，2014，42（9）：2579-2580，2583.

[2] 郭庆法，王庆成，汪黎明. 中国玉米栽培学［M］. 上海：上海科学技术出版社，2004.

[3] 杨金慧，毛建昌，李发民，等. 玉米杂交种农艺性状与籽粒产量的相关和通径分析[J]. 中国农学通报，2003，19（4）：28-30.

[4] 张京社，杨玉东，王志中，等. 玉米杂交种主要农艺性状的相关与通径分析[J]. 山西农业科学，2006，34（1）：23-25.

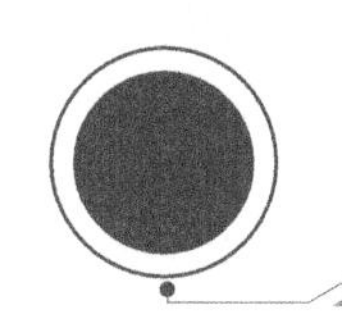

气象特征与灾害防御

积温变迁对冬小麦夏玉米一年两熟播期的影响

摘　要：利用兖州1971—2008年气象资料，分析夏秋冬积温变迁及其对小麦、玉米一年两熟播期的影响。结果表明，2001—2008年平均小麦越冬前0℃以上积温相比20世纪70年代明显增加，小麦越冬始期和理论最佳播期分别推迟8d和5d；每10年平均夏玉米生育期间16℃以上的积温逐渐增加，玉米在6月15日前直播能满足中熟品种对积温的需求。适应气候变暖的规律，小麦适宜播期应由传统的10月1—10日推迟到10月5—15日，玉米改麦田套种为6月15日前直播，将收获期推迟到9月下旬，合理茬口搭配，能充分利用温光资源，有效预防小麦冬前旺长和玉米粗缩病为害，实现周年高产。

关键词：积温变迁；冬小麦；夏玉米；播期

近年来，受全球气候变暖的影响，兖州小麦发生冬前旺长的频率逐渐增加，小麦冬前旺长极易遭受冻害，导致后期倒伏，造成严重减产。另外，当地夏玉米种植方式一直沿袭20世纪70年代开始推广的麦田套种，这种以满足玉米中晚熟品种有效积温要求和协调“三夏”劳力紧张为主要目的的种植方式，随着生产条件的改善和生产水平的提高，越来越暴露出田间整齐度差、苗期粗缩病等病害重和严重影响前茬冬小麦产量、品质的弊端。随着气候变暖、机械化水平的提高和中早熟玉米新品种的更新换代，麦套玉米改夏直播势在必行。有关小麦、玉米单季高产适宜播期和收获期方面的研究已有较多报道，但关于积温变迁及对小麦、玉米一年两熟适宜播期的影响方面鲜见报道[1, 2]。本研究通过对兖州38年气象资料分析，弄清小麦越冬前和夏玉米生育期间积温变迁规律，指导当地科学调整小麦、玉米两熟制播期，为小麦、玉米周年高产栽培理论体系的完善提供科学依据。

1　材料与方法

采用兖州市气象局档案资料，统计1971—2008年逐日平均气温，按10年一个阶段划分为1971—1980年、1981—1990年、1991—2000年和2001—2008年4个阶段，计算每个阶段小麦越冬始期（10年平均日均温稳定下降到0℃日期）和越冬前（10

年平均10月1日至小麦越冬始期）0℃以上的积温；计算越冬前0℃以上的积温≥700℃·d、≥750℃·d和≥800℃·d年份概率；计算小麦冬前生长达到壮苗标准理论最佳播期和最佳播期内冬前0℃以上的积温；计算6月10日夏玉米早直播至9月30日、6月15日夏玉米晚直播至9月30日和6月17日至9月30日10年平均16℃以上的积温，以及16℃以上的积温≥2 600℃·d和≥2 700℃·d年份概率。

小麦冬前生长达到壮苗标准及所需0℃以上积温计算方法按于振文的计算方法[3]，小麦从播种至出苗需0℃以上积温120℃·d，冬前每生长1叶需0℃以上积温75℃·d，冬前壮苗标准为主茎叶龄6～7叶，需0℃以上积温570～645℃·d。

夏玉米中熟品种全生育期需有效积温按郭庆发的方法[4]。小麦、玉米生育资料取自兖州市农业科学研究所技术档案。

2 结果与分析

2.1 积温变迁对冬小麦播期的影响

2.1.1 小麦越冬前积温变迁

由表1看出，1971—2000年兖州小麦越冬前0℃以上积温变化不大，2001—2008年平均冬前0℃以上积温相比前3个阶段明显增加，0℃以上的积温≥700℃·d年份概率由50%增加到75%，≥750℃·d和≥800℃·d年份概率也有所增加，说明2001年以来，当地小麦越冬前气候变暖趋势开始明显。

随着冬前气候变暖，加之当地地力水平的逐渐提高和偏春性半冬性品种的推广应用，小麦发生冬前旺长的年份概率逐渐增加，旺长程度逐渐加重。1971—1980年仅有2年发生旺长，其中1977年旺长严重；1981—1990年有5年发生不同程度的旺长，其中1990年旺长严重；1991—2000年有5年发生冬前旺长，其中1994年旺长严重，1998年旺长极严重；2001—2008年有4年发生旺长，其中2004年和2006年旺长极严重。通过查阅小麦旺长年份冬前0℃以上积温可知，发生旺长的年份冬前0℃以上的积温都在700℃·d以上，其中750～770℃·d年份旺长严重，770℃·d以上的年份旺长极严重。

表1 兖州1971—2008年每10年平均小麦越冬前积温变化

年份	≥0℃积温（℃·d）	≥700℃·d年份概率(%)	≥750℃·d年份概率（%）	≥800℃·d年份概率（%）	小麦冬前旺长年份
1971—1980	702.2	50	20	10	1977、1980
1981—1990	693.8	50	10	0	1982、1984、1987、1989、1990
1991—2000	704.8	50	20	10	1991、1994、1995、1998、1999
2001—2008	738.5	75	38	12	2001、2004、2006、2007

2.1.2　积温变迁对冬小麦适宜播期的影响

如表2所示，1971—1980年平均气温稳定下降到0℃、小麦开始进入越冬日期为12月12日，1981—1990年平均小麦越冬始期为12月15日，1991—2000年平均小麦越冬始期为12月20日，2001—2008年平均小麦越冬始期为12月21日，随着气候变暖，小麦越冬始期明显向后推移，小麦冬前生长达到壮苗标准理论最佳播期也由20世纪70年代10月2—6日逐渐推迟到目前（2001—2008年平均）10月6—11日。

表2　兖州1971—2008年每10年平均小麦越冬始期及最佳播期变化

年份	平均越冬始期（月/日）	理论最佳播期	最佳播期内冬前≥0℃积温（℃·d）
1971—1980	12/12	10月2—6日	645.1 ~ 579.3
1981—1990	12/15	10月4—8日	640.5 ~ 570.6
1991—2000	12/20	10月5—9日	645.4 ~ 574.6
2001—2008	12/21	10月6—11日	653.7 ~ 571.1
1991—2008	12/21	10月5—10日	650.5 ~ 571.4

按照近18年（1991—2008年）平均，小麦冬前达到壮苗标准理论最佳播期是10月5—10日，10月5日播种小麦冬前生长达到壮苗年份概率是56%，旺苗年份概率是39%，弱苗年份概率是5%；10月10日播种小麦冬前生长达到壮苗、旺苗和弱苗年份概率分别是56%、5%和39%。结合当地生产实际，小麦适宜播期应由传统的10月1—10日推迟到10月5—15日，不宜早于10月5日，如遇暖秋年份（10月上旬日平均气温≥18℃），应推迟到10月10日左右开始播种[3]。

2.2　夏秋积温变迁对夏玉米播期的影响

2.2.1　夏玉米生育期间积温变迁

兖州小麦一般在6月7—10日收获，玉米夏直播一般在6月10日左右，至9月30日左右日平均气温下降到18℃玉米灌浆基本结束。由表3看出，自1971年以来，每10年一个阶段平均，6月10日至9月30日16℃以上积温逐渐增加，16℃以上的积温≥2 700℃·d年份概率逐渐增加，1971—1990年为80%，1991—2000年为90%，2001—2008年为100%；夏玉米晚直播6月15日播种至9月30日16℃以上积温同样逐渐增加，4个阶段积温≥2 600℃·d年份概率也由20世纪70年代70%逐渐增加到目前100%，说明随着年代推移，气候变暖，当地夏玉米生育期间活动积温逐渐增加。

表3 兖州1971—2008年每10年平均夏玉米生育期间积温变化

年份	6月10日至9月30日			6月15日至9月30日			6月17日至9月30日	
	16℃以上积温（℃·d）	≥2 600℃·d年份概率（%）	≥2 700℃·d年份概率（%）	16℃以上积温（℃·d）	≥2 600℃·d年份概率（%）	≥2 700℃·d年份概率（%）	16℃以上积温（℃·d）	≥2 600℃·d年份概率（%）
1971—1980	2 753.4	100	80	2 626.4	70	20	2 575.9	40
1981—1990	2 759.6	100	80	2 638.7	80	20	2 589.9	50
1991—2000	2 803.2	100	90	2 678.4	80	40	2 624.6	50
2001—2008	2 785.0	100	100	2 661.6	100	38	2 612.4	75

2.2.2 夏秋积温变迁对夏玉米播期的影响

由表3可知，最近18年（1991—2008年）平均6月10日至9月30日16℃以上的积温≥2 700℃·d年份概率为90%～100%，6月15日至9月30日16℃以上的积温≥2 600℃·d年份概率为80%～100%，最近8年（2001—2008年）平均6月17日至9月30日16℃以上的积温≥2 600℃·d年份概率为75%，表明当地夏玉米在6月10日前直播，可以满足中晚熟品种完全成熟对积温需求，在6月10—15日播种可满足中熟品种积温需求，中熟品种夏直播最迟不宜晚于6月17日。

2.2.3 玉米夏直播适宜的收获时期

如表4所示，中熟玉米品种郑单958和浚单20在6月10日夏直播，从9月16日（当地传统收获期）开始收获至9月底完全成熟，随着收获时间的推迟，千粒重持续增加，因此，适当推迟收获时间是提高夏玉米产量的有效途径[5]。随着机械化水平的提高，夏玉米在9月下旬收获，不耽误10月5日之后播种小麦。

表4 夏玉米不同收获时期对千粒重的影响（2007年兖州市农业科学研究所试验田）（g）

品种	播期（月/日）	吐丝期（月/日）	收获期（月/日）							
			9/1	9/6	9/11	9/16	9/20	9/24	9/28	10/2
郑单958	6/10	8/4	192.2	230.6	277.7	311.3	325.5	333.7	357.1	368.3
浚单20	6/10	8/3	211.0	237.3	267.2	309.1	324.1	333.6	351.4	364.7

3　小结与讨论

于振文等提出“玉米适当晚收增粒重，小麦适当晚播防旺长”[6]。徐成忠等研究表明，自1967年以来，随着年代推移，小麦越冬前0℃以上的积温和夏玉米生育期间10℃以上的积温逐渐增加，随着夏秋冬气候变暖，科学调整冬小麦夏玉米两熟制播期，从源头上预防小麦冬前旺长和实现玉米增产[3]。本研究利用兖州1971—2008年气象资料，按10年一个阶段计算分析表明，1971年以来，夏玉米生育期间16℃以上的积温逐渐增加，6月10日至9月30日≥2 700℃·d积温保证率由20世纪70年代的80%逐渐增加到目前的100%；2001—2008年平均小麦越冬期间0℃以上的积温比前3个阶段明显增加，小麦越冬始期由1971—1980年平均12月12日推迟到2001—2008年平均12月21日，说明气候变暖已明显影响当地小麦、玉米生长发育。综合分析表明，当地小麦适宜播期应由传统的10月1—10日推迟到10月5—15日，如遇暖秋年份（10月上旬日平均气温≥18℃），应推迟到10月10日左右开始播种；玉米改麦田套种为夏直播，选用郑单958等中熟品种6月15日前抢茬直播，收获期由传统的9月中旬推迟到9月下旬[5]，合理搭配小麦、玉米茬口，能充分利用温光资源，避免小麦旺长和玉米粗缩病为害，实现小麦、玉米两熟周年高产。

参考文献

[1]　杨洪宾，徐成忠，闫璐. 冬小麦旺长及防控[M]. 北京：中国农业科学技术出版社，2008：16-23.

[2]　卜庆雷，王琪珍，王西磊. 莱芜市气候变化特征及对农业生产的影响分析[J]. 当代生态农业，2006（1）：58-60.

[3]　于振文. 现代小麦生产技术[M]. 北京：中国农业出版社，2007：6.

[4]　郭庆发，王庆成，汪黎明. 中国玉米栽培学[M]. 上海：上海科学技术出版社，2004：111-112.

[5]　李洪梅，白洪立，王西芝，等. 不同收获时期对夏直播玉米产量影响的试验[J]. 农业科技通讯，2008（6）：80-82.

[6]　孙鲁威. 玉米要晚收小麦要晚播[N]. 农民日报，2007-9-25（7）.

济宁市兖州区1971—2020年主要气象因子变迁及对小麦玉米生产的影响

摘　要： 农业生产与气候变化关系密切，气候变化尤其是对粮食种植制度的影响日益受到重视。本文整理并系统分析了1971—2020年济宁市兖州区主要气象因子——日平均气温、平均最高气温、平均最低气温、积温、降水量和日照时数变化情况和规律，发现日平均气温呈现每10年升高0.262℃的逐步上升趋势，日温差呈现逐步下降趋势，≥0℃和≥10℃年积温均不同程度增加，日照时数呈现减少趋势，年降水量总体增加且年度间差异较大。因气候变化影响和农业技术的不断进步，以小麦、玉米为主的主要粮食作物种植制度作出播期和收获期调整，全年粮食产量水平均衡提高。

关键词： 兖州；气象因子；小麦；玉米；应对措施

农业生产与气候变化关系密切，农作物生长发育和产量除了决定于农作物本身的生物学特性和栽培措施外，很大程度上受到气候因素的支配。联合国政府间气候变化专门委员会（IPCC）第四次气候变化评价报告指出，过去50年变暖趋势是每10年升高0.13℃（0.10～0.16℃），几乎是过去100年来的2倍，气候变暖已经成为全球变化的主要特征[1-3]。

兖州地处鲁西南平原，常年小麦和玉米种植面积均在35万亩左右，是全国重要的粮食生产基地，气候的变化势必会对农业生产带来重大影响。那么在全球气温变暖的大背景下[4-7]，兖州主要气象因子发生了怎样的变迁？对小麦、玉米生产又将产生怎样的影响？面对气象变化农业生产如何积极应对？本文以1971—2020年近50年的气象数据进行分析，研究气象因子变迁规律，阐述气象变化对小麦、玉米生产的影响，最后依据气候变化特征，充分利用小麦、玉米对气象因素积极响应的内在机制，制定应对措施。

1　材料与方法

采用兖州1971—2020年逐日气象资料，选取年平均气温、平均最高气温、平均最低气温、积温、降水量、日照时数，运用统计学方法和趋势法，分析近50年气候变化特征及其趋势。

2　兖州地区主要气象因子变化趋势分析

2.1　气温变化趋势

2.1.1　年气温变化趋势

由图1可以看出，兖州地区近50年平均气温13.84℃，1984年气温最低，为12.74℃，2018年气温最高，为14.96℃，最高年份与最低年份相差2.22℃。年均温呈波动上升趋势，由公式斜率可以看出平均每10年气温上升0.262℃。

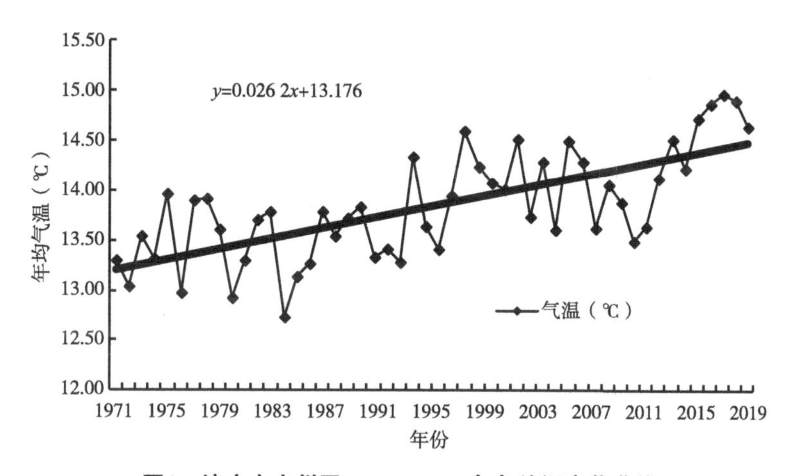

图1　济宁市兖州区1971—2020年年均温变化曲线

2.1.2　季节气温变化趋势

兖州近50年春季平均气温为14.46℃，夏季平均气温为26.03℃，秋季平均气温为14.33℃，冬季平均气温为0.60℃。拟合本地区50年来的四季平均气温的变化曲线图（图2），并分别分析出其趋势线公式，由公式斜率可以看出四个季度50年内均是上升的趋势，不过上升幅度不同，平均温度上升幅度最大的季度是春季，其次是冬季，幅度最小的是夏季和秋季。春季平均温度变化最大，对气温的升高贡献也是最大的。表1中将年均气温距平、季均气温距平作比较可以看出，年均气温距平最大差距1.47℃。春季2011—2015年距平值最大，达到2.11℃，较之其他4个年代是最高的；秋季距平最为平缓，最大值（2016—2020年）与最小值（1971—1980年）之间差0.86℃，也就是说秋季气温变化不大，对兖州气温升高的贡献也是最小的。

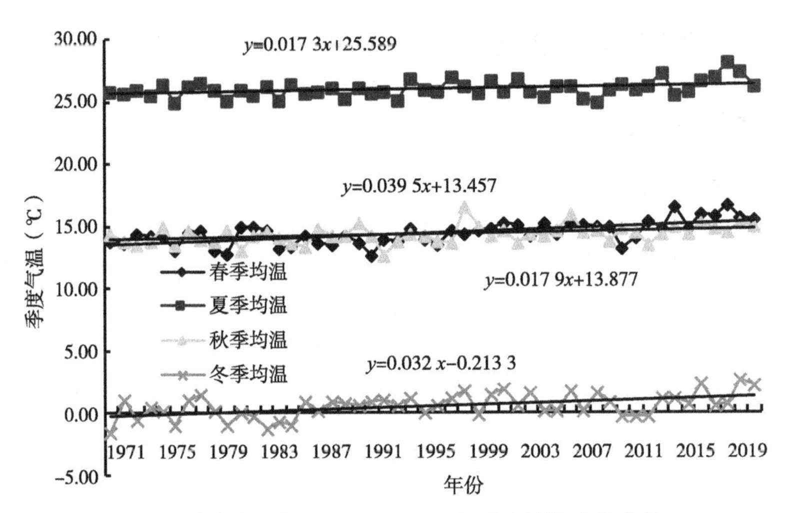

图2　济宁市兖州区1971—2020年季度均温变化曲线

表1　气温距平值（℃）

年份	年均	春季	夏季	秋季	冬季
1971—1980	−0.41	−0.62	−0.23	−0.23	−0.28
1981—1990	−0.34	−0.41	−0.22	−0.18	−0.27
1991—2000	−0.04	−0.35	0.03	−0.10	0.14
2001—2010	0.16	0.31	−0.14	0.20	−0.01
2011—2015	0.20	0.66	0.13	0.01	0.10
2016—2020	1.06	1.49	1.01	0.63	0.88

2.1.3　日温差（昼夜温差）变化趋势

根据有关资料，昼夜温差用平均最高温度和平均最低温度的差值来表示。近50年兖州平均最高气温为19.76℃，呈波动上升趋势，由公式斜率可以看出平均每10年气温上升0.277℃（图3）。平均最高气温上升幅度最大的季度是春季和冬季，其次是秋季，上升幅度最小的是夏季（表2）。兖州平均最低气温为8.71℃，呈波动上升趋势，由公式斜率可以看出平均每10年气温上升0.305℃（图4），平均最低气温上升幅度最大的季度是春季，其次是冬季，幅度最小的是秋季和夏季（表2）。近50年兖

州昼夜温差值平均为11.05℃，由于最高气温上升的幅度低于最低气温上升的幅度，所以日温差呈波动下降趋势。由公式斜率可以看出平均每10年温差值下降0.029℃（图5）。由表2可知，昼夜温差值下降幅度最大的季度是夏季，其次是秋季和春季，冬季温差值反而有加大趋势，这主要是由于春、夏、秋季的平均最高温度上升的幅度低于平均最低温度的上升幅度，日温差值降低，而冬季的平均最高温度上升的幅度高于平均最低温度的上升幅度，日温差值加大。

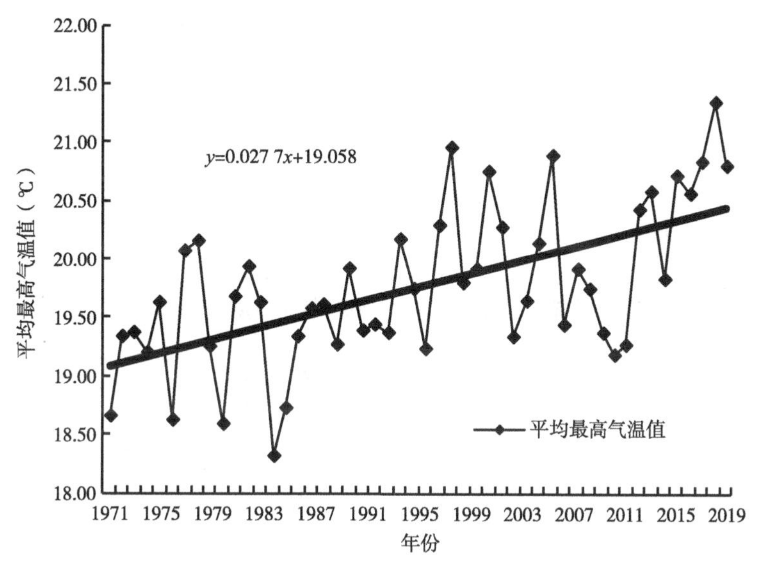

图3　济宁市兖州区1971—2020年年平均最高气温变化曲线

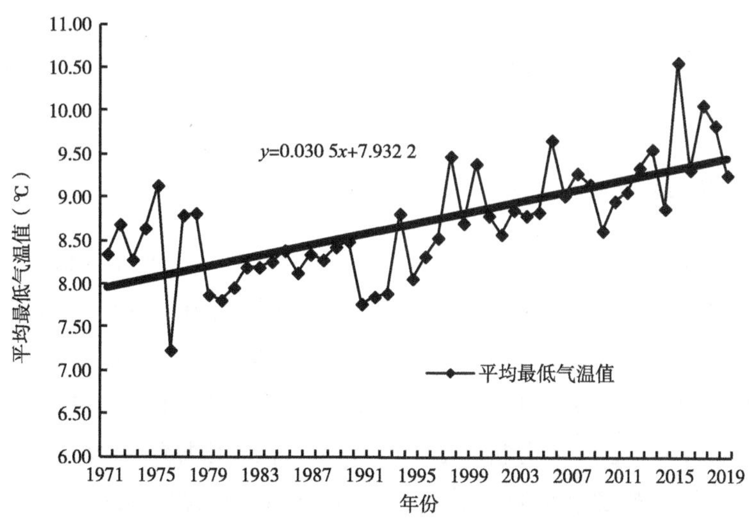

图4　济宁市兖州区1971—2020年年平均最低气温变化曲线

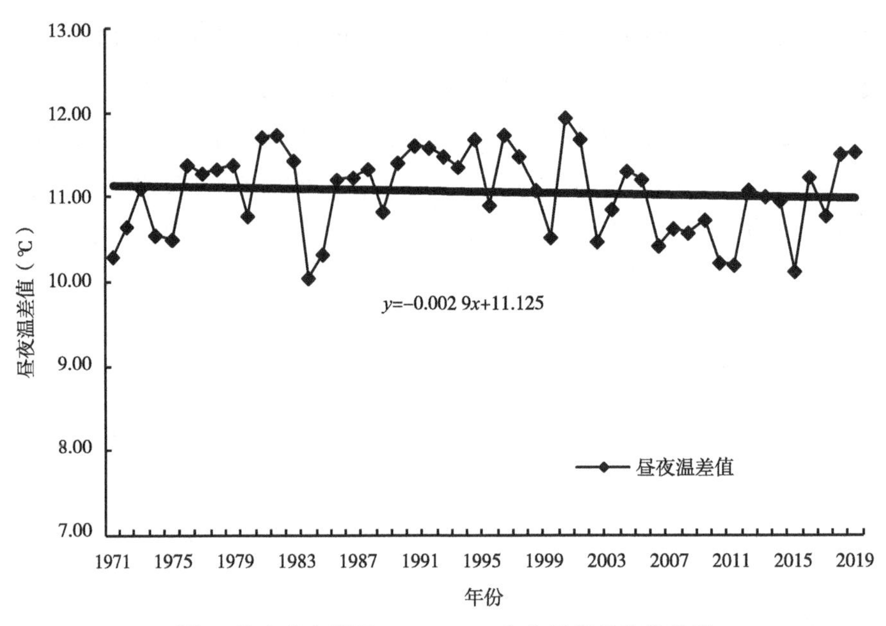

图5　济宁市兖州区1971—2020年年日温差变化曲线

表2　济宁市兖州区1971—2020年平均最高温度、平均最低温度和日温差变化模拟曲线

	平均最高温度（℃）	平均最低温度（℃）	日温差（℃）
3—5月（春季）	y=0.038 2x−55.521	y=0.040 3x+7.256 6	y=−0.002 1x+16.643
6—8月（夏季）	y=0.016 6x−1.859 3	y=0.026x+20.669	y=−0.009 4x+28.674
9—11月（秋季）	y=0.020 4x−20.149	y=0.024 2x+8.599 5	y=−0.003 8x+18.986
12月至翌年1—2月（冬季）	y=0.035 5x−64.326	y=0.031 7x−4.796 4	y=0.003 9x+2.823 2

2.1.4　积温变化趋势

作物生长需要大量的热量资源，根据对年气象资料的统计分析，全区≥0℃积温在4 877～5 629℃，平均为5 179.19℃；≥10℃积温在4 406～5 137℃，平均为4 747.53℃。50年内兖州≥0℃和≥10℃积温变化均呈现波动上升趋势（图6），一次拟合线性方程斜率分别为7.41和8.25，即平均每10年≥0℃和≥10℃年积温增加分别为74.09℃和82.54℃。进一步分析（表3），≥0℃积温增加幅度最大的季度是春季，其次是秋季和冬季，幅度最小的是夏季；≥10℃积温增加幅度最大的季度是春季，其次是夏季和冬季，幅度最小的秋季。积温的增加为种植制度改革提供了热量保障。

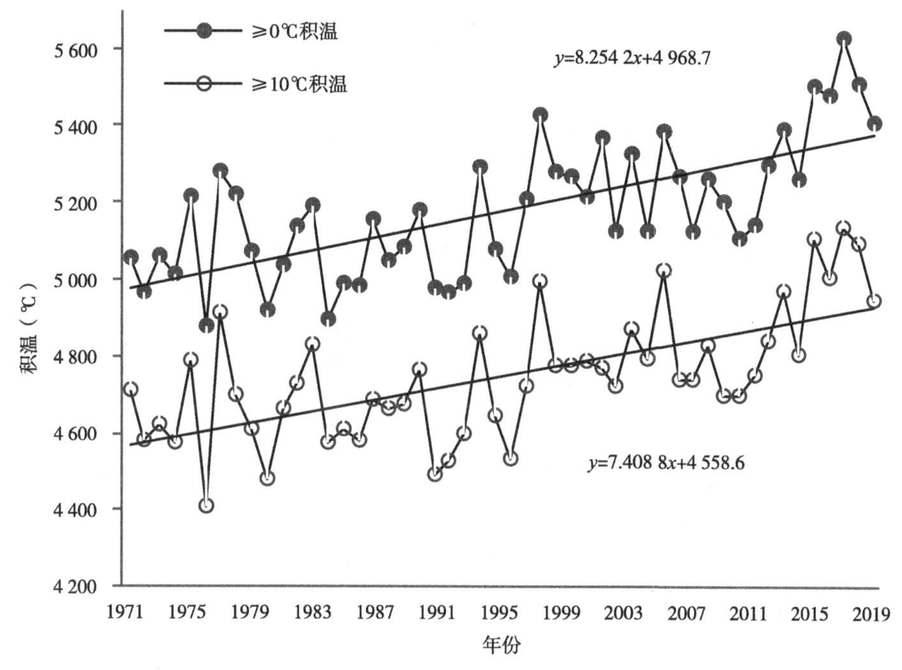

图6　济宁市兖州区1971—2020年≥0℃积温和≥10℃积温

表3　济宁市兖州区1971—2020年≥0℃积温和≥10℃积温变化模拟曲线

季节	≥0℃积温	≥10℃积温
春季	y=3.636 9x+1 237.7	y=4.121 7x+1 074
夏季	y=1.596 4x+2 354.9	y=1.596 4x+2 354.9
秋季	y=1.633 2x+1 265	y=1.479 2x+1 127.9
冬季	y=1.629 8x+108.56	y=1.566 9x+59.903

2.2　降水量变化趋势

由图7和图8可知，近50年兖州年降水量在353.5～1 173.9mm，年际间差异较大，极差值为820.4mm，年平均降水量为680.32mm，大部分降雨集中在6—9月，即玉米生长季节，占全年总降水量的72.48%左右。拟合曲线可知，年降水量呈略微上升趋势（5.06mm/10年），即每10年降水量增加5.06mm，上升幅度不大。

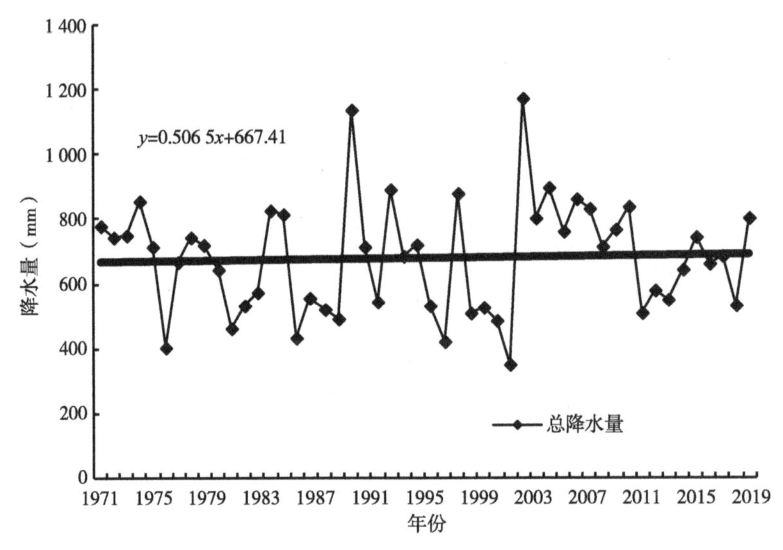

图7　济宁市兖州区1971—2020年降水量变化曲线

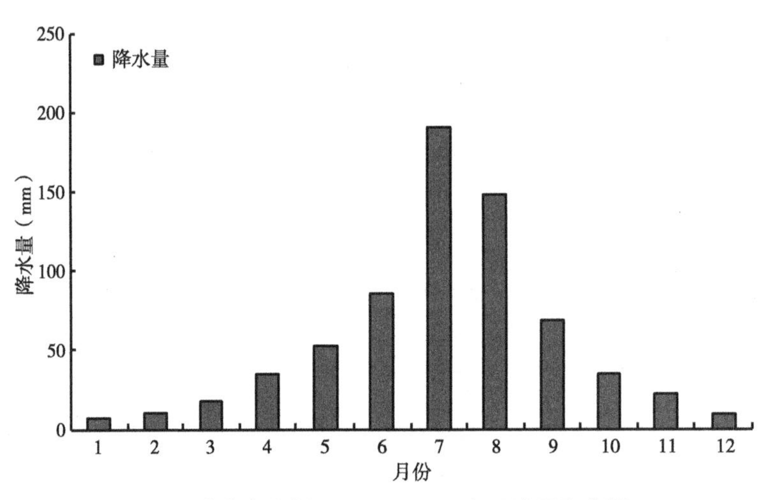

图8　济宁市兖州区1971—2020年平均月降水量

2.3　日照时数变化趋势

近50年兖州日照时数在1 685.7～2 734.8h，平均为2 403.50h，呈波动下降趋势，由公式斜率可以看出平均每10年日照时数下降31.26h（图9）。由表4可知，日照时数降低幅度最大的季度是秋季，平均每10年下降17.65h，其次是冬季，平均每10年下降13.85h，下降幅度最小的是夏季，平均每10年下降仅1.7h，春季日照时数呈上升趋势，平均每10年上升为4.78h。

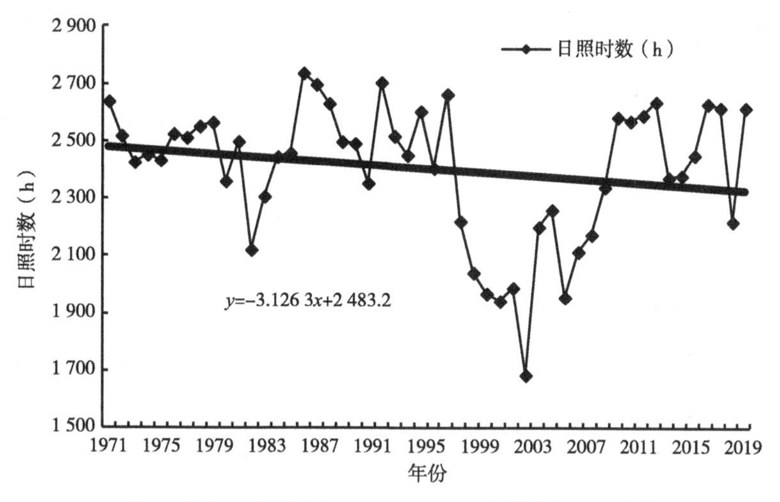

图9 济宁市兖州区1970—2020年日照时数变化曲线

表4 济宁市兖州区1971—2020年四季日照时数变化模拟曲线

季节	日照时数
春季	y=0.477 2x+689.58
夏季	y=−0.172 6x+665.48
秋季	y=−1.764 7x+611.55
冬季	y=−1.385 2x+509.84

3 气候变化对小麦、玉米生产的影响

3.1 气温升高对小麦、玉米生长的影响

气温升高对小麦、玉米生长既存在有利影响，又存在不利影响。冬前是冬小麦出叶、生根、分蘖的重要时期。冬小麦单位面积穗数主要取决于冬前苗量。冬前温度偏高，有利于促进早发，提高冬前分蘖数。以近几年小麦生产为例，2015年10月和11月平均气温比2016年分别偏高1℃和1.6℃，济南17、济麦22和鲁原502的冬前苗量分别增加43.24万株/亩、11.43万株/亩和14.04万株/亩。气温升高尤其是≥10℃有效积温的升高会对小麦的物候产生影响，使返青期和拔节期提前到来，并提前进入生育期，延长籽粒灌浆时间，增加粒重，提高产量和品质。2014年和2016年4月份平均气温分别为16.3℃和17.5℃，比常年同月份平均气温14.82℃分别偏高1.48℃和2.68℃，使小

麦抽穗、开花期比常年提前5～7d，小麦提前进入灌浆期，避开了后期干热风影响，千粒重比常年增加5g左右，其中2016年超高产攻关田鲁原502千粒重达53.70g，是历年粒重和产量最高的一年。气温对生育时期、群体的改变最终改变产量结构，影响产量。如2014年与2013年相比，产量结构表现为"两增一减"，即穗粒数和千粒重增加，亩穗数降低，产量增加。2015年与2014年相比，产量结构表现为"一增两减"，即亩穗数增加，穗粒数和千粒重降低，产量增加。2016年与2015年相比，亩穗数和穗粒数因品种而异，千粒重和产量均增加。但冬季气温增加会降低小麦的抗冻锻炼，降低小麦对倒春寒的抵抗能力，容易影响穗分化。而倒春寒在兖州每年都有不同程度的发生。如2015年3月10日小麦返青后，遭遇强寒流来袭，日平均温度骤然降至1.6℃，极端最低气温达到-7.3℃，部分管理不当的麦田叶尖部分被冻干枯。2013年4月20日，平均气温降至4.5℃，极端最低气温降至1.2℃，由于正值抽穗期，小麦对低温的抵抗力比较弱，造成部分麦田出现不同程度的冻害。

3.2 降水量年际间差异大对小麦、玉米生产的影响

小麦一生耗水量需400～600mm，玉米一生耗水量需186～444mm，兖州降水量特征决定了对小麦的影响有以下3种情况。首先，降雨有利于农作物的生长发育。如2014年11月下旬连续出现两次降雨过程降水量达24.5mm，补充了越冬水，利于小麦安全过冬。2015年4月1—2日降雨61.3mm，为小麦拔节的生长提供了水分。2015年11月21—25日连续降雪，降水量达到61.6mm，缓解了冬前旱情，补充了越冬水。2016年6月13日短时降雨95.2mm，对于刚刚播种完玉米的地块无疑是一场及时雨，缓解了土壤墒情，利于玉米出苗。这些降雨对小麦、玉米的生长非常有利。其次，由于兖州大部分地块水浇条件较好，即使在降水量较少的年份，一般不会形成较大的灾情。最后，年际间降雨的高幅度振荡可能会对小麦、玉米造成不利影响。如2013年5月25—26日，全区平均降水量100.4mm，短时集中降雨并伴随大风，造成17.26万亩小麦倒伏，倒伏麦田平均减产10%～20%，全区小麦比上年度平均减产3.8%。2011年7月25日和27日玉米大喇叭口期，短时降水量52.4mm，并伴随大风，造成小孟镇玉米大面积倒伏，通过加强管理，上部节间自然直立、正常生长。8月2日—29日和9月7—9日玉米吐丝授粉和灌浆期持续阴雨，有时伴随大风，累计降水量387mm，田间湿度大、气温低、光照不足、积水严重，造成玉米青枯病、根腐病大发生，80%以上的地块玉米青枯、倒伏，籽粒灌浆差，全区平均减产30%以上。2016年7月19日短时降雨83.0mm，部分玉米地块倒伏，由于是在抽穗之前发生的倒伏，玉米上部节间已自然站立起来，损失不大。

3.3　日照时数降低对小麦、玉米生长的影响

小麦是长日照植物，小麦对光照敏感的时期有2个。第一个是光照阶段（起身—拔节），一般从幼穗开始分化到雌雄蕊分化期止。这一阶段植株对光照的反应比较敏感，如延长光照会加速通过这一阶段而抽穗。按不同品种对光周期的反应，大体可分为反应迟钝、中等、敏感3种类型。兖州种植的小麦均是半冬性品种，对光照强度反应中等，还未发现光照强度降低影响小麦抽穗的极端例子。第二个对光照时间敏感的时期是抽穗扬花期，小麦抽穗扬花期间，日平均气温≥15℃，日平均相对湿度≥60%，日照时数≤5h为赤霉病促病气象条件。由于兖州春季日照时数变化并不明显，所以对小麦生产几乎没有什么影响。小麦抽穗期正值谷雨时节左右，日照时数少，如2012年4月22日没有光照时数，加之部分地块田间湿度大，这可能是导致当年赤霉病大面积发生的重要原因之一。

玉米是短日照植物，随着日照时数的缩短，生育进程加快，营养生长量相应减少，光照时数亦是影响开花授粉和籽粒灌浆的重要因素。如2011年9月日照时数为161.8h，比常年同月份日照时数偏少35.9h，阴雨寡照天气致使郑单958当年千粒重为281.3g，比正常年份偏少30g左右。

4　应对气候变化的技术措施

通过上述分析可看出，兖州近50年主要气象因素变化呈现3个大趋势，一是气温升高，二是降雨年际间变化幅度较大，三是光照时数大幅度减少，面对气候变化给小麦和玉米生产带来的挑战，可依据气候变化特征，充分利用小麦、玉米对气象因素积极响应的内在机制，制定应对措施。

4.1　根据生产实际，选用与光温资源相匹配的品种，适应气候变化

小麦品种上，经历了从20世纪90年代的鲁麦21、鲁麦22、稳千1号等品种，到21世纪初引进了935031、济宁12、济宁13、淄麦12、济南17、济麦20。再到现在种植的济麦22、济南17、鲁原502等品种的变迁。其变迁的背后，除去农业机械化水平和社会化发展的因素外，也体现了品种对气候因素的响应。比如，2006年10月1日至12月16日（小麦开始进入越冬期）冬前0℃以上积温达到850.1℃·d，比常年多151.5℃·d，主要是10月和11月平均气温比常年偏高3.3℃和2.2℃，导致10月10日前播种的小麦发生叶片徒长型旺长，年后受3月4日、4月3日和4月16日3次倒春寒的影响，导致4.8万亩大穗型品种淄麦12号平均幼穗冻死率33%，减产严重。至此，淄麦12在兖州绝迹，再无农户进行种植。现在种植的品种总体应有以下特征：株型紧凑，

分蘖成穗率高、单株生产潜力大，同时高抗由于气候因素引起的病害等，如小麦白粉病、条锈病和赤霉病，生育后期抗倒伏、耐干热风、不早衰，能够正常落黄成穗，具备实现小麦高产高效栽培优良的经济性状和综合抗逆性能。

玉米是集食用、饲用和工业用途于一身的粮食作物，已往兖州主要种植郑单958、浚单20这样的高产品种，收获时籽粒含水量高，收获途径多为摘穗剥皮式。近几年随着土地流转的加快和种植结构的调整，夏玉米的收获途径呈现青贮收获、籽粒直收和摘穗剥皮式等多样化的趋势，这也为农户选择不同类型的玉米品种提供了契机。选用与当地光热资源相匹配的品种，使品种收获时籽粒含水量和秸秆含水量达到相应收获方式的要求，是选用品种的关键。通过近几年连续开展玉米品比试验，发现在目前光热资源条件下，登海系列品种，如登海605生育期较长，乳线下降慢，9月底收获时秸秆保绿性好，籽粒含水量相对高，产量较高，属晚熟品种，可作为青贮玉米收获；迪卡517和登海618籽粒产量和郑单958产量无显著差异，收获时乳线下降比例比郑单958大，籽粒含水量低，可作为籽粒直收品种种植；郑单958、先玉688生育期适中，综合性状表现较好，产量较高，可采用摘穗剥皮式进行收获。农户可以根据自己的生产需求，选择适宜的品种，并选择适宜的收获方式。

4.2 调整小麦播期，协调小麦生物学特性与气温变迁矛盾

小麦是分蘖作物，单株分蘖的多少与积温的高低相关最密切。小麦分蘖有两个高峰，一是三叶期至越冬前，二是返青期至拔节期。一般情况下，越冬前的分蘖成穗率较高，春季分蘖多为无效分蘖。一般认为冬小麦冬前壮苗的标准是主茎6叶1心。多数情况下，冬小麦从播种到长成主茎6片叶的壮苗共需要0℃以上积温570℃。在冬季气候变暖情况下，要适当推迟冬小麦播期，以防止冬前旺长。具体播种时间的确定应以冬前壮苗越冬为目的。根据兖州近50年（1971—2020年）气象资料分析（表5），2011—2015年平均小麦越冬前0℃以上积温比20世纪70年代明显增加，小麦越冬始期由1971—1980年平均12月12日推迟到12月17日，小麦理论最佳播期也由20世纪70—80年代10月2—6日推迟到2001—2010年的10月7—12日，由于2010—2015年这5个年份冬前积温略微减少，理论最佳播期可掌握在10月7—10日。从2016—2020年的数据可以看出，越冬期和理论最佳播期出现两极分化现象，2016年和2019年越冬前偏晚，理论最佳播期在10月9日之后，2017年越冬期较早，理论最佳播期在10月4—8日，综合以上情况，小麦安全播期要调整在10月8—10日，掌握可稍微晚播不能早播的原则，以应对各种极端气候的发生。实践证明，调整播期之后，在2016年和2019年，12月气温明显升高（12月近50年平均温度0.72℃，2016年和2019年分别为2.42℃和2.16℃），小麦带绿越冬的情况下，小麦仍能达到壮苗标准，安全越冬。

表5　兖州1971—2020年每10年平均小麦越冬始期及最佳播期变化

年份	平均越冬始期（月/日）	理论最佳播期	最佳播期内日平均气温（℃）	最佳播期内冬前≥0℃积温（℃）
1971—1980	12/12	10月2—6日	16.9	645.1 ~ 579.3
1981—1990	12/15	10月4—8日	17.4	640.5 ~ 570.6
1991—2000	12/20	10月5—9日	16.5	645.4 ~ 574.6
2001—2010	12/21	10月7—12日	16.5	651.3 ~ 571.2
2011—2015	12/17	10月7—10日	17.0	666.4 ~ 562.7
2016	12/27	10月9—13日	15.8	641.8 ~ 579.9
2017	12/16	10月4—8日	16.0	637.0 ~ 577.7
2018	12/7	10月4—8日	17.3	633.1 ~ 564
2019	12/31	10月10—14日	17.0	662.4 ~ 580.5
2020	12/14	10月6—9日	13.9	629.6 ~ 579.5

注：小麦冬前达到壮苗的标准为主茎叶龄6片。播种至出苗需大于0℃积温120℃，冬前每生长一片叶需大于0℃积温按75℃计算，由此推算出小麦冬前达到壮苗标准需要大于0℃积温为570℃。

4.3　推广夏玉米直播晚收，气温升高提供温度保障

夏玉米对大于0℃积温的要求因品种不同而异，一般早熟型品种要求≥10℃积温为1 800 ~ 2 100℃，中熟型品种在2 100 ~ 2 200℃，晚熟型品种在2 300 ~ 2 600℃。根据兖州近50年（1971—2020年）气象资料分析（表6），自1971年以来，每10年一个阶段平均，夏玉米生育期间10℃以上积温呈增加趋势。1971—2015年平均，6月9日至9月30日积温≥2 600℃年份概率为100%；6月15日至9月30日10℃以上积温≥2 600℃年份概率为由1971—1980年的70%提高到2001—2020年的100%；6月17日至9月30日10℃以上积温≥2 600℃年份概率由1971—1980年的50%提高到2001—2020年的80%；6月20日至9月30日10℃以上积温≥2 600℃年份概率由1971—1980年的0提高到2001—2020年的35%。由于兖州种植的大部分品种为中晚熟品种，生育期和郑单958相当，这类品种理论上适宜的播期为6月9—15日。

表6　兖州1971—2020年夏玉米生育期间积温统计分析

年份	6月9日至9月30日		6月15日至9月30日		6月17日至9月30日		6月20日至9月30日	
	10℃以上积温（℃）	≥2 600℃概率（%）	10℃以上积温（℃）	≥2 600℃概率（%）	10℃以上积温（℃）	≥2 600℃概率（%）	10℃以上积温（℃）	≥2 600℃概率（%）
1971—1980	2 800.00	100	2 647.88	70	2 595.60	50	2 519.03	0

（续表）

年份	6月9日至9月30日		6月15日至9月30日		6月17日至9月30日		6月20日至9月30日	
	10℃以上积温（℃）	≥2 600℃概率（%）	10℃以上积温（℃）	≥2 600℃概率（%）	10℃以上积温（℃）	≥2 600℃概率（%）	10℃以上积温（℃）	≥2 600℃概率（%）
1981—1990	2 808.01	100	2 663.73	80	2 614.90	60	2 536.14	20
1991—2000	2 844.02	100	2 694.69	90	2 640.90	70	2 562.04	10
2001—2010	2 824.26	100	2 675.95	100	2 625.20	80	2 546.98	10
2011—2020	2 887.72	100	2 736.00	100	2 684.95	80	2 606.23	60

玉米籽粒形成和灌浆期最适宜温度为22～24℃，日均温度低于16℃时，籽粒灌浆较缓慢，低于15℃时停止。因此可以把日平均气温稳定16℃通过的终日作为玉米收获的最晚日期，并以此推断玉米的适宜收获期。由近5年旬平均温度可看出，9月下旬、10月上旬和10月中旬的日平均气温依次为20.08℃和16.97℃和14.91℃。证明夏玉米在9月下旬和10月上旬尚处在缓慢灌浆阶段，若按传统栽培苞叶变白时即收获（9月中旬），籽粒灌浆尚未结束。因此依靠延迟夏玉米的收获时间即9月下旬来增加粒重，是提高单产的有效途径之一。

参考文献

［1］ AINSWORTH E A，ORT D R. How do we improve crop production in a warming world? [J]. Plant Physiology，2010，154（2）：526-530.

［2］ IPCC（Intergovernmental Panel on Climate Change）. Contribution of Working Group I to the Fourth Assessment Report [M]. Cambridge：Cambridge University Press，2007.

［3］ 刘德祥，董安祥. 中国西北地区近43年气候变化及其对农业生产的影响[J]. 干旱区农业研究，2005，23（2）：198-201.

［4］ 韩会梅，李青. 南疆地区极端气候变化及其对农业生产的影响——基于百分位阈值法探讨[J]. 湖北农业科学，2015，53（8）：1801-1805.

［5］ 张强，邓振镛，赵映东，等. 全球气候变化对我国西北地区农业的影响[J]. 生态学报，2008，28（3）：1210-1218.

［6］ 马荣. 和田市近30年来气温的变化及其对农业的影响[J]. 亚热带水土保持，2008，20（3）：18-22.

［7］ 孙杨，张雪芹，郑度. 气候变暖对西北干旱区农业气候资源的影响[J]. 自然资源学报，2010，25（7）：1153-1162.

济宁市兖州区小麦生产主要气象灾害及防御措施

摘　要：本文系统整理分析了2001—2020年连续20年间济宁市兖州区小麦生产上主要气象灾害的发生原因、为害程度，并提出了详细的应对措施，以期为今后相关气象灾害的预防与应对提供参考依据。

关键词：旺长；倒春寒；倒伏；赤霉病

种植业生产是一个开放的系统，受气候条件的变化影响较大。21世纪以来，随着全球气候变暖，干旱、洪涝、暖冬等异常天气频繁发生，对小麦生产造成了多种气象灾害威胁[1]。笔者查阅了2001—2020年连续20年期间，济宁市兖州区小麦生产上发生的主要气象灾害资料，通过分类统计，认为影响兖州小麦生产的主要气象灾害包括小麦冬前弱苗、冬前旺长、倒春寒冻害、后期倒伏、冬春干旱和赤霉病为害。通过查阅相关技术资料和气象资料[2-4]，结合实践经验，分析了上述气象灾害发生的原因、为害程度，并提出了详细的应对措施，以期为今后相关气象灾害的预防与应对提供参考依据。

1　2001—2020年兖州区小麦生产过程中气象灾害发生情况

根据有关记载（表1），2001—2020年连续20年期间，除了2002年、2003年、2008年、2014年、2016年、2017年，其余14年，兖州小麦生产均遭受了不同程度的气象灾害，而且2001年、2005年、2006年、2007年、2008年、2009年、2011年、2012年、2013年和2018年共计10年造成了较为严重的减产。可见，粮食生产是一项开放的系统，受气温、降雨、光照等当时的气象因素影响较大，我们只有逐步认识、总结气候变化的自然规律，并在生产实践中顺应自然规律，采用科学的应对措施，克服、转化各类不利因素的影响，降低自然灾害损失，获得粮食丰产、丰收。

表1　2001—2020年兖州粮食生产过程中气象灾害发生情况

年份	气象灾害	详细记载
2000—2001	小麦倒春寒冻害减产	2001年3月28日小麦拔节后遭遇强寒流侵袭，日平均气温骤然下降到0℃以下，低温持续8h，极端最低气温达到-5.8℃，小麦主茎和大分蘖冻死，造成大穗型品种淄麦12号等大幅减产。全区小麦平均亩产342kg，比上年度减产21%

（续表）

年份	气象灾害	详细记载
2003—2004	小麦播期推迟，造成冬前弱苗	2003年10月1—12日连续阴雨，降水量69.4mm，全区小麦播期推迟到10月15日之后，冬前单株分蘖少，群体苗量不足，但由于春季采取了“以促为主”的管理措施，加上天气条件正常，当年小麦获得了丰产、丰收
2004—2005	小麦冬前旺长，后期遭遇风雨天气倒伏减产	2004年10月1日至12月19日（小麦开始进入越冬期）冬前0℃以上积温达到778.3℃·d，比常年多79.7℃·d，主要是12月上中旬日平均气温比常年偏高4℃，导致小麦发生叶片徒长型旺长，到12月21日突然下大雪，气温骤然下降到0℃以下，小麦叶片大部分冻死，个别大蘖冻死，春季小麦返青后通过加强肥水管理，重新促使分蘖正常生长。2005年5月11日和16日灌浆期短时降雨、大风，降水量42.2mm，造成30%左右的麦田倒伏，平均减产15%左右
2005—2006	秋季连阴雨，小麦播期推迟，造成冬前弱苗；开花期风雨天气造成倒伏减产	2005年9月16日至10月7日持续阴雨，降水量达370mm，小麦播期比往年推迟10d左右，70%麦田在10月15日之后播种，冬前生长时间短，个体发育较弱，群体苗量40万～50万株/亩，达不到壮苗的标准。此外，部分麦田受时间限制，采取了以旋代耕的方式，施用底肥不足，播种质量较差。2006年5月5日小麦抽穗开花期遭遇短时大风、降雨天气，降水量达55.7mm，造成80%地块倒伏，平均减产10%左右
2006—2007	小麦冬前旺长、倒春寒冻害、后期倒伏减产	2006年10月1日至12月16日（小麦开始进入越冬期）冬前0℃以上积温达到850.1℃·d，比常年多151.5℃·d，主要是10月和11月平均气温比常年分别偏高3.3℃和2.2℃，导致10月10日前播种的小麦发生叶片徒长型旺长，农业局及时出台技术意见，指导群众冬前喷施化控剂、适当镇压和晚浇越冬水，有效抑制了麦苗旺长，保证了安全越冬。2007年4月3日强冷空气侵袭，日平均气温由15℃骤然下降到0.4℃，极端最低气温达到-0.8℃，此时兖州小麦已经拔节，造成倒春寒冻害，导致4.8万亩大穗型品种淄麦12号幼穗全部或部分冻死，平均幼穗冻死率33%，减产30%左右；多穗型品种济麦20、济南17冻害较轻，没有造成减产。2007年5月21—23日强降雨伴随7～8级大风，降水量达102.6mm，造成70%麦田倒伏，发生倒伏的麦田都是前期冻害较轻的多穗型品种济麦20、济南17，平均减产15%～20%
2008—2009	小麦秋冬连旱	2008年10月至2009年2月北方冬麦区秋冬连旱，国家首次启动Ⅰ级抗旱应急响应。2008年10月1日至2009年2月10日，兖州降水量仅25.9mm，比历年同期偏少70%，遭遇了近50年最严重的一次旱情，但由于兖州水浇条件较好，小麦播种后和越冬前及时发动群众普遍浇了2遍水，没有形成旱灾

（续表）

年份	气象灾害	详细记载
2009—2010	小麦冬前弱苗	2009年10月31日受强寒潮影响，气温骤降到0℃以下，最低气温达-1.8℃；11月12日兖州普降大雪，使小麦停止生长、进入越冬期的时间比常年提前了30多天，造成冬前群体苗量不足，个体生长偏弱，2010年2月，农业局出台了“以促为主、及早管理”的春季麦田管理技术意见，指导群众科学管理，获得了丰产、丰收
2010—2011	200年一遇的秋、冬、春连旱	2010年10月至2011年3月我国黄淮麦区持续干旱少雨，济宁遭遇200年一遇的特大干旱，2010年9月11日至2011年3月31日兖州累计降水量仅28.3mm，比常年同期减少80%，发生了秋、冬、春连续特大干旱，但由于兖州水浇条件较好，小麦生产没有造成严重灾害
2011—2012	小麦赤霉病大发生	2012年5月上旬小麦开花期连续大雾天气、空气湿度大，造成小麦赤霉病在山东省暴发流行。兖州靠近小泥河、汉马河、府河等河流周边的地块发病较重，重病区约15万亩，平均病穗率40%以上，减产20%左右；全区42万亩小麦平均减产10%左右，总计损失约2 000万kg
2012—2013	小麦后期倒伏减产	2013年5月25—26日，全区平均降水量100.4mm，短时集中降雨并伴随大风，造成17.26万亩小麦倒伏，内涝积水面积1.48万亩，倒伏麦田平均减产10%～20%，全区小麦比上年度平均减产3.8%
2014—2015	返青期倒春寒冻害	2015年3月10日，受强冷空气侵袭，日平均气温由13℃骤然下降到1.6℃，极端最低气温达到-7.3℃，兖州小麦即将进入起身期，造成倒春寒冻害，鲁原502平均幼穗冻死率9%，减产10%左右；多穗型品种济麦22、济南17冻害较轻，没有造成减产
2017—2018	拔节期倒春寒冻害	2018年4月6日，受强冷空气侵袭，日平均气温由21℃骤然下降到0℃，兖州小麦已进入拔节期，造成倒春寒冻害，鲁原502平均幼穗冻死率17%，减产20%左右；多穗型品种济麦22、济南17冻害较轻，减产10%左右

2　济宁市兖州区小麦生产中主要气象灾害应对措施

对2001—2020连续20年期间，兖州小麦生产上发生的主要气象灾害进行了分类统计，兖州小麦生产上常发的气象灾害包括冬前弱苗、冬前旺长、倒春寒冻害、后期倒伏和冬春干旱。

2.1　冬前弱苗

小麦自播种到冬前气温下降到0℃以下进入越冬期，冬前生长达到5叶1心至6叶

1心冬前壮苗的标准，需0℃以上积温550～650℃·d。如果10月上中旬遭遇连阴雨天气，致使小麦播种期推迟（如2003年、2005年和2017年秋季），或因冬前降温较早导致越冬期提前（如2009年秋季），都会造成冬前生育期缩短，达不到形成冬前壮苗所需的积温下限，造成小麦个体分蘖少、群体苗量不足，形成冬前弱苗。

小麦冬前弱苗完全由当时的气象因素主导，无法提前预防。但是，发生了冬前弱苗，可以通过加强春季管理，促进春季分蘖成穗，达到促弱转壮的目标，比如2003—2004年和2009—2010年，通过加强春季管理，都获得了丰收。小麦发生冬前弱苗主要应对措施如下。

2.1.1 尽量赶早播种，提高播种质量

如果10月上中旬遭遇连阴雨天气，在天气放晴时，应及早排除田间积水，一旦土壤墒情适宜，尽早整地、播种，整地时注意施足底肥、增施磷钾肥，为冬、春管理争取主动，切忌不施底肥、草草播种。如果在10月15日之后播种，应适当增加播种量，每晚播2d播种量增加0.5kg/亩，力争赶到10月20日之前播种。

2.1.2 视土壤墒情浇好越冬水

11月下旬小麦将要进入越冬期前，土壤表层墒情较差时（0～20cm土壤相对含水量低于70%），应及时浇越冬水，确保麦苗安全越冬，也为春季管理争取主动。

2.1.3 返青期划锄

返青期是小麦春季分蘖高峰期，也是促弱转壮的关键期。在冬前施足底肥、墒情良好的基础上，春季尽量推迟追肥、浇水的时间，早春关键管理措施就是划锄，利于增温、保墒，促进麦苗生长。划锄要注意质量，早春在表层土化冻2cm时开始划锄，第一次划锄要适当浅些，以防伤根和寒流冻害，以后随气温逐渐升高，划锄逐渐加深，以利根系下扎，起身前力争划锄1～2遍，切实做到划细、划匀、划透，不留坷垃，不压麦苗，去除杂草。适应规模化生产的需要，种粮大户如果能采用机械划锄，更能起到省工、省时的效果。

2.1.4 起身、拔节期视苗情追肥浇水

小麦起身期群体苗量达到80万～100万株/亩的高产地块，应在4月上旬小麦拔节期追肥浇水；起身期群体苗量低于80万株/亩、地力较差的地块，应提前到3月中下旬小麦起身期追肥浇水；起身期群体苗量超过100万株/亩的高产地块，应适当推迟到4月中旬小麦拔节后追肥浇水；对冬前“一根针”的晚茬麦田，在早春及早划锄，保

证苗齐、苗全的前提下，返青起身期不进行肥水管理，应在拔节前后结合浇水重施拔节肥。上述各类麦田追肥量每亩尿素15～20kg，对底肥不足或没施底肥的麦田，还应配合施用磷、钾复合肥。

2.2　冬前旺长

2004—2005年和2006—2007年，异常暖秋或暖冬气候，导致冬前0℃以上积温超过了小麦壮苗所需的上限650℃·d，造成冬前分蘖过多，叶片徒长，形成旺苗。冬前旺长比冬前弱苗危害更大，俗话说“麦无二旺”，小麦冬前旺长极易发生越冬冻害或倒春寒冻害而减产，另外旺苗因冻害而转为春季弱苗，严重影响春季生长，会造成基部节间不充实，带来后期倒伏的隐患，历史上两次冬前旺长均发生了冻害和后期倒伏减产。小麦冬前旺长的预防和应对措施如下。

2.2.1　适期适量播种，预防冬前旺长

正常年份，兖州小麦适宜的播期是10月5—15日，日平均气温稳定下降到18℃以下开始播种，适宜播期内，济麦22、济南17等多穗型品种播种量掌握在6～7kg/亩。如果遇暖秋年份，10月上旬日平均气温≥18℃，应推迟到10月10日左右开始播种。比如，2006年10月1—22日平均气温始终维持在18℃以上，10月5日播种的小麦冬前0℃以上积温达到774.3℃·d，超过了壮苗所需的上限积温124.3℃·d，足够小麦多长出1.6片叶；如果推迟到10月10日播种，冬前0℃以上积温为673.2℃·d，能够避免冬前旺长。

2.2.2　喷施化控剂抑制旺长

对发生了冬前旺长的麦田，可在11月中下旬喷施壮丰安抑制旺长，亩用20%壮丰安乳剂30～40mL，兑水30～40kg，叶面均匀喷雾。

2.2.3　镇压抑制旺长

可在11月中下旬采用石磙碾压或人工踩踏的方法，对麦苗进行轻度机械损伤，抑制茎叶过快生长。

2.2.4　浇好越冬水，保障麦苗安全越冬

对发生旺长的麦田，冬前冷空气来临前应控制浇水，抑制旺长。但进入12月中旬之后，应密切关注天气预报，一旦预报有强寒流侵袭，应当及时浇水，以缓解冻害程度，保障麦苗越冬。

2.2.5　预防倒春寒冻害和后期倒伏

冬前旺长的麦苗，春季极易遭受倒春寒危害，抽穗后易发生倒伏。

2.3　倒春寒冻害

春季小麦起身拔节后抗冻性变差，若突然遭遇寒潮降温，地表温度降到0℃以下，易造成主茎和大蘖冻死，或麦穗上部分小穗、小花冻死，春季霜冻出现越晚受害越重。2001年、2007年和2018年春季发生的冻害，都是在兖州小麦已经拔节，遭遇0℃以下低温而造成的较大面积的幼穗冻死减产。小麦发生霜冻后叶片呈水浸状，经太阳光照射后逐渐干枯；幼穗受冻后颜色变灰白，逐渐失水、萎缩、死亡，有时外表看不出受害症状，抽穗后才发现麦穗畸形缺粒，对产量影响很大。小麦倒春寒冻害主要预防和补救措施包括以下几点。

2.3.1　喷施植物生长抗逆剂

小麦返青后喷施天达2116、吨田宝等植物生长抗逆剂，提高麦苗抗冻性。

2.3.2　抑制旺长

对于生长过旺的麦田，可在早春返青期镇压，起身期喷施壮丰安适当抑制生长。

2.3.3　冷空气来临前及时浇水

根据天气预报，在冷空气来临前及时浇水预防早春冻害。由于水的热容量比空气和土壤热容量大，因此在早春寒流到来之前浇水能使近地层空气中水汽增多，在发生凝结时，放出潜热，以减小地面温度的变幅。同时，灌水后土壤水分增加，土壤导热能力增强，使土壤温度增高。

2.3.4　发生冻害后及时追肥、浇水

小麦是具有分蘖特性的作物，遭受早春冻害的麦田不会将全部分蘖冻死，受到早春冻害的小麦应立即追施尿素并浇水，氮肥和水分的综合作用会促进小麦分蘖，提高分蘖成穗率，减轻冻害损失。

2.4　后期倒伏

小麦抽穗至灌浆期，茎鞘内贮藏的干物质迅速向穗部转运，茎秆变软，上部麦穗变沉，小麦抗倒性变差，此期浇水或下大雨后，如果遭遇大风会造成倒伏，风雨越大，倒伏越重，损失越大。兖州几乎每年5月都会遭遇1～2次风雨天气，历史上

2001—2013年有4年发生严重倒伏减产，是影响兖州小麦生产的最主要的气象灾害之一。主要预防和应对措施如下。

2.4.1　选用抗倒伏品种

目前兖州主推的济麦22就属于矮秆抗倒伏品种。

2.4.2　采取综合措施，增强植株抗倒性

采用适期、适量播种，培育冬前壮苗，促进冬前分蘖，控制春季无效分蘖；采用平衡施肥，避免偏施氮肥，增施磷肥促进根系发育，增施钾肥增强茎秆韧性；采用氮肥后移技术，建立合理群体结构，塑造良好的株型，提高田间通风透光性，增强植株抗倒伏的能力。

2.4.3　化控防倒伏

对群体偏大的旺长麦田，可在小麦起身期喷施壮丰安，抑制基部节间徒长，增强植株抗倒性。

2.4.4　后期看天浇水

小麦抽穗、灌浆期浇水要密切关注天气预报，避开风雨天气。

2.4.5　后期倒伏不捆绑

小麦抽穗后发生倒伏，应及早排除田间积水，及早喷施杀菌剂，不要人工绑扶，靠植株自然弯曲直立，逐渐恢复向上生长。

2.5　冬春干旱

兖州常年秋、冬、春合计降水量250mm左右，只能满足小麦生长需要的60%左右，冬、春干旱时有发生。2008年10月1日至2009年2月10日，兖州降水量比历年同期偏少70%，遭遇了50年一遇的秋冬连旱；2010年9月11日至2011年3月31日兖州累计降水量仅28.3mm，比常年同期减少80%，发生了200年一遇的秋、冬、春特大干旱，但兖州水浇条件较好，小麦越冬期前后需水量相对较少，因此冬春干旱一般不会形成较大的灾情。为了预防小麦冬春干旱，注意采取以下措施。

2.5.1　实行秸秆还田，培肥地力，提高土壤保水保肥能力

土壤有机质含量是反映耕地土壤肥力水平的综合指标。土壤有机质能促进土壤团粒结构的形成和水稳性的改善，进而提高土壤透水和保水能力，调节土壤中的水、气

矛盾，提高土壤的蓄水、保肥能力。因此，培肥地力的中心环节就是保持和提高土壤有机质含量，其基本手段就是增加有机肥投入，当前在各类农家肥严重缺乏的情况下，实行秸秆还田是培肥地力的重要措施。一定要充分发挥兖州机械化水平较高的优势，连年实行小麦、玉米两季秸秆还田，逐步培肥地力，增强土壤抗御自然干旱的能力。

2.5.2 浅播压水，确保出苗齐全

小麦播种期如果土壤墒情较差，可以采取浅播压水技术，播深在3cm左右，播种后及时浇水，出苗后待表墒适宜时人工划锄、破除板结，达到沉实土壤，出苗齐全的效果。

2.5.3 浇好越冬水，冬水春用

11月下旬，日平均气温稳定下降到5℃左右，浇好越冬水，浇水后墒情适宜时，及时划锄，破除板结。浇好越冬水一方面可以平抑地温，沉实土壤，保苗安全越冬；另一方面有利于越冬后早春保持较好的墒情，做到冬水春用，以推迟春季第一次肥水管理的时间，争取管理上的主动。

2.6 小麦赤霉病

小麦赤霉病是与小麦开花期阴雨天气极为相关的一种生理病害，是由禾谷镰刀菌的子囊孢子与分生孢子，在小麦开花期，借助阴雨或大雾天气侵染传播的一种暴发性、毁灭性病害，大发生时可导致小麦严重减产，甚至绝产，且病麦含有毒素，食用后可引起人、畜中毒。2012年5月上旬小麦开花期连续大雾天气，空气湿度大，造成小麦赤霉病在山东省暴发流行。兖州靠近小泥河、汉马河、府河等河流周边的地块发病较重，重病区约15万亩，平均病穗率40%以上，减产20%左右；全区42万亩小麦平均减产10%左右，总计损失约2 000万kg。

防治小麦赤霉病应采取预防为主、主动出击的策略，在防治最佳时期、喷施对路的药剂是防治赤霉病的必要措施。

2.6.1 把握最佳防治时期

小麦抽穗至扬花前，是防治小麦赤霉病的最佳时期。一旦错过这个时期，等到表现了症状再喷药防治，基本没有效果。

2.6.2　采用对路的药剂

每亩用80%多菌灵50～80g或50%多菌灵80～120g或70%甲基硫菌灵100g兑水30kg，重点对准小麦穗部均匀喷雾，5～7d再防治一次。喷药后24h之内遇雨要补喷。

参考文献

[1]　王廷利. 烟台主要气象因子变化与粮食种植制度变迁[J]. 农业科技通讯，2015（12）：34-37.

[2]　徐炜，马丰刚，康建萍，等. 鲁西南小麦新品种展示试验研究[J]. 农业科技通讯，2016（5）：57-61.

[3]　董秀春，韩伟，杨洪宾. 播量对冬小麦干物质积累、小穗结实性和产量的影响[J]. 山东农业科学，2018，50（9）：31-35.

[4]　吕丽华，梁双波，张丽华，等. 不同小麦品种产量对冬前积温变化的响应[J]. 作物学报，2016，42（1）：149-156.

济宁市兖州区玉米生产主要气象灾害及防御措施

摘　要：依据济宁市兖州区玉米生产方面的技术资料和气象资料档案，对2001—2021年连续20年期间，济宁市兖州区玉米生产上发生的主要气象灾害进行了分类统计，分析了风雨倒伏、阴雨寡照、高温热害、伏旱4类主要气象灾害，以及由特定的气象条件引发的粗缩病、青枯病、南方锈病等生理性病害发生的原因、为害程度，并提出了详细的预防应对措施。

关键词：玉米生产；气象灾害；应对措施

种植业生产是一个开放的系统，受气候条件的变化影响较大。21世纪以来，随着全球气候变暖，干旱、洪涝等极端天气频繁发生，对玉米生产造成了各式各样的气象灾害威胁。笔者查阅了2001—2021年连续20年期间，兖州玉米生产上发生的主要气象灾害资料，通过分类统计，认为影响兖州玉米生产的主要气象灾害包括风雨倒伏、阴雨寡照、高温热害、伏旱4类主要气象灾害，以及由特定的气象条件引发的粗缩病、青枯病、南方锈病等生理性病害。通过查阅相关技术资料和气象资料，结合实践经验，分析了上述气象灾害发生的原因、危害程度，并提出了详细的应对措施，以期为今后相关气象灾害的预防与应对提供参考依据。

由表1可以看出，21世纪以来，只有2001年、2002年、2004年、2005年、2006年、2007年、2013年、2017年计8个年份玉米生产相对风调雨顺，特别近10年，几乎每年都会遭遇某一类或几类气象灾害，可见粮食生产是一个开放的、受气候条件影响较大的系统。影响兖州玉米生产的主要气象灾害可分为4类：风雨倒伏、阴雨寡照、高温热害、伏旱，此外还有由特定的气象条件引发的粗缩病、青枯病、南方锈病等生理性病害。

表1　2001—2021年兖州玉米生产中主要气象灾害发生原因及危害

气象灾害	发生的原因	年份	危害面积及减产情况
风雨倒伏	玉米大喇叭口期前遭遇风雨倒伏，一般不会造成减产。玉米抽雄后灌浆期遭遇风雨倒伏、倒折，会造成严重减产	2003	8月22日至9月7日连续强降雨，降水量达到447.8mm，并伴随短时大风，造成玉米大面积倒伏、倒折，平均减产15%左右
		2009	8月17日遭遇强降雨，平均降水量144.9mm，并伴随短时大风，造成全区玉米倒伏22万亩，积水面积6.58万亩，10.23万亩玉米因折断平均亩减产250kg左右

（续表）

气象灾害	发生的原因	年份	危害面积及减产情况
风雨倒伏	玉米大喇叭口期前遭遇风雨倒伏，一般不会造成减产。玉米抽雄后灌浆期遭遇风雨倒伏、倒折，会造成严重减产	2010	7月1—20日玉米大喇叭口期，连续降水量151.4mm，并伴随短时大风，造成玉米倒伏面积10万亩，通过加强管理，没有造成减产
		2011	7月25—27日玉米大喇叭口期，短时降水量52.4mm，并伴随大风，造成小孟镇玉米大面积倒伏，通过加强管理，上部节间自然直立、正常生长。8月2—29日和9月7—19日玉米吐丝授粉和灌浆期持续阴雨，伴随短时大风，累计降水量387mm，田间湿度大、气温低、光照不足、积水严重，造成玉米青枯病、根腐病大发生，80%以上的地块玉米青枯、倒伏，籽粒灌浆差，平均减产30%
		2015	7月30日至8月6日玉米抽雄吐丝期连续阴雨，总降水量143.2mm，期间有2次大风大雨天气，造成约30%的地块平均倒折率15%，减产8%左右，多数倒伏玉米植株上部节间后期慢慢恢复直立生长，减产较轻
		2016	7月12—20日玉米小喇叭口期至大喇叭口期连续阴雨，总降水量171.2mm，7月15日和20日2次大风大雨天气，造成70%地块玉米倒伏，但8月初玉米抽雄期多数倒伏玉米植株重新恢复直立生长，未造成减产
		2020	7月30日至8月8日玉米抽雄吐丝期连续阴雨，总降水量229.6mm，期间有4次大风大雨天气，造成约30%的地块平均倒折率18%，减产12%左右，多数倒伏玉米植株上部节间后期慢慢恢复直立生长，减产较轻
后期阴雨寡照	玉米灌浆期持续阴雨，严重影响玉米光合作用，造成减产	2003	8月22日至9月7日连续强降雨，降水量达到447.8mm，并伴随短时大风，田间湿度大、积水严重，造成玉米青枯病大发生，加之倒伏、倒折，平均减产15%左右
		2011	8月2—29日和9月7—19日玉米吐丝授粉和灌浆期持续阴雨，伴随短时大风，累计降水量387mm，田间湿度大、气温低、光照不足、积水严重，造成玉米青枯病、根腐病大发生，80%以上的地块玉米青枯、倒伏，籽粒灌浆差，平均减产30%
		2014	9月2—28日持续阴雨天气，累计降水量106.4mm，田间积水严重，造成玉米植株大面积青枯死亡，千粒重下降
		2015	8月14日至9月12日持续阴雨天气，累计降水量188.8mm，直到9月30日以多云间阴天气为主，田间湿度大、气温低、光照不足、积水严重，造成玉米青枯病、南方锈病大发生，严重影响了玉米灌浆成熟，平均减产17%

（续表）

气象灾害	发生的原因	年份	危害面积及减产情况
后期阴雨寡照	玉米灌浆期持续阴雨，严重影响玉米光合作用，造成减产	2021	8月17日至9月6日连续降水量227.7mm，紧接着9月18—28日连续阴雨降水量131.3mm，降雨期间没有大风，未造成大面积倒伏，但田间湿度大、气温低、光照不足、积水严重，造成玉米青枯病大发生、南方锈病中度发生，千粒重下降
玉米粗缩病	2008年5月和6月温凉的气候条件，利于灰飞虱的发生、传毒	2008	玉米粗缩病大发生，兖州35万亩玉米平均粗缩病病株率30%以上，亩减产100kg左右，田间病株率达到70%以上，毁苗改种的面积3 000多亩
		2009—2012	麦套玉米、播期较早的地块，玉米粗缩病仍然严重，农业部门积极示范推广夏玉米免耕直播、单粒精播、“一增四改”技术，推迟玉米播期和收获期，大田生产玉米粗缩病逐步得到控制
高温热害	玉米雌穗分化时期或吐丝授粉期遭遇持续35℃以上高温天气，严重影响雌穗正常分化发育、花粉活性、籽粒形成，造成畸形穗、穗粒数减少、千粒重下降，严重减产	2018	7月14—26日玉米大喇叭口期连续13d白天最高气温35℃以上，玉米雌穗分化时期遇到持续高温、干旱天气，抑制后续叶原基的发育和伸长，造成苞叶短小、果穗籽粒外露、3～4个雌穗并排着生的“香蕉穗”等畸形现象。8月1—12日玉米吐丝授粉期连续13d白天最高气温34℃以上，最高达到38～40℃，持续高温天气导致玉米花丝和花粉活性下降，严重影响了玉米授粉和籽粒形成；30℃以上高温持续到8月29日，而且昼夜温差小，不利于籽粒正常灌浆。调查的18个地块平均秃顶率8.4%、秃底率8.1%、花粒率4.4%、半边穗率4.3%，空秆率3.5%，穗粒数减少、千粒重下降，平均减产5.4%
伏旱	2008年7月份玉米拔节至抽雄期降雨少，遭遇伏旱，会显著提高人工浇水的成本，地下水匮乏的“贫水区”地块造成减产	2014	7月1日至8月5日玉米拔节至抽雄期天气持续干旱，总降水量87.9mm，比历年同期减少107.39mm，并且只有7月15日、30日、31日降水量达到15mm以上水平，其余多为无效降雨。造成漕河镇南部和大安镇东北部1.6万亩“贫水区”玉米严重旱灾，平均减产35%，个别地块绝产。兖州其余多数地块水浇条件较好，未造成旱灾，但玉米全生育期人工浇水4～5次，比正常年份多3次，而且地下水位下降造成机井抽水效率显著下降，生产成本显著提高

1　风雨倒伏

兖州夏直播玉米在6月上中旬播种，9月底收获，前面3/4的生育期正处于夏季多雨、多风的环境中，几乎每年都会遭遇一次或多次风雨天气而发生倒伏，只是在7月25日玉米大喇叭口期之前发生倒伏，后期植株能慢慢恢复直立生长，一般不会造成减产，比如2010年和2016年。8月玉米吐丝授粉、灌浆期若遭遇狂风暴雨，发生倒伏、倒折，会造成不同程度的减产，尤其果穗以下节间折断，会造成严重减产。预防玉米倒伏主要应对措施包括以下几点。

1.1　选用抗倒伏品种

选用穗位高较矮、株型紧凑、高抗青枯病的高产品种，目前生产上推广的郑单958、登海605等抗倒性较好。

1.2　合理密植

兖州郑单958等中早熟品种，夏直播适宜的种植密度为4 000～5 000株/亩[1-3]，密度增加到5 500株/亩以上时，植株抗倒性降低、抗病性下降、果穗整齐度变差，如果生育后期遭遇大风、大雨天气，易发生倒伏、倒折，造成减产。

1.3　化控防倒伏

夏直播玉米可喷施“康普6”等化控剂防倒伏[4]，适宜的化控时间掌握在8片展开叶期间（出苗后40d左右），偏早喷施起不到降低株高、增强抗倒性的作用，10片展开叶之后喷施化控剂，会造成穗粒数减少而减产。喷施时应严格按照使用说明掌握喷药时间和浓度，切忌重喷、漏喷。

1.4　人工绑扶

玉米大喇叭口期前遭遇风雨，出现倒伏，不需要人工绑扶，靠植株自然恢复直立生长，基本不影响产量。玉米大喇叭口期后出现的倒伏，应及时扶正，并浅培土。玉米灌浆期遭遇风雨倒伏，可将相邻植株慢慢扶起，用草绳绑在一起，帮助植株恢复直立状态，降低产量损失。

2　后期阴雨寡照

8月中旬之后特别9月玉米灌浆期，若遭遇持续10d以上的阴雨天气，田间湿度大、气温低、光照不足、积水严重，利于玉米青枯病、南方锈病大发生，严重影响玉米灌浆成熟，造成大面积减产。主要应对措施如下。

2.1 选用抗青枯病、南方锈病的品种

在2021年的玉米品比试验中，陕科6号和立原296较抗青枯病和锈病，植株保绿性较好，同样遭遇阴雨寡照的天气，比郑单958增产显著。

2.2 及时排除田间积水

尽量缩短玉米淹水时间，喷施杀菌剂，降低产量损失。

3 玉米粗缩病

2008—2012年，当地玉米粗缩病连年发生，特别2008年玉米粗缩病大发生，全区35万亩玉米平均粗缩病病株率30%以上，亩减产100kg左右，田间病株率达到70%以上，毁苗改种的面积3 000多亩。玉米粗缩病的病原是玉米粗缩病毒（MRDV），其传毒媒介是灰飞虱。分析近年来兖州玉米粗缩病流行发生的原因，特别是2008年和2011年大发生的原因，一是田间灰飞虱种群数量迅猛增长，为玉米粗缩病的大发生提供了传毒媒介；二是2008年和2011年5—6月温凉的气候条件，极有利于灰飞虱的发生、传毒；三是5月下旬至6月上旬兖州麦套玉米正处于幼苗阶段感病期，与灰飞虱的迁飞传毒高峰期相重合，造成了病害的流行为害。

目前，玉米粗缩病一旦发病还没有一种直接有效的防治办法，只有通过控制传毒介体来预防病害发生，采取推迟播种期[5, 6]、治虫防病、切断毒源的综合防控策略。

3.1 改玉米麦田套种为夏直播，避开灰飞虱传毒高峰期

5月下旬是一代灰飞虱在兖州迁飞传毒的高峰期，此时兖州麦套玉米正处于苗期阶段，大量的灰飞虱开始向玉米苗上迁移为害，并且目前生产上种植的玉米品种都不抗粗缩病，这样极易造成病害的流行。因此，改麦田套种为夏直播，避开灰飞虱传毒高峰期，是目前预防粗缩病最有效的措施。而且，改麦田套种为夏直播，推广玉米机械化精播技术，也顺应了当前大力发展土地规模化经营的潮流。

3.2 采用专用种衣剂包衣

采用农华华丹、锐胜、康宽等专用种衣剂进行种子包衣，可以防治玉米苗期的灰飞虱、蚜虫、蓟马、苗枯病、茎基腐病等，为预防玉米粗缩病起到事半功倍的效果。

3.3 统防统治，全程防控苗期病虫害

玉米出苗后及时采用吡虫啉、高效氯氟氰菊酯等混合喷雾，每隔7d喷一次，连喷

3～5遍，喷药时要注意一并喷洒田内麦茬、麦秸、田边、沟壕内杂草。充分发挥植保专业合作社和机防队的作用，对灰飞虱实行统防统治，提高防治效率。

4　伏旱

兖州地处温带季风气候区，夏季雨热同季，很少年份发生春夏连旱。2014年和2019年，在上半年持续干旱的基础上，7月玉米拔节至抽雄期降雨依然稀少，遭遇伏旱，会增加人工浇水的次数，而且地下水位下降造成机井抽水效率显著下降，生产成本显著提高。2014年干旱持续到8月上旬，地下水匮乏的“贫水区”地块玉米不能正常抽雄、吐丝，造成严重减产。对于这种干旱的灾害天气，也只能采取人工浇水、节水灌溉、抗旱保苗。

5　高温热害

2018年，7月14—26日玉米雌穗分化时期、8月1—12日吐丝授粉期遭遇持续34℃以上高温天气，而且昼夜温差小，严重影响雌穗正常分化发育、花粉活性、籽粒形成，造成畸形穗、穗粒数减少、千粒重下降，减产严重。预防高温热害，最好选用郑单958、立原296等雄穗分枝多、花粉量大的品种，合理密植，遇到高温干旱天气及时浇水，降低地温，调节田间小气候。

参考文献

［1］　陈国立，刘键娜，娄麦兰，等. 郑单958不同密度与施氮量对产量及部分植株性状研究初报[J]. 玉米科学，2006，14（增刊）：108-109，111.

［2］　杨国虎，李新，王承莲，等. 种植密度影响玉米产量及部分产量相关性状的研究[J]. 西北农业学报，2006，15（5）：57-60，64.

［3］　李洪梅，王西芝，蒋明洋，等. 不同种植密度对夏玉米农艺性状及产量的影响[J]. 山东农业科学，2015，47（7）：59-61.

［4］　杜冰，王西芝，白洪立. 鲁西南夏直播玉米化控防倒剂最佳施药时期的试验研究[J]. 农业科技通讯，2021（8）：116-119.

［5］　孔晓民，蒋飞，曾苏明，等. 灰飞虱发生消长规律与播期调控玉米粗缩病研究[J]. 作物杂志，2013（5）：84-89.

［6］　张海燕，刁永刚，杨海博，等. 山东济宁灰飞虱春季种群动态及迁飞特性[J]. 应用昆虫学报，2011，48（5）：1298-1308.

附录　小麦、玉米各生育期最佳生长条件和栽培技术要点

小麦各生育时期最佳生长条件和栽培技术要点

月	10月			11月			12月			1月			2月	
旬	上	中	下	上	中	下	上	中	下	上	中	下	上	中
节气	寒露		霜降	立冬		小雪	大雪		冬至	小寒		大寒	立春	
生育期	播种期		出苗至三叶期	冬前分蘖期					越冬期					返青至起身期
生长条件	播种适宜的日平均气温下降到16～18℃，能够满足冬前0℃以上积温550～650℃；适宜的土壤相对含水量为70%～80%			小麦分蘖适宜的日平均气温13～18℃；适宜的土壤相对含水量70%～80%					日平均气温稳定在3℃以下，严冬分蘖节处最低温度大于-13℃；土壤相对含水量70%较适宜					2月下旬日平均气温稳定回升到0℃以上时，根系和心叶开始生长，即为返青。日平均气温稳定高于5℃时，进入春季分蘖期

月	2月	3月			4月			5月			6月	
旬	下	上	中	下	上	中	下	上	中	下	上	中
节气	雨水	惊蛰		春分	清明		谷雨	立夏		小满	芒种	
生育期	返青至起身期			拔节期			抽穗至开花期		灌浆期		成熟期	
生长条件	2月下旬日平均气温稳定回升到0℃以上时，根系和心叶开始生长，即为返青。日平均气温稳定高于5℃时，进入春季分蘖期			日平均气温12～16℃利于茎秆健壮生长，高于20℃易徒长，茎秆软弱，容易倒伏。适宜的土壤相对含水量70%～80%，低于60%会引起分蘖成穗与穗粒数下降。小麦拔节以后至孕穗挑旗阶段，对低温特			最适宜的日平均气温16～22℃，最高温度31～32℃，最低温度9～10℃；土壤相对含水量70%～80%；空气湿度60%～80%					小麦灌浆最适宜的日平均气温18～22℃，上限温度为26～28℃，下限温度为12～14℃。土壤相对含水量宜保持在75%左右，低于70%易造成干旱逼熟粒重降低。当日最高

（续表）

月	10月			11月			12月			1月			2月			3月			4月			5月			6月	
旬	上	中	下	上	中	下	上	中	下	上	中	下	上	中	下	上	中	下	上	中	下	上	中	下	上	中
节气	寒露		霜降	立冬		小雪	大雪		冬至	小寒		大寒	立春		雨水	惊蛰		春分	清明		谷雨	立夏		小满	芒种	
生长条件																		别敏感，最低气温低于5℃就会产生低温冷害，造成全部或部分小穗空瘪，严重影响产量								气温≥30℃、相对湿度≤30%、风速≥3m/s，引起干热风，导致粒重下降
主攻目标	苗全、苗匀 苗齐、苗壮			促根增蘖 培育壮苗					保苗安全越冬					促苗早发稳长，蹲苗壮蘖，促弱控旺，构建丰产群体				促大蘖成穗			保花增粒		养根护叶增粒 增重			丰产、丰收
关键技术	平衡施肥 适期播种 精量播种 浅播压水			灌好冬水 化学除草					麦田严禁啃青					精细划锄 化控防倒				重施肥水 防治病虫			浇孕穗灌浆水 防治病虫 一喷三防					适时收获

（续表）

<table>
<tr><td>月</td><td colspan="3">10月</td><td colspan="3">11月</td><td colspan="3">12月</td><td colspan="3">1月</td><td colspan="3">2月</td><td colspan="3">3月</td><td colspan="3">4月</td><td colspan="3">5月</td><td colspan="2">6月</td></tr>
<tr><td>旬</td><td>上</td><td>中</td><td>下</td><td>上</td><td>中</td><td>下</td><td>上</td><td>中</td><td>下</td><td>上</td><td>中</td><td>下</td><td>上</td><td>中</td><td>下</td><td>上</td><td>中</td><td>下</td><td>上</td><td>中</td><td>下</td><td>上</td><td>中</td><td>下</td><td>上</td><td>中</td></tr>
<tr><td>节气</td><td colspan="2">寒露</td><td>霜降</td><td>立冬</td><td></td><td>小雪</td><td>大雪</td><td></td><td>冬至</td><td>小寒</td><td></td><td>大寒</td><td>立春</td><td></td><td>雨水</td><td>惊蛰</td><td></td><td>春分</td><td>清明</td><td></td><td>谷雨</td><td>立夏</td><td></td><td>小满</td><td>芒种</td><td></td></tr>
<tr><td>技术要点</td><td colspan="26">一、确保播种质量
（一）配方施用底肥　每亩施用尿素15kg、磷酸二铵20kg、硫酸钾（或氯化钾）15kg、硫酸锌1kg作基肥，耕地前将以上肥料混合均匀后撒施，也可施入相等养分含量的小麦复合肥或缓控肥作底肥。
（二）采用“双宽”播种技术　畦宽2.7m，畦背0.4m，畦面2.3m，等行距种植9行小麦，苗带宽度8～10cm。
（三）适期、适量播种　兖州小麦适宜的播期是10月5—15日，最佳播期10月7—12日。适宜播期内，确保基本苗每亩12万～15万株。
（四）提高播种质量　采用小麦宽幅精播机播种，播种机行走速度每小时5～8km。墒情适宜时播种深度3～5cm，注意在播种机上悬挂镇压器具，使播种、镇压同时进行，要求播量精确，行距一致，下种均匀，深浅一致，不漏播，不重播，地头地边播种整齐。
（五）浅播压水　砂姜黑土地块应采用浅播压水技术，要求播深2～3cm，播种后及时浇水；潮褐土地块耕层土壤相对含水量低于70%时，应播后浇水，出苗后待表墒适宜时人工划锄、破除板结，确保出苗齐全。
二、冬前管理
（一）查苗补种　麦苗出土以后，及时查苗补苗，对缺苗断垄的地方及时补种。
（二）冬前化学除草　10月下旬至11月上旬小麦3～4叶期，日平均气温在10℃以上时，是化学除草的最佳时期。以播娘蒿、荠菜、猪殃殃等阔叶杂草为主的麦田，可选用10%苯磺隆可湿性粉剂10g/亩或75%苯磺隆水分散粒剂1g/亩等兑水均匀喷雾防除；以野燕麦等禾本科杂草为主的地块，可选用10%精噁唑禾草灵乳油（骠马）50～60g/亩等兑水均匀喷雾防除；双子叶和单子叶杂草混合发生的麦田可用以上药剂混合使用。注意严格按照用药说明喷洒除草剂，防止重喷或漏喷。
（三）浇好越冬水　日平均气温下降到7～8℃时开始浇水，掌握平均气温2～3℃夜冻昼消时结束浇水，一般在11月下旬至12月初（小雪至大雪期间）浇水。11月下旬0～40cm土壤相对含水量大于75%时，可以不浇越冬水。</td></tr>
</table>

（续表）

<table>
<tr><td>月</td><td colspan="3">10月</td><td colspan="3">11月</td><td colspan="3">12月</td><td colspan="3">1月</td><td colspan="3">2月</td><td colspan="3">3月</td><td colspan="3">4月</td><td colspan="3">5月</td><td colspan="2">6月</td></tr>
<tr><td>旬</td><td>上</td><td>中</td><td>下</td><td>上</td><td>中</td><td>下</td><td>上</td><td>中</td><td>下</td><td>上</td><td>中</td><td>下</td><td>上</td><td>中</td><td>下</td><td>上</td><td>中</td><td>下</td><td>上</td><td>中</td><td>下</td><td>上</td><td>中</td><td>下</td><td>上</td><td>中</td></tr>
<tr><td>节气</td><td colspan="2">寒露</td><td>霜降</td><td>立冬</td><td></td><td>小雪</td><td>大雪</td><td></td><td>冬至</td><td>小寒</td><td></td><td>大寒</td><td>立春</td><td></td><td>雨水</td><td>惊蛰</td><td></td><td>春分</td><td>清明</td><td></td><td>谷雨</td><td>立夏</td><td></td><td>小满</td><td>芒种</td><td></td></tr>
<tr><td>技术要点</td><td colspan="26">三、春季管理
（一）早春精细划锄　潮褐土地块提倡在小麦返青后进行划锄，划锄时做到划细、划匀、划平、划透，不留坷垃，不压麦苗，不漏杂草，以提高划锄效果。
（二）返青期化学除草　冬前没有进行化学除草的地块，在2月下旬至3月上中旬进行化学除草，小麦进入拔节期应停止喷洒除草剂，以免造成药害。
（三）起身期化控防倒　3月中旬小麦起身期喷施壮丰安等控制小麦旺长，预防后期倒伏，禁止在小麦拔节后喷施化控剂，以免造成药害。
（四）拔节期追肥浇水　春季第一次肥水管理的时间要根据地力、墒情和苗情掌握。对群体适宜的麦田，应在4月上中旬拔节期追肥浇水；对地力水平高、有旺长趋势的麦田，肥水管理时间应推迟到4月中下旬。春季追肥量掌握每亩15～20kg尿素。
（五）预防早春冻害　可在小麦返青后喷施天达2116、吨田宝等植物生长抗逆剂，提高麦苗抗冻性。另外，密切注视天气变化，在强寒流来临前浇水，预防冻害发生。对已发生严重春霜冻害的地块，要采取补救措施，及早追施速效氮肥，一般亩追施尿素7～10kg，并浇水，促进中小分蘖成穗。
四、后期管理
（一）合理灌溉　挑旗期是小麦需水临界期，应视土壤墒情在挑旗至开花期浇透水；5月中旬小麦开花后15～20d再浇一次灌浆水。浇灌浆水时严禁在大风天气浇水或雨前浇水，以防倒伏。收获前7～10d内禁止浇麦黄水。
（二）抽穗期防治赤霉病　小麦抽穗至扬花前，是防治小麦赤霉病的最佳时间。每亩用80%多菌灵50～80g或70%甲基硫菌灵100g兑水防治。重点对准小麦穗部均匀喷雾，隔5～7d再防治一次。喷药后24h之内遇雨要补喷。防治赤霉病的同时，加上杀虫剂和叶面肥混合喷雾，叶面追肥同时综合防治蚜虫、麦叶蜂等虫害。
（三）后期“一喷三防”　小麦灌浆期选择适宜的杀菌剂、杀虫剂和叶面肥混合喷施，达到防病、治虫、防早衰“一喷三防”的效果。每亩用10%吡虫啉20g+4.5%高效氯氰菊酯乳油20mL+三唑酮+磷酸二氢钾或叶面肥，兑水30～40kg混合喷雾。喷洒时间在晴天无风9—11时和16时以后两个时段喷洒，间隔7～10d再喷一遍，喷药后24h之内遇雨要补喷。
五、适时收获
小麦蜡熟末期采用联合收割机抢时收获。</td></tr>
</table>

夏玉米各生育时期最佳生长条件和栽培技术要点

月	6月			7月			8月			9月			10月
旬	上	中	下	上	中	下	上	中	下	上	中	下	上
节气	芒种		夏至	小暑		大暑	立秋		处暑	白露		秋分	寒露

生育期	播种期	苗期	穗期	籽粒形成期	灌浆期	成熟期
生长条件	玉米出苗适宜的土壤相对含水量为75%左右	兖州玉米一般播种后5～7d出苗，苗期根系适宜生长的土壤温度为5cm地温20～24℃，最适宜土壤相对含水量为60%～70%左右，短时土壤相对含水量低于60%有利于蹲苗	玉米拔节后，日平均气温25～27℃是茎叶生长的适宜温度，气温低于24℃，生长速度减慢。最适宜土壤相对含水量为70%～80%	日平均气温25～28℃，空气相对湿度65%～90%，土壤相对含水量80%左右为最好。抽雄前10d至后20d，是玉米水分临界期，若空气相对湿度低于50%、土壤相对含水量低于70%，易造成“卡脖旱”，严重影响穗粒数。吐丝授粉期若遇阴雨或气温低于18℃，会造成授粉不良，穗粒数减少	玉米灌浆适宜的日平均气温22～24℃，适宜的土壤相对含水量为75%～85%。此期日平均气温高于25℃，又遇干旱时，会造成早衰，灌浆不足。日平均气温低于16℃停止灌浆	
主攻目标	提高播种质量	苗全、苗匀、苗齐、苗壮	促个体健壮，提高群体整齐度	保花增粒	养根护叶，增粒增重	丰产、丰收
关键技术	抢茬直播平衡施肥及时浇水	适时定苗，合理密植，防治粗缩病等病虫草害	化控防倒，拔除弱株，重施大口肥，防治玉米螟等病虫害	补施花粒肥，防治病虫害	遇旱浇水，拔除空株	完熟期收获

技术要点：

一、确保播种质量

（一）抢时直播　兖州玉米夏直播适宜的播期是6月9—15日，生产上小麦收获后要抢时播种。

（二）种植方式　采用单粒精播机播种，2.7m一畦等行距播种4行，平均行距67.5cm。

（三）提高播种质量　为提高玉米播种质量，可在小麦收获机上加装小麦秸秆切碎器、并确保留茬高度低于15cm。采用玉米清茬免耕施肥播种机播种地块可选用玉米缓控肥40～50kg/亩，播种施肥一次完成。选用其他播种机械或人工播种方式，播种量一般应控制在3～3.5kg/亩，播深3～5cm，用磷酸二铵或复合肥（K_2SO_4型）7.5～10kg作种肥，施肥深度一般在5cm以下，做到种肥分离，防止烧苗。播种后及时浇“跟种水”，确保出苗整齐。

（续表）

月	6月			7月			8月			9月			10月
旬	上	中	下	上	中	下	上	中	下	上	中	下	上
节气	芒种		夏至	小暑		大暑	立秋		处暑	白露		秋分	寒露
技术要点	（四）播种后及时浇水　播种后及时浇蒙头水，确保出苗齐全。 二、苗期管理 （一）化学除草　播后芽前可采用50%乙草胺乳油100～120mL或40%乙莠水150～200mL兑水30～50kg，均匀喷洒行间地表，防治玉米田杂草。出苗后可用烟嘧黄隆、莠去津等除草。 （二）综合防治病虫害　玉米苗期病虫害主要是玉米粗缩病、苗枯病、灰飞虱、二点委夜蛾、蓟马和黏虫，每亩用玉米害虫一遍净或玉虫快杀或阿维高氯（绝招）或高效氯氟氰菊酯等，再加上吡虫啉或扑虱灵或吡蚜酮等，兑水30kg均匀喷玉米苗，每隔7～10d防治一次，连喷2～3次。 （三）防芽涝　玉米苗期怕涝，苗期遇涝应及时排水，淹水时间不应超过半天。 三、穗期管理 （一）化控防倒伏　夏直播玉米可喷施化控剂防倒伏，适宜的化控时间掌握在8片展开叶期间（出苗后40d左右），偏早喷施起不到降低株高、增强抗倒性的作用，10片展开叶之后喷施化控剂，会造成穗粒数减少而减产。喷施时应严格按照使用说明掌握喷药时间和浓度，注意不要重喷、漏喷。 （二）拔除小弱株　在玉米抽雄前后拔除小弱株，提高群体整齐度。 （三）防治玉米螟　玉米大喇叭口期（第12叶展开），每亩用1.5%辛硫磷颗粒剂1kg加细沙5kg制成毒沙施于心叶内，防治二代玉米螟。 （四）追施大口肥　玉米大喇叭口期（叶龄指数60%，第12片叶展开）追施尿素10～15kg/亩，以促穗大粒多。追肥一般距玉米行15～20cm，条施或穴施，深施10cm左右，减少养分损失，提高利用率。施肥后及时浇水，提高肥效。 （五）“一防双减”综合防治后期病虫害　玉米大喇叭口期每亩用20%氯虫苯甲酰胺悬浮剂（康宽）5～10mL或22%噻虫·高氯氟微囊悬浮剂（阿立卡）15～20mL+25%吡唑醚菌酯乳油（凯润）30mL混合喷雾，防治后期叶斑病、锈病、玉米螟、黏虫、蚜虫等病虫害。 四、花粒期管理 （一）追施花粒肥　玉米开花授粉后7～10d，结合浇水，每亩追施尿素10kg。 （二）拔除空株　8月下旬，玉米授粉后15～20d，对全田植株逐一检查，拔除空株。 （三）及时浇水　8月中旬至9月中旬，若无有效降雨，应及时浇水，延长绿叶功能期，以增加粒重、提高产量。 五、完熟期收获 兖州夏玉米适宜收获的时间一般是9月25—30日，采用联合收割机收获，秸秆还田。													

领导关怀

2013年5月8日，农业部种植业管理司潘文博副司长在兖州调研督导小麦后期生产

2016年6月6日，山东省赵润田副省长在兖州指导“三夏”生产

专家指导

2017年3月11日，全国小麦专家、山东农业大学副校长王振林在兖州指导农业生产

2017年5月11日，全国小麦专家、中国工程院院士于振文在兖州指导农业生产

试验示范基地建设

高产高效农业示范区

田间课堂

举办培训班

测产验收

2008年10月7日，大安镇二十里铺村超高产攻关田玉米实打验收，亩产达到1 034.55kg

2016年6月10日，小孟镇史家王子村超高产攻关田小麦实打验收，亩产达到805.9kg

2019年6月12日，小孟镇史家王子村超高产攻关田小麦实打验收，亩产达到803kg